統計学がよくわかる本
Excel解説付き

宮田庸一 著

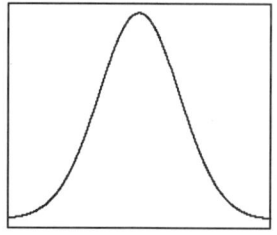

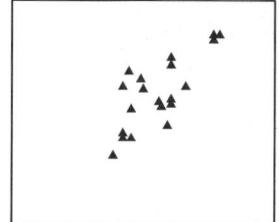

アイ・ケイ コーポレーション

はじめに

　本書は高校 2,3 年生，もしくは経済，経営学部 1,2 年生の方で初めて統計学，回帰分析を学ぶ方のために書かれている．これまでのテキストは，高校で数学を学習していない学生に対しては，統計ソフトの使い方と数値の見方だけを教える，もしくは数学を勉強してから読んでほしいというものが多かったと思われる．数式をあまり用いないで統計手法のイメージをわかり易く説明してある統計学の入門書もいくつかあるが，その本を読んだ後に中級レベルに進むときには，結局，数学の予備知識が必要になる．一方で数学予備知識を前提とする書籍においては，新たに数学に関する書籍を準備する必要があり，不便であった．このため，本書では入門レベルの統計学の説明，および必要となる数学的予備知識も含めた形をとるようにした．もし数学記号でわからないことがあった場合には，**12 章の数学的予備知識**を見ていただきたい．

　統計手法の説明で現れる例においては，実データと架空のデータが混ざっているが，実データにおいては出典が明記されている．このため出典が明記されていないデータは筆者が統計手法をうまく説明できるように，人工的に作ったデータであるので注意していただきたい．また統計処理の例は，あくまでも教育的な例であり，本格的な実証分析を行っているわけではないので注意していただきたい．

　本書では統計処理，確率理論の説明の後に，理解を深めるために Q AND A という対話型のコーナーを作った．これは実際に授業をしたときに質問された内容や気に留めておいたほうがよいものをまとめてある．

　一応 は先生役として， を学生役としてイラストを作成した．

　なお，本書では，手元にデータがあり，とりあえず統計処理をしたい方と，基礎理論の初歩から着実に勉強したい方，双方を意識している．このため，以下の手順で読むと効率よく勉強ができると思われる．ただし 2 であれば 2 章を，9.1 であれば 9.1 章を表す．

ケース1 日本の高校，大学1,2年で通常行われている進め方で読みたい方：

$\boxed{1} \to \boxed{2} \to \boxed{5} \to \boxed{6} \to \boxed{7} \to \boxed{8} \to \boxed{9.1} \to \boxed{9.5} \to \boxed{9.6} \to \boxed{9.7} \to \boxed{9.8} \to \boxed{9.9} \to \boxed{10}$

時間に余裕があれば，これに加えて $\boxed{9.2} \to \boxed{9.3} \to \boxed{9.4}$，もしくは $\boxed{3} \to \boxed{4} \to \boxed{11}$ を読んでもよいと思われる．

ケース2 とりあえずExcelを用いて，データの検証や予測をしてみたい方：

$\boxed{1} \to \boxed{2} \to \boxed{3} \to \boxed{4}$ (付録Aを併用)

理論的な仕組みも知りたい方は，これに加えて $\boxed{5} \to \boxed{6} \to \boxed{7} \to \boxed{8} \to \boxed{9} \to \boxed{10} \to \boxed{11}$ を読むとよい．また見出しに Excelによる計算 がある章には，Excelの計算方法が記載されたページ番号が対応している．岩田 [1] のように四角括弧で囲まれた数字は，p.301-302 にある参考文献のリストの番号に対応している．

ホームページについて 本書の付録Aで用いたデータは下記のアドレス

http://www1.tcue.ac.jp/home1/ymiyatagbt/

にあるホームページからダウンロードすることができる．また本書の訂正，補足，および本書を用いて授業する場合のシラバスなどを置いておくので，自由に使用していただきたい．

　本書は早稲田大学国際教養学部，早稲田大学本庄高等学院，高崎経済大学経済学部での授業配布プリントにいくつかの内容を追加して作成した．様々な有益な意見をよせてくださった生徒，学生の方にお礼を申し上げます．また演習問題の解答の確認，問題内容に対する有益な意見をくださった江浜健人さんにお礼申し上げます．初版における仮説検定の記述に関しては様々なご指摘をいただいた．このため，今回改訂版を出すにあたり，仮説検定の説明に対して多くの表現上の修正を行った．仮説検定の改訂原稿を確認していただいた金津弘行さん，福島絵里子さんにお礼申し上げます．最後に本書の執筆にあたり助言をいただきお世話になったアイ・ケイコーポレーションの森田富子社長に感謝いたします．

2015年4月　　　　　　　　　　　　　　　　　　　　　　宮田　庸一

目次

第1章　1変量データの処理　　1
  1.1　度数分布表　　1
  1.2　ヒストグラム　　2
  1.3　ヒストグラムの幅について　　3
  1.4　折れ線グラフ　　4
  1.5　データの中心を測る　　4
      1.5.1　標本平均　　4
      1.5.2　中央値 (メジアン)　　6
  1.6　標本分散 (データの散らばりを測る)　　7
      1.6.1　標本分散の意味　　7
      1.6.2　標本分散の計算公式　　9
  1.7　標準化　　11
  1.8　なぜ標準偏差 s で割る必要があるのか　　12
  1.9　標準化のよいところ　　13
  1.10　教育データへの応用 (偏差値)　　14
  1.11　ファイナンスデータへの応用　　14
      1.11.1　リスクの評価　　15
  1.12　章末問題　　17

第2章　2つの変量の関係を調べる　　18
  2.1　散布図　　18
  2.2　標本共分散　　19
  2.3　共分散はなぜ正か負で2変量の関係を表せるのか　　21
  2.4　共分散の弱点　　22
  2.5　相関係数　　22
  2.6　相関係数を使う上での注意点　　26
  2.7　線形関係　　27
  2.8　章末問題　　29

第 3 章 単回帰分析　31

- 3.1 散布図から対のデータの関係を導く 31
- 3.2 最小二乗推定量 31
- 3.3 単回帰モデル 35
- 3.4 決定係数 (回帰直線の有効性) 37
- 3.5 最小二乗推定量 $\hat{a}, \hat{b}$ の導き方 40
- 3.6 多項式回帰 (散布図をうまく表す曲線) 42
- 3.7 多項式回帰の次数を増やすとどうなるのか 44
- 3.8 章末問題 48

第 4 章 重回帰分析　50

- 4.1 3 次元データ 50
- 4.2 説明変数が 2 つある場合の最小二乗推定量 50
- 4.3 予　測 55
  - 4.3.1 単位の変更による回帰係数の影響 56
- 4.4 係数の標準誤差 56
- 4.5 決定係数 58
- 4.6 自由度調整済み決定係数 59
- 4.7 仮説検定 61
- 4.8 t 値 62
- 4.9 p 値 65
  - 4.9.1 p 値の計算方法のイメージ 66
- 4.10 分散分析 69
  - 4.10.1 分散分析の p 値の計算方法のイメージ 71
- 4.11 説明変数が k 個ある場合の最小二乗推定量 73
- 4.12 説明変数の選択 (変数減少法) 74
- 4.13 多重共線性 79
- 4.14 最小二乗推定量 $\hat{b}_0, \hat{b}_1, \hat{b}_2$ の導き方 81
- 4.15 章末問題 83

第 5 章 場合の数と確率　86

- 5.1 積の法則 86
- 5.2 順列 87
- 5.3 組み合わせ 88

5.4	確率の定義	90
5.5	条件付き確率	94
5.6	事象の独立性	97
5.7	章末問題	99

第 6 章　確率変数と確率分布　　　　　　　　　　　　　100

6.1	確率変数	100
6.2	期待値	101
6.3	分散	103
6.4	$Y = aX + b$ の分布	106
6.5	期待値, 分散の性質 その 1	108
6.6	同時分布	109
6.7	確率変数の独立性	111
6.8	同時確率分布における期待値	114
6.9	期待値, 分散の性質 その 2	115
6.10	共分散	117
	6.10.1　共分散の簡単な計算のしかた	119
6.11	相関係数	121
6.12	章末問題	123

第 7 章　重要な確率分布　　　　　　　　　　　　　　　125

7.1	反復試行の確率 (二項分布の予備知識)	125
7.2	二項分布	126
7.3	連続型確率変数と確率密度関数	128
	7.3.1　確率密度関数の性質	130
7.4	確率密度関数はどのようにしてできたのか	131
	7.4.1　連続型確率変数の期待値と分散 (積分知っている人用)	132
	7.4.2　連続型確率変数の期待値と分散 (積分を知らない人用)	134
7.5	同時確率密度関数と独立性	135
7.6	連続型確率変数の期待値と分散の性質 ...	136
7.7	正規分布 (Normal Distribution)	137
7.8	正規分布における確率の求め方	140
	7.8.1　標準正規分布	140
7.9	章末問題	143

第8章　無作為標本と標本分布　**145**

- 8.1 無作為標本と母集団 145
- 8.2 無作為標本と確率変数との関係 146
- 8.3 大きさ n の無作為標本 147
- 8.4 無作為標本の性質 152
- 8.5 標本分布 153
- 8.6 中心極限定理 155
- 8.7 標本比率 160
- 8.8 二項分布の正規近似 162
- 8.9 連続補正 164
- 8.10 章末問題 165

第9章　統計的推定　**166**

- 9.1 点推定 166
- 9.2 モーメント法 168
- 9.3 最尤推定量 171
- 9.4 推定量の妥当性について 176
  - 9.4.1 不偏性 176
  - 9.4.2 平均二乗収束 177
- 9.5 区間推定 179
  - 9.5.1 区間推定 (μ:未知, σ:既知, n が大きいとき) 179
  - 9.5.2 信頼度の意味 182
  - 9.5.3 区間推定 (μ, σ が未知, n が大きいとき) 182
- 9.6 母比率の区間推定 (n が大きいとき) 186
- 9.7 t 分布 187
- 9.8 区間推定 (μ, σ が未知, n が小さいとき) 190
- 9.9 章末問題 193

第10章　統計的仮説検定　**195**

- 10.1 帰無仮説と対立仮説 195
- 10.2 母平均 μ の検定, n が大きいとき 196
  - 10.2.1 p 値を用いた両側検定 197
  - 10.2.2 境界値を用いた両側検定 199
  - 10.2.3 棄却域と採択域 200

- 10.3 片側仮説検定 201
  - 10.3.1 p 値を用いた片側検定 202
- 10.4 2 種類の誤り 207
- 10.5 仮説検定と区間推定 209
- 10.6 検出力 209
- 10.7 母比率の検定, n が大きいとき 212
- 10.8 母平均 μ の検定, n が小さいとき 214
- 10.9 母平均の差の検定 215
- 10.10 章末問題 219

第 11 章 線形回帰モデル (理論)　　221
- 11.1 単回帰モデル 221
- 11.2 カイ二乗分布 226
- 11.3 σ^2 に対する推定量 227
- 11.4 区間推定と仮説検定 228
- 11.5 重回帰モデル (説明変数が 2 個) 229
- 11.6 F 分布 234
- 11.7 分散分析 (F 検定) 235
- 11.8 回帰モデルにおける最尤推定量 235

第 12 章 統計における数学的基礎　　237
- 12.1 Σ の計算 237
- 12.2 多項式のグラフ 239
- 12.3 極限 241
  - 12.3.1 ∞ (無限大) 241
- 12.4 e という数 243
- 12.5 微分 244
- 12.6 導関数 245
- 12.7 偏導関数 246
  - 12.7.1 2 変数関数 246
  - 12.7.2 偏微分 248
  - 12.7.3 偏導関数 249
  - 12.7.4 極大値, 極小値 250
- 12.8 指数 252

12.9 対数 254

問題の解答   **257**

付録 A　Excel による統計処理   **275**
  A.1 はじめに 275
  A.2 平均値を求める 276
  A.3 分散を求める 277
  A.4 標準偏差を求める 279
  A.5 同じ操作を右の列にも行う方法 280
  A.6 散布図を描く 282
  A.7 相関係数を求める 282
  A.8 多項式回帰を描く 284
  A.9 アドイン 285
  A.10 重回帰分析 287
  A.11 二項分布, 正規分布, t 分布の確率の計算 289
  A.12 対応のない標本に対する母平均の差の検定 290
  A.13 対応のある標本に対する母平均の差の検定 292

付録 B　付表   **293**

第1章　1変量データの処理

1.1　度数分布表

次のデータは，ある高校 2 年生 30 人の体重の測定値を並べたものである．

表 1-1

58	59	42	47	66	43	55	56	50	54
59	72	68	71	52	57	54	67	64	52
53	59	54	58	61	67	59	53	44	87

上のデータを右の表のように整理してみよう．ここでデータの範囲を互いに重ならない小区間に分け，これらの小区間に含まれるデータの個数を調べる．この小区間を**階級**といい，各階級に入っているデータの個数を**度数**という．

階級 (kg) 以上 ～ 未満	階級値	度数	相対度数
40 ～ 50	45	4	4/30
50 ～ 60	55	17	17/30
60 ～ 70	65	6	6/30
70 ～ 80	75	2	2/30
80 ～ 90	85	1	1/30
計		30	1

各階級に度数を対応させたものを**度数分布**といい，それを表にしたものを**度数分布表**という．

各階級における端点の平均をその階級の**階級値**という．例えば上の表でいうと 40kg 以上 50kg 未満の場合は，その階級値は $\dfrac{40+50}{2}=45$ となる．階級値はその**階級の目安**を表す．

全体に占める各階級の度数の**割合**に注目したいときには，度数のかわりに，次のような相対度数を用いる．

$$相対度数 = \dfrac{その階級の度数}{データの総数}$$

例えば 60kg 以上 70kg 未満の度数は 6 より，相対度数は $\dfrac{6}{30}(=0.2)$ とな

るので，60kg 以上 70kg 未満の階級に属する人の割合は 20% となることがわかる．

1.2 ヒストグラム

1.1 章では体重のデータから度数分布表を作成したが，数値よりも実際にグラフで眺めた方が全体の傾向がわかることがある．ここで，そのグラフで表す一つの方法として**ヒストグラム**とよばれるものを紹介する．ヒストグラムというのは棒グラフみたいなもので，大抵は次の 2 つのいずれかの方法で描く．

方法 1　階級を底辺として，棒の高さを度数とする．
方法 2　階級を底辺として，棒の高さを相対度数とする．

以下のヒストグラムは表 1-1 の体重データの度数分布表から方法 1 を用いて描いたものである．このヒストグラムを眺めてみると 50〜60kg の人が多いことがわかる．

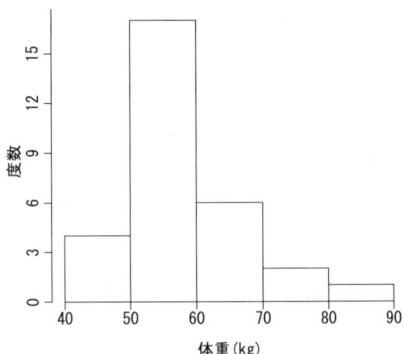

また図 1-1 のようにヒストグラムの棒の真ん中を折れ線で結んだものを書き，そこからヒストグラムの棒を消したグラフ (図 1-2) を**度数折れ線**という．度数折れ線は 2 つのグループの分布を同じグラフの上に描くことができるので，比較するのに適している．

1.3. ヒストグラムの幅について

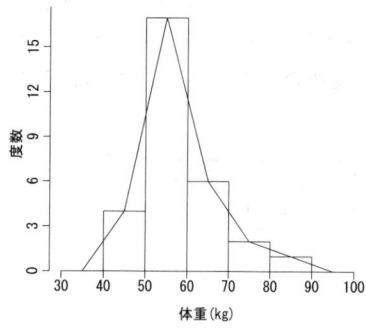

図 1-1 ヒストグラムを線で結ぶ

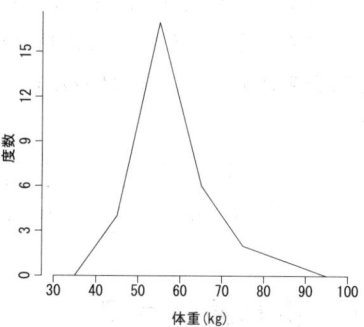

図 1-2 度数折れ線

1.3 ヒストグラムの幅について

　ヒストグラムを実際に描いてみると，棒の横幅をどのようにとればよいか迷うことがある．この棒の横幅のことを**バンド幅**というが，これの決め方はいくつかの方法が知られているが，最も簡単な方法は以下のいずれかを用いればよい．

手法 1 ヒストグラムを目で確認して，データをうまく表しているような幅に設定する．

手法 2 スタージェスの公式を用いる．

$$バンド幅\ h = \frac{データの最大値 - データの最小値}{\log_2 n + 1}$$

ここで n はデータの個数を表す．例えば表 1-1 であれば，$n = 30$ となる．

☞ log は 12.9 章で説明するが，わからない人はとりあえず飛ばしてほしい．

問 1.1　(1) (出典：環境省 [32]) 以下のデータは 2007 年 3 月，日本医科大学付属病院において 13:00 に観測された 26 日分の花粉飛散量 (個 /m^3) のデータである．

28	20	8	16	41	20	16	28	12	32
36	20	24	16	24	16	20	24	24	53
8	49	20	45	16	24				

度数分布表を階級を 0 から 10 刻みで作成し，度数分布表，棒の高さを度数としたヒストグラムを描くこと．

(2) 以下のデータは，ある学校の一ヶ月間分 (実質 26 日分) の欠席者数を調べたものである．このとき，欠席者数を階級とし，その日数を度数として度数分布表を作成せよ．また棒の高さを相対度数としたヒストグラムを描くこと．

| 3 | 4 | 1 | 2 | 0 | 2 | 6 | 3 | 1 | 0 | 2 | 0 | 1 | 4 |
| 0 | 0 | 2 | 4 | 1 | 0 | 2 | 5 | 4 | 2 | 0 | 0 | | |

1.4　折れ線グラフ

以下の表は 2010 年 1 月から 12 月までの東京における 1 日当りの平均気温を表している．この場合，月を横軸にとり，平均気温を縦軸にとり，その点を結ぶように直線でつなぐと，月ごとの平均気温の移り変わりを確認することができる．このようなグラフを**折れ線グラフ**という．

出典：気象庁ホームページ [34]

月	平均気温	月	平均気温
1	7	7	28
2	6.5	8	29.6
3	9.1	9	25.1
4	12.4	10	18.9
5	19	11	13.5
6	23.6	12	9.9

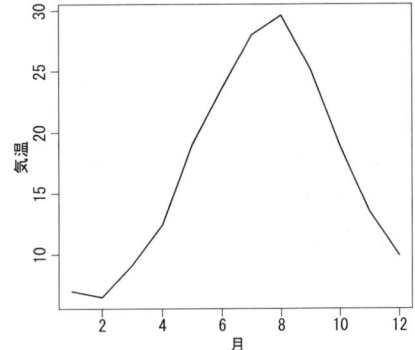

1.5　データの中心を測る

前の章では，グラフを使ってデータ全体の様子を表したが，この章では，数値を用いてデータを表すことを考える．データの特徴を数値を用いて表したものを**代表値**という．

1.5.1　標本平均

Excel による計算 ⋯ p.276, A.2 章

1.5. データの中心を測る

データ $x_1, x_2, ..., x_n$ に対して,全てのデータを足して,それをデータの個数で割ったもの

$$\bar{x} = \frac{x_1 + x_2 + \cdots + x_n}{n} \quad (1.1)$$

を**標本平均**,または**平均値**という.また Σ(シグマ) 記号を用いると $\bar{x} = \frac{1}{n}\sum_{i=1}^{n} x_i$ と表せる[*1].

【**例 1.1**】 次の表は榎本君の過去 10 回の数学と英語の 10 点満点の小テストの結果である.

表 1-2

回数	1	2	3	4	5	6	7	8	9	10
数学 (点)	9	5	8	8	10	6	9	9	7	9
英語 (点)	8	9	7	9	8	9	8	8	7	7

数学のデータは $x_1 = 9, x_2 = 5, ..., x_{10} = 9$ より,その **標本平均**は

$$\bar{x} = \frac{x_1 + x_2 + \cdots + x_{10}}{10} = \frac{9+5+8+8+10+6+9+9+7+9}{10} = 8$$

となる.

問 1.2 表 1-2 における榎本君の英語の平均を求めよ.

* * * * * * * * * **Q AND A** * * * * * * * * *

標本平均はデータの何を表しているのですか?

標本平均は,データが大体どこを**中心**に分布しているのかを表しています.今,目盛りの書かれた板があったとしましょう.ここで例 1.1 の数学の点数に対応する目盛りの上に,1 グラムの重りを置きます.例えば,9 点であれば,9 と書かれた目盛りの上に重りを 1 つ置きます.全ての点数の重りを置いたとき,標本平均 (ここでは 8) の場所に支点 △ をおくと左右が釣り合います.これが標本平均が表す中心の意味となります.

* * * * * * * * * **Q AND A** 終わり * * * * * * * * *

[*1] Σ 記号 →12.1 章

1.5.2 中央値 (メジアン)

データ $x_1, x_2, ..., x_n$ を小さい順に並べたものを $x_{(1)}, x_{(2)}, ..., x_{(n)}$ とする.
すなわち $x_{(1)} \leq x_{(2)} \leq ... \leq x_{(n)}$ となる.このとき,真ん中の大きさのものを**中央値**(Median, メジアン)といい,Me と表す.中央値もデータの**中心**を表す一つの指標である.次に中央値の求め方を説明する.いま,奇数個のデータ

$$2, \quad 9, \quad 30, \quad 5, \quad 6 \tag{1.2}$$

を考える.これを小さい順に並べると, 2, 5, 6, 9, 30 となるので,メジアンは $Me = 6$ となる.一方で,偶数個のデータ 2, 9, 30, 5, 6, 7 を考える.これを小さい順に並べると

$$2, \quad 5, \quad \boxed{6, \quad 7,} \quad 9, \quad 30$$

となる.ここで真ん中の大きさの数値2つの平均が中央値となる.すなわち $Me = \dfrac{6+7}{2} = 6.5$ となる.

データ (1.2) の平均は $\bar{x} = \dfrac{2+9+30+5+6}{5} = 10.4$ となる.平均はデータを全て足すので,上のデータにおける 30 のように,極端に離れた数値(**外れ値**という)の影響を受けやすいといった弱点がある.これは例えば,年収のデータ

$$230, \quad 256, \quad 285, \quad 497, \quad 776, \quad 1238 \quad \text{単位は万円}$$

を考えてほしい.このとき,平均は $\bar{x} = 547$ であるが,これはデータの中心の値としては高い数値となる.一方で中央値は $Me = 391$ となるので,妥当な値となる.

問 1.3 (1) データ $-2, -5, 0, 1, 1$ の中央値を求めよ.
(2) 以下は 10 個の市町村のコーヒーショップの数を表したものである.

$$1, 7, 2, 2, 2, 4, 10, 2, 3, 5$$

このとき,中央値を求めよ.

1.6 標本分散 (データの散らばりを測る)

Excel による計算 ⋯ p.277, A.3 章

p.5 の表 1-2 の数学と英語の平均点は 8 点になるが,それぞれの度数折れ線を描くと,数学と英語では点数の散らばりの様子が異なっていることがわかる. ここでデータの**散らばり具合い**を表す指標として,**標本分散**というものを紹介する.

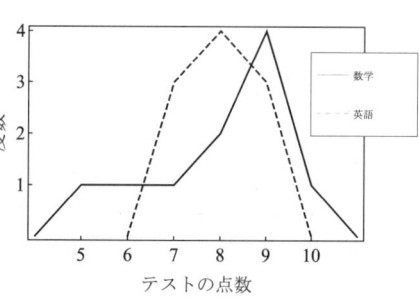

データ $x_1, ..., x_n$ に対して, $\bar{x} = \dfrac{1}{n}\sum_{i=1}^{n} x_i$ とするとき

$$s^2 = \frac{(x_1 - \bar{x})^2 + (x_2 - \bar{x})^2 + \cdots + (x_n - \bar{x})^2}{n} \tag{1.3}$$

を**標本分散**,もしくは単に**分散**という.
Σ 記号を用いると $s^2 = \dfrac{1}{n}\sum_{i=1}^{n}(x_i - \bar{x})^2$ と表せる. また

$$s = \sqrt{s^2} = \sqrt{\frac{1}{n}\sum_{i=1}^{n}(x_i - \bar{x})^2}$$

を**標準偏差**とよぶ. 分散と標準偏差はデータの**散らばり具合**を表す 1 つの指標となる.

1.6.1 標本分散の意味

式 (1.3) の標本分散において, $(x_1 - \bar{x})^2$ という項は $\bar{x}$ と x_1 がどれだけ離れているかを表している. 例えば $\bar{x} = 8$ で, $x_1 = 9$ のときには $(9-8)^2 = 1$ となるが, $x_1 = 10$ のときには $(10-8)^2 = 4$ となる. つまり $\bar{x}$ から離れていればいるほど大きな値をとるということである. 同様にして $(x_2 - \bar{x})^2$, $\cdots$, $(x_n - \bar{x})^2$ も,それぞれ $x_2, ..., x_n$ が $\bar{x}$ からどれだけ離れているかを表している. このため,標本分散は**標本平均から平均的に見てどれくらい離れ**

ているかを表している．ここで標本分散の意味を理解してもらうため，以下のヒストグラムを見てほしい．

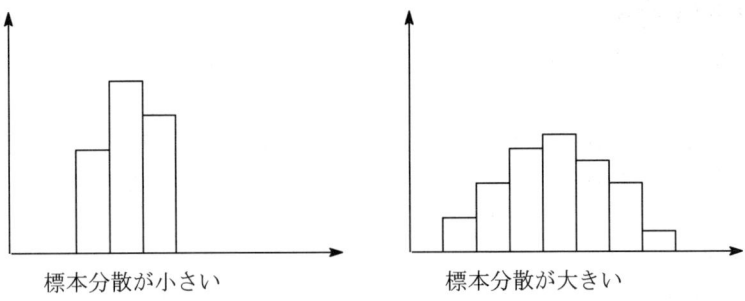

【例 1.2】 表 1-2 における数学のデータに対する標本分散 s_x^2 は，$x_1 = 9, x_2 = 5..., x_{10} = 9$ より

$$s_x^2 = \frac{(x_1 - \bar{x})^2 + (x_2 - \bar{x})^2 + \cdots + (x_{10} - \bar{x})^2}{10}$$

$$= \frac{(9-8)^2 + (5-8)^2 + \cdots + (9-8)^2}{10}$$

$$= \frac{1^2 + 3^2 + 2^2 + 2^2 + 1^2 + 1^2 + 1^2 + 1^2}{10} = \frac{22}{10}$$

となる．一方，英語の標本分散 s_y^2 は

$$s_y^2 = \frac{(8-8)^2 + (9-8)^2 + \cdots + (7-8)^2}{10} = \frac{3}{5}$$

となる．これより，榎本君の数学の成績と英語の成績の標本平均は同じであるが，数学の方が英語より成績にばらつきが大きいことがわかる．

問 1.4 5 人の生徒に駅から学校までの通学時間 (分) を聞いたところ以下のデータが得られた．

$$15, 10, 15, 14, 16$$

① データの標本平均を求めよ．
② データの標本分散を求めよ．
③ データの標準偏差を求めよ．ただし $\sqrt{110} \fallingdotseq 10.5$ とする．

1.6. 標本分散 (データの散らばりを測る)

データの散らばり具合を測る指標として, $u^2 = \dfrac{1}{n-1}\sum_{i=1}^{n}(x_i - \bar{x})^2$ というのもある. これは**不偏分散**とよばれており, 9.4.1 章で説明する不偏性というよい性質を持っている. ただし, いまのところ気にする必要はない. 一方で, 標本分散 s^2 も理論的によい性質を持っているため, データの散らばり具合を測るためにどちらを採用するかは, データを解析する人の好みということになる.

1.6.2 標本分散の計算公式

平均値が整数の値をとる場合は例 1.2 のように計算すればよいが, もし平均値が小数の値をとると, 分散の計算は面倒になる. この煩わしさをなくすために以下の公式が知られている.

分散の計算公式

(1.3) の標本分散 s^2 は以下の形で表せる.

$$s^2 = \frac{1}{n}\sum_{i=1}^{n} x_i^2 - (\bar{x})^2 \tag{1.4}$$

これより分散は (データを 2 乗したものの平均) − (データの平均)^2 で計算できることがわかる. また x_i^2 は $(x_i)^2$ を意味する.

証明 Σ 記号を用いて証明する[*2].

$$\begin{aligned}
s^2 &= \frac{1}{n}\sum_{i=1}^{n}(x_i - \bar{x})^2 \\
&= \frac{1}{n}\sum_{i=1}^{n}(x_i^2 - 2\bar{x}x_i + \bar{x}^2) \\
&= \frac{1}{n}\sum_{i=1}^{n}x_i^2 - 2\bar{x}\frac{1}{n}\sum_{i=1}^{n}x_i + \frac{1}{n}\sum_{i=1}^{n}(\bar{x})^2 \\
&= \frac{1}{n}\sum_{i=1}^{n}x_i^2 - 2(\bar{x})^2 + (\bar{x})^2 \\
&= \frac{1}{n}\sum_{i=1}^{n}x_i^2 - (\bar{x})^2 \quad \square
\end{aligned}$$

[*2] Σ 記号の性質 → 12.1 章

【例 1.3】 6 人に対して携帯電話の 1 日当りの通話時間 (分) を調べたところ 10, 13, 8, 5, 12, 2 (分) というデータを得た。このとき, 平均値は $\bar{x} = \dfrac{25}{3}$ となるので

$$s^2 = \frac{10^2 + 13^2 + 5^2 + 8^2 + 12^2 + 2^2}{6} - \left(\frac{25}{3}\right)^2 = \frac{253}{3} - \frac{625}{9} = \frac{134}{9}$$

となる.

問 1.5 2007 年にある高校の男子と女子生徒それぞれ 10 人に対して 1 日に約何回のメールを送るのかアンケートをとったところ以下の結果が得られた.

男子	20, 3, 25, 11, 0, 5, 7, 5, 5, 5
女子	10, 15, 6, 4, 9, 6, 8, 4, 7, 12

① 男女それぞれのメール送信数の平均を求めよ.
② 男女それぞれの標本分散と標準偏差を分散の計算公式を用いて計算せよ. ただし $\sqrt{1411} \doteqdot 37.6, \sqrt{1109} \doteqdot 33.3$ とする.
③ ②の結果からどのようなことがわかるか.

標本分散は小さいほど, 散らばりが小さいということであるが, いまの時点では, その数値自体の意味はほとんどないと考えてほしい. 例えば, ある 4 本のヒマワリの高さをメートルという単位で測ったとき, 0.8m, 0.7m, 0.6m, 1.1m であったとしよう. このとき標本平均は $\bar{x} = 0.8$ となり, 標本分散は

$$s_x^2 = \frac{0.8^2 + 0.7^2 + 0.6^2 + (1.1)^2}{4} - (0.8)^2 = \frac{7}{200} = 0.035$$

となる. 次にヒマワリの長さをセンチメートル単位で表すと 80cm, 70cm, 60cm, 110cm と表せる. これから標本分散 s_w^2 を計算すると $s_w^2 = 350$ となる. つまり, **単位が変われば, 分散の値も変わる**ということである.

実は, 単位の数値が 100 倍になれば (例えばメートル法で 1.1m のものはセンチメートル法ではその 100 倍の数値にあたる 110cm として表される) 分散の値は 10,000 倍となることが知られている. これは, 分散を考える上で注意しなくてはいけないことである. この性質は数式を使うと以下のように表せる.

1.7. 標準化

> データ $x_1, x_2, ..., x_n$ の標本分散を s_x^2 とし, c を定数とする. このとき $w_i = cx_i$ $(i = 1, 2, ..., n)$ と変換してできた $w_1, w_2, ..., w_n$ の標本分散を s_w^2 とするとき
> $$s_w^2 = c^2 s_x^2$$
> という関係が成り立つ.

これは x_i を c 倍したデータ $w_1, w_2, ..., w_n$ の分散は, 元のデータの分散を c^2 倍した値になることを意味している.

1.7 標準化

データ $x_1, ..., x_n$ の標本平均, 標本偏差をそれぞれ

$\bar{x} = \dfrac{1}{n}\sum_{i=1}^{n} x_i$, $s = \sqrt{\dfrac{1}{n}\sum_{i=1}^{n}(x_i - \bar{x})^2}$ とする. このとき, 次の変換を考える.

$$z_1 = \frac{x_1 - \bar{x}}{s}, z_2 = \frac{x_2 - \bar{x}}{s}, \cdots, z_n = \frac{x_n - \bar{x}}{s}$$

この変換を**標準化**とよび, $z_1, ..., z_n$ のことを **z-スコア**という. このとき

$$\bar{z} = \frac{1}{n}\sum_{i=1}^{n} z_i = 0, \qquad s_z^2 = \frac{1}{n}\sum_{i=1}^{n}(z_i - \bar{z})^2 = 1$$

が成り立つ. この変換を行うと, どんなデータであっても標本平均0, 標本分散1となるようなデータに変換できることを意味する.

【例1.4】例1.3のデータにおいて, 6人のうちの1人であるB君の通話時間は2分であった. このとき

$$\text{B君のz-スコア} = \frac{2 - \dfrac{25}{3}}{\sqrt{\dfrac{134}{9}}} \fallingdotseq -1.64$$

となる.

問1.6 例1.3のデータにおいて, 6人のうちの1人であるA君の通話時間は10分であった. $\sqrt{134} = 11.6$ として, A君のz-スコアを求めよ.

問 1.7　$\bar{z} = \dfrac{1}{n}\sum_{i=1}^{n} z_i = 0$ と $s_z^2 = \dfrac{1}{n}\sum_{i=1}^{n}(z_i - \bar{z})^2 = 1$ を証明せよ.

1.8　なぜ標準偏差 s で割る必要があるのか

例えば, 20 人のクラスに対して, 数学と英語のテストを行ったとき, 以下の結果が得られたとしよう. ここで数学と英語の平均は共に 68 点となる.

表 1-3

氏名	数学	英語	氏名	数学	英語	氏名	数学	英語
A	47	58	H	87	82	O	82	78
B	73	70	I	76	72	P	88	75
C	68	65	J	69	68	Q	65	68
D	79	73	K	56	62	R	69	70
E	70	69	L	30	50	S	98	80
F	61	64	M	63	67	T	56	58
G	63	66	N	60	65			

このとき, O さんの数学 82 点と H さんの英語 82 点どちらが価値があるのかを考えてみよう. 実は数学と英語の点数を直線上に点を描くと, 以下のようになる.

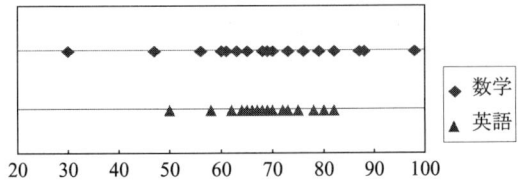

つまり英語の方はたいていの生徒が 68 点付近の点数をとっている中での 82 点であって, 一方で数学の方は 68 点からの散らばり具合が大きいので, 80 点台をとった人も何人かいるなかでの 82 点ということになる. つまりは英語の 82 点の方が価値があるということになる.

z-スコアは, データの散らばり具合も考慮にいれた上での**平均値 $\bar{x}$ からのずれ**を測っている. 実際, 数学の標準偏差は 14.9, 英語の標準偏差は 7.5

より

$$\text{O さんの数学の z-スコア} = \frac{82-68}{14.9} = 0.93$$

$$\text{H さんの英語の z-スコア} = \frac{82-68}{7.5} = 1.86$$

となり，英語の 82 点の方が価値が高いことがわかる．

1.9 標準化のよいところ

例えば，アサガオの丈の長さを測ったところ 20cm, 60cm, 80cm, 100cm, 140cm であったとしよう．このとき，標本平均 $\bar{x} = 80$，標本分散 $s_x^2 = 1600$ より，最初のデータ 20 を標準化すると

$$z_1 = \frac{20-80}{\sqrt{1600}} = -\frac{3}{2} = -1.5$$

となる．残りの $60, 80, 100, 140$ も同様にして変換すると次の表のようになる．

元のデータ (cm)	z-スコア
20	-1.5
60	-0.5
80	0
100	0.5
140	1.5

一方で，これらのデータをメートルを使って表すと 0.2m, 0.6m, 0.8m, 1m, 1.4m となる．このとき，標本平均 $\bar{y} = 0.8$ で，標本分散 $s_y^2 = 0.16$ となることから最初のデータ 0.2 は

$$z_1 = \frac{0.2-0.8}{\sqrt{0.16}} = -\frac{3}{2} = -1.5$$

となる．残りの $0.6, 0.8, 1, 1.4$ も同様にして変換すると次のようになる．

元のデータ (m)	z-スコア
0.2	-1.5
0.6	-0.5
0.8	0
1	0.5
1.4	1.5

これより，**標準化されたデータは単位の影響を受けない**ということがわかる．

1.10　教育データへの応用 (偏差値)

私たちがよく知っている**偏差値**も実は標準化の手法を使って導いている．偏差値は，テストの問題の難易度や点数のばらつきに影響を受けることなく，自分の成績が全体の中でどのくらいの位置にあるのかを示したものである．偏差値は以下の方法で計算する．

偏差値の求め方

$$\text{偏差値} = 50 + 10 \times \frac{\text{その人のとった点数} - \text{平均点}}{\text{標準偏差}} \quad (1.5)$$

偏差値 50 の場合，全体のなかでちょうど真ん中の位置にいることを意味する．偏差値が高ければ高いほど優れていると考える．

【例 1.5】 表 1-3 のデータにおける O さんの数学の偏差値は

$$50 + 10 \times \frac{82 - 68}{14.9} = 59.3$$

となるので，真ん中よりやや上位にいることがわかる．

1.11　ファイナンスデータへの応用

この章では標本平均，標準偏差をファイナンスデータへ応用する方法を説明する．株式データに対しては，**収益率**を用いて統計処理を行うことがしばしば行われる．もし"株って何?"と思われた方は，細野 [25] pp.158-163 を見ていただきたい (ただし，それほど詳しくわかる必要はない).

さて T 月の収益率は

$$T \text{月の収益率} = \frac{T \text{月の株価}}{(T-1) \text{月の株価}} - 1$$

と定義する．

1.11. ファイナンスデータへの応用

例えば、右の株価データが与えられたとすると、

$$5月の収益率 = \frac{5月の株価}{4月の株価} - 1$$
$$= \frac{120}{100} - 1 = 0.2$$

表 1-4

	株価	収益率
4月	100	
5月	120	0.2
6月	110	-0.083
7月	105	-0.045

となる。つまり収益率は一つ前の時点の株価と比べて何%増えたか、もしくは減ったかを表すものである。またどの会社の株を買えばよいかを判断するためには、その**会社の実力**をなんらかの方法ではかる必要がある。ここでは収益率の平均が高い会社ほど**会社の実力がある**と考えることにする。例えば表 1-4 の収益率であれば、$\bar{r} = \dfrac{0.2 - 0.083 - 0.045}{3} = 0.024$ となる。

1.11.1 リスクの評価

リスクというのはよく聞く言葉であるが、株におけるリスクというのは、どのようにして考えるのか？ これは以下のグラフで表された 2 つの会社の株価の例で説明したい。

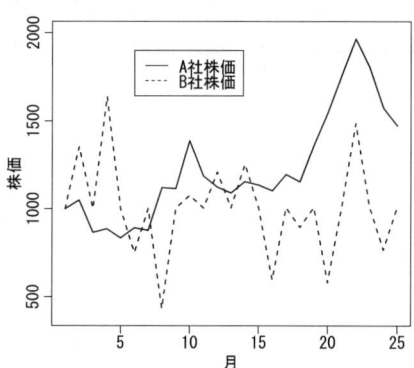

さて皆さんは、A 社、B 社どちらの株を買うであろうか？ グラフの雰囲気からすると、なるべく株価が上がったり下がったりするのが少ないものを選びたいと思う人が多いであろう。ここでは株価が上下の変動が大きい株の会社ほどリスクが大きいと考えることにする。詳しいデータは省略するが、これらの株価から収益率を求めて、ヒストグラムで表すと以下のようにな

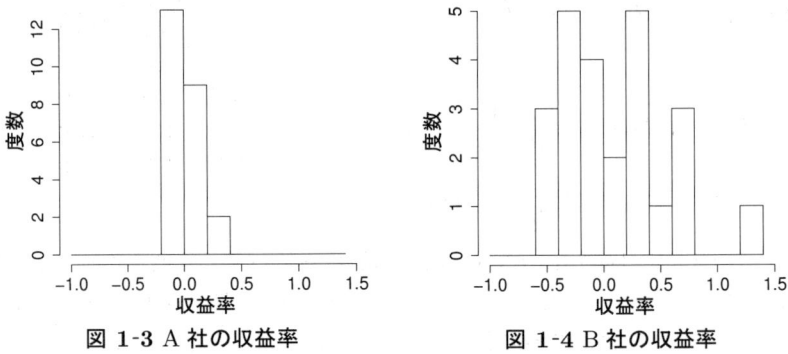

図 1-3 A 社の収益率　　　　図 1-4 B 社の収益率

る．これを見ると，直感的に B 社の収益率の方が A 社の収益率より分散（または標準偏差）が大きいということがわかる．実は**リスク**というのは，**収益率の標準偏差**で与えられる．　例えば，表 1-4 であれば

$$s = \sqrt{\frac{(0.2-0.024)^2 + (-0.083-0.024)^2 + (-0.045-0.024)^2}{3}} = 0.125$$

となる．上のグラフの場合，A 社, B 社の標準偏差 s_A, s_B を計算すると，$s_A = 0.114, s_B = 0.449$ となるので, B 社の株のほうがリスクが高いことがわかる．これをまとめると"株のリスクとは，収益率の散らばりの大きさ"ということである．ちなみに収益率の標準偏差はファイナンスの分野では**ボラティリティ**とよばれる．

1.12 章末問題

1. 右のデータは, 2011 年 4 月に筆者がある中華料理店で支払った金額である.
① 支払金額 x の標本平均を求めよ.
② 支払金額 x の標本分散を求めよ.
③ 支払金額 x の標準偏差を求めよ.

月　日	金額 x
4 月 9 日	1025
4 月 10 日	807
4 月 11 日	929
4 月 13 日	815
4 月 17 日	906
4 月 19 日	1170

2. データ $x_1, x_2, ..., x_n$ に対して, 偏差値を求めるために変換 $u_i = 50 + 10 \times \dfrac{x_i - \bar{x}}{s_x}, (i = 1, ..., n)$ を考える. ここで $\bar{x}$ を x の標本平均, s_x を x の標準偏差とする. このようにして得られた偏差値を $u_1, u_2, ..., u_n$ とする.
① データ u の平均, 分散を求めよ.
② 偏差値の利点を述べよ.

3. p.5 の表 1-2 の数学のデータに対する不偏分散 u^2 を求めよ. また不偏分散にもとづいた標準偏差 $u = \sqrt{u^2}$ を求めよ.

4. 右のデータは 2000 年以降の首相の在任期間を表している.
① データの平均値を求めよ.
② データの中央値を求めよ. このデータの中心を測る場合, 中央値と平均値どちらが適当か?

首相	在任期間
小渕恵三	616
森喜朗	387
小泉純一郎	1980
安倍晋三	366
福田康夫	365
麻生太郎	358
鳩山由紀夫	266

第2章　2つの変量の関係を調べる

2.1　散布図

Excelによる計算 ···p.282, A.6章

ある高校の無作為に選んだ14人に対して英語の成績 x と数学の成績 y を調べ, 以下のように組 (x,y) で表した.

表 2-1

| (89,80) | (58,59) | (76,60) | (73,61) | (84,80) | (70,57) | (75,68) |
| (74,79) | (71,67) | (93,91) | (70,74) | (86,82) | (81,73) | (75,73) |

ここで, これらの14個のデータそれぞれを xy 平面上の座標とみなして**点**を描くと, 以下の図のようになる. このように, 2つの変量からなるデータを平面上に図示して, その**傾向**を目で見てわかるようにしたものを**散布図**という.

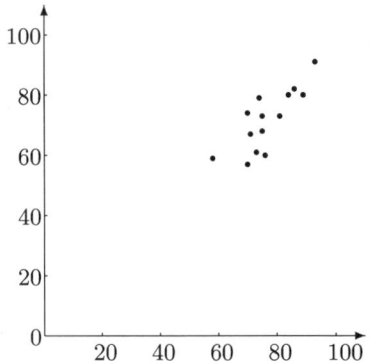

散布図には大きく分けて次の5つの場合に区別することができる. **正の相関**があるとは, x の値が大きくなると, それに対応する y の値も大きくなる傾向があるものをいう. 例えば表2-1であれば, 英語の成績がいいもの

2.2. 標本共分散

は数学の成績もよい傾向があることがわかる． **負の相関**があるとは逆に x の値が大きくなると，それに対応する y の値は小さくなる傾向があるものをいう．**無相関**というのは，x と y の間に関係が見当たらない状態のことをいう．

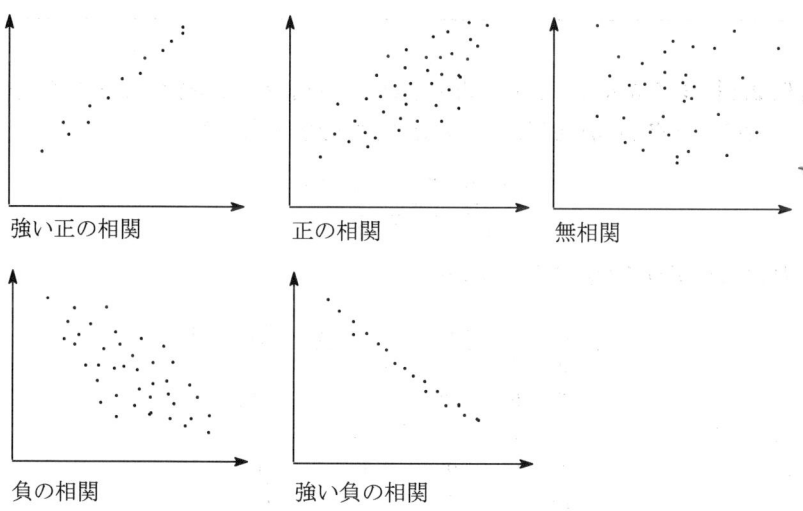

強い正の相関　　正の相関　　無相関

負の相関　　強い負の相関

2.2 標本共分散

表 2-1 のような対のデータ $(x_1, y_1), (x_2, y_2), ..., (x_n, y_n)$ に対して，どのような関係があるのかを数値で表すために，**(標本) 共分散**とよばれるものを紹介する．共分散は s_{xy} という記号で表し，以下のように計算する．

共分散

$$s_{xy} = \frac{(x_1 - \bar{x})(y_1 - \bar{y}) + (x_2 - \bar{x})(y_2 - \bar{y}) + \cdots + (x_n - \bar{x})(y_n - \bar{y})}{n},$$

ここで $\bar{x} = \dfrac{1}{n}\sum_{i=1}^{n} x_i$ は x の平均，$\bar{y} = \dfrac{1}{n}\sum_{i=1}^{n} y_i$ は y の平均を表す．

Σ 記号を使うと $s_{xy} = \dfrac{1}{n}\sum_{i=1}^{n}(x_i - \bar{x})(y_i - \bar{y})$ と表せる．

共分散には以下のような特徴がある．

- 散布図に正の相関がある $\iff s_{xy} > 0$
- 散布図に負の相関がある $\iff s_{xy} < 0$
- 散布図は無相関である $\iff s_{xy} \fallingdotseq 0$

【例 2.1】 ある 5 人に対して英語 x と数学 y の小テストを行ったところ，以下の対のデータ (x,y) を得た．このとき，共分散を求めよ．

x	9	5	8	8	10
y	5	9	7	9	8

これは表を使って計算するとよい．

x	y	$x-\bar{x}$	$y-\bar{y}$	$(x-\bar{x})(y-\bar{y})$
9	5	1	-2.6	-2.6
5	9	-3	1.4	-4.2
8	7	0	-0.6	0
8	9	0	1.4	0
10	8	2	0.4	0.8
計 40	38	0	0	-6

これより共分散 $s_{xy} = \dfrac{-6}{5} = -1.2$ となる．

問 2.1 以下の対のデータ (x,y) に対する共分散を求めよ．

x	1	4	4	1	5
y	2	6	5	3	6

共分散は $\bar{x} = 2.4571\cdots$ のように，平均が小数の値をとる場合は計算が複雑になるが，以下の公式を使うとある程度は計算しやすくなる．証明は章末問題として残しておくので，各自解いていただきたい．

2.3. 共分散はなぜ正か負で 2 変量の関係を表せるのか

共分散の計算公式

$$\overline{xy} = \frac{x_1 y_1 + x_2 y_2 + \cdots + x_n y_n}{n} \left(= \frac{1}{n} \sum_{i=1}^{n} x_i y_i \text{と表せる} \right) \text{とする}.$$

このとき共分散 s_{xy} は以下の形で表せる.

$$s_{xy} = \overline{xy} - \bar{x} \cdot \bar{y}. \qquad (2.1)$$

問 2.2 以下の対のデータ (x, y) に対する共分散を求めよ.

x	2	5	3	9	12
y	3	7	4	10	12

2.3 共分散はなぜ正か負で 2 変量の関係を表せるのか

これは以下の散布図を用いて説明する.

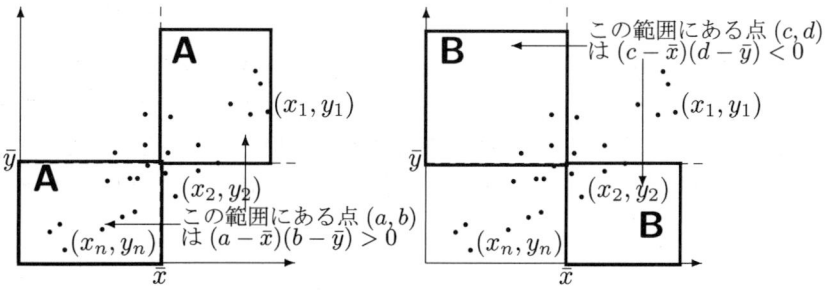

この 2 つの図より, 点の集まりが **B** より **A** の領域にたくさんある場合には,

$$s_{xy} = \frac{1}{n} \Big(\underbrace{(x_1 - \bar{x})(y_1 - \bar{y})}_{\text{正の値をとる}} + \underbrace{(x_2 - \bar{x})(y_2 - \bar{y})}_{\text{負の値をとる}} + \cdots + \underbrace{(x_n - \bar{x})(y_n - \bar{y})}_{\text{正の値をとる}} \Big) (2.2)$$

において正の値をとる項が多くなるので, これらの n 個の項を足し合わせた場合 s_{xy} は正となる. 一方で, **A** より **B** の領域にたくさん点がある場合には, 負の値をとる項が多くなるので, これらの n 個の項を足し合わせた場合 s_{xy} は負となる.

2.4 共分散の弱点

実は共分散には弱点がある．これを示すために以下の例を考えてみよう．

表 2-2
No.	国語 (100 点満点)	数学 (100 点満点)
1	80	70
2	50	60
3	70	50
4	90	30
5	70	90

表 2-3
No.	国語 (100 点満点)	数学 (10 点満点)
1	80	7
2	50	6
3	70	5
4	90	3
5	70	9

表 2-3 は表 2-2 の数学の点数を 10 点満点で評価したものである．ここで共分散を計算すると，表 2-2 の共分散は -100 となり，表 2-3 の共分散は -10 となる．これより国語と数学の関係は同じなのに評価する点数の単位によって共分散の値が変わってしまう．つまり

"共分散 s_{xy} は 2 つ変量 x と y の単位によって値が変わる"

ということである．このため共分散が正の大きい値をとっているからといって，正の相関が強いということはいえない．ここで 2 つの変量の関係を表す数値として望まれるのは**単位の影響を受けない**ということである．実は単位の影響を受けずに 2 つの変量の関係を表す数値として，相関係数とよばれるものがある．

2.5 相関係数

Excel による計算 ⋯ p.282, A.7 章

相関係数はある量 x とある量 y との直線的[*1]な関係の強さを表す指標である．式で表すと，対のデータ $(x_1, y_1), \cdots, (x_n, y_n)$ が与えられたとき，x と

[*1] 直線的な関係とは線形的な関係ということもある．詳しくは 3.8 章を見ていただきたい．

2.5. 相関係数

y の**相関係数** r は

$$r = \frac{\sum_{i=1}^{n}(x_i - \bar{x})(y_i - \bar{y})}{\sqrt{\sum_{i=1}^{n}(x_i - \bar{x})^2}\sqrt{\sum_{i=1}^{n}(y_i - \bar{y})^2}} \quad (2.3)$$

となる．ここで $\bar{x} = \frac{1}{n}\sum_{i=1}^{n} x_i (x \text{ の平均}), \bar{y} = \frac{1}{n}\sum_{i=1}^{n} y_i (y \text{ の平均})$ とする．相関係数 r は以下の性質をもっている．

- $-1 \leq r \leq 1$　　(証明は章末問題にある)
- 1 に近いほど強い正の相関がある．
- -1 に近いほど強い負の相関がある．
- 0 に近いほど相関がない．

これを図で表すと以下のようになる．

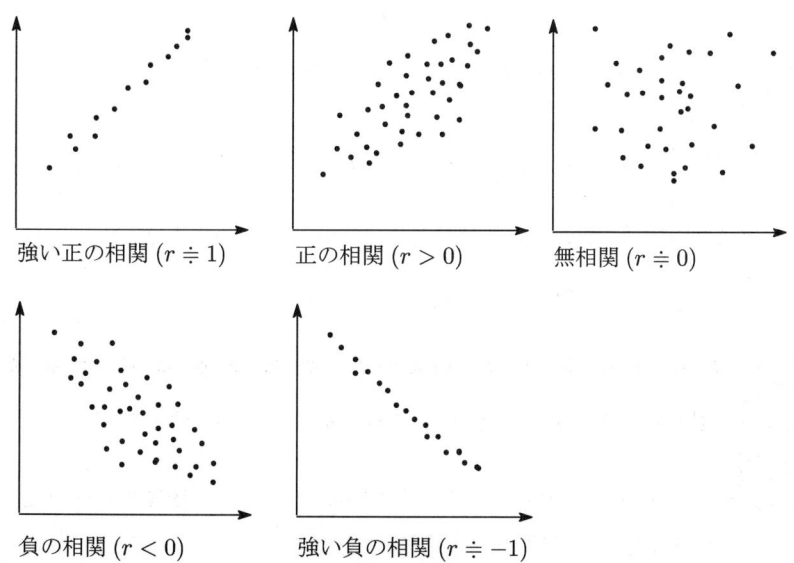

また相関の強さの目安としては以下のようになるが，これは根拠がある訳ではなく，経験的なものであるので，注意してほしい．

範囲	相関の程度
$0 \sim \pm 0.2$	ほとんど相関なし
$\pm 0.2 \sim \pm 0.4$	やや相関あり
$\pm 0.4 \sim \pm 0.7$	中程度の相関あり
$\pm 0.7 \sim \pm 0.9$	高い相関あり
$\pm 0.9 \sim \pm 1$	非常に高い相関あり

【例 2.2】 例 2.1 のデータに対する相関係数を求める．ここも，以下のように表を用いて計算すると，比較的楽に計算できる．

x	y	$x-\bar{x}$	$y-\bar{y}$	$(x-\bar{x})^2$	$(y-\bar{y})^2$	$(x-\bar{x})(y-\bar{y})$
9	5	1	-2.6	1	6.76	-2.6
5	9	-3	1.4	9	1.96	-4.2
8	7	0	-0.6	0	0.36	0
8	9	0	1.4	0	1.96	0
10	8	2	0.4	4	0.16	0.8
計 40	38	0	0	14	11.2	-6

これより
$$r = \frac{-6}{\sqrt{14}\sqrt{11.2}} \doteq -0.479.$$

問 2.3 2.4 章の表 2-2 のデータに対する相関係数を求めよ．

また x の標本分散 $s_x^2 = \frac{1}{n}\sum_{i=1}^{n}(x_i-\bar{x})^2$，$y$ の標本分散 $s_y^2 = \frac{1}{n}\sum_{i=1}^{n}(y_i-\bar{y})^2$，$x$ と y の標本共分散 $s_{xy} = \frac{1}{n}\sum_{i=1}^{n}(x_i-\bar{x})(y_i-\bar{y})$ を用いると，相関係数は $r = \frac{s_{xy}}{s_x s_y}$ と表すことができる[*2]．

********** **Q AND A** **********

相関係数はどうして (2.3) のような形になるのですか？

以前，単位の影響を受けない数値への変換として**標準化**を学びました．ここではこれを利用して，相関係数を導きます．

[*2] 証明は章末問題にある．

2.5. 相関係数

手順 1 対のデータ $(x_1, y_1), (x_2, y_2), ..., (x_n, y_n)$ に対して標準化 $a_i = \dfrac{x_i - \bar{x}}{s_x}$, $b_i = \dfrac{y_i - \bar{y}}{s_y}$ $(i = 1, ..., n)$ を行います． ここで $\bar{x} = \dfrac{1}{n}\sum_{i=1}^{n} x_i$, $\bar{y} = \dfrac{1}{n}\sum_{i=1}^{n} y_i$, $s_x^2 = \dfrac{1}{n}\sum_{i=1}^{n}(x_i - \bar{x})^2$, $s_y^2 = \dfrac{1}{n}\sum_{i=1}^{n}(y_i - \bar{y})^2$ とします．

手順 2 手順 1 で得られた標準化されたデータ $(a_1, b_1), (a_2, b_2), ..., (a_n, b_n)$ の共分散 r を求めます． つまり

$$r = \frac{1}{n}\sum_{i=1}^{n}(a_i - \bar{a})(b_i - \bar{b}) \tag{2.4}$$

ということです． ここで $\bar{a} = \dfrac{1}{n}\sum_{i=1}^{n} a_i$, $\bar{b} = \dfrac{1}{n}\sum_{i=1}^{n} b_i$ は，問 1.7 より $\bar{a} = 0$, $\bar{b} = 0$ より

$$r = \frac{1}{n}\sum_{i=1}^{n}(a_i - \bar{a})(b_i - \bar{b}) = \frac{1}{n}\sum_{i=1}^{n} a_i b_i = \frac{1}{n}\sum_{i=1}^{n}\frac{(x_i - \bar{x})}{s_x}\frac{(y_i - \bar{y})}{s_y}$$

$$= \frac{1}{n s_x s_y}\sum_{i=1}^{n}(x_i - \bar{x})(y_i - \bar{y})$$

$$= \frac{\sum_{i=1}^{n}(x_i - \bar{x})(y_i - \bar{y})}{\sqrt{\sum_{i=1}^{n}(x_i - \bar{x})^2}\sqrt{\sum_{i=1}^{n}(y_i - \bar{y})^2}}$$

となります．すなわち

標準化したデータの共分散 = 相関係数

となります．一回標準化しているので，相関係数は単位の影響を受けないで，かつ 2 つの関連性を表すものとなるのです．

* * * * * * * *　**Q AND A 終わり**　* * * * * * *

問 2.4 ある高校生 10 人の 1 日平均の勉強時間 (x) と年間欠席数 (y) を調査し，それらを組 (x, y) にしたところ以下のような結果が得られた．
(2,3), (3,1), (4,5), (2,2), (3,6), (1,1), (2,3), (1,2), (1,3), (3,1)
ここで $\sqrt{261} = 16.2$, $\sqrt{6} = 2.45$ として計算せよ．

① x と y の平均 $\bar{x}$ と $\bar{y}$ を求めよ．
② x と y の標準偏差 s_x, s_y を求めよ．
③ x と y の相関係数 r を求めよ．

2.6 相関係数を使う上での注意点

相関係数は2変量の関係を表すのに有効な方法なのであるが，実際使う場合にはいくつかの注意点があるので紹介する．例えば，右の散布図を見てみよう．これはA大学とB大学の数学と英語のテストを行い，横軸を英語の点数，縦軸を数学の点数としたものである．このとき，相関係数は0.098となり，ほとんど相関はない．これより数学と英語の成績には関連性がないように思

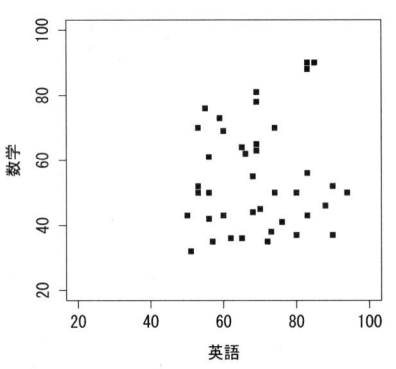

われる．しかしここで，A大学の学生とB大学の学生に区別したところ，以下のようになった．

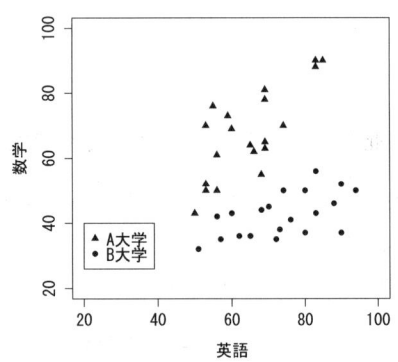

これよりA大学とB大学それぞれの散布図は下図のようになる．

2.7. 線形関係

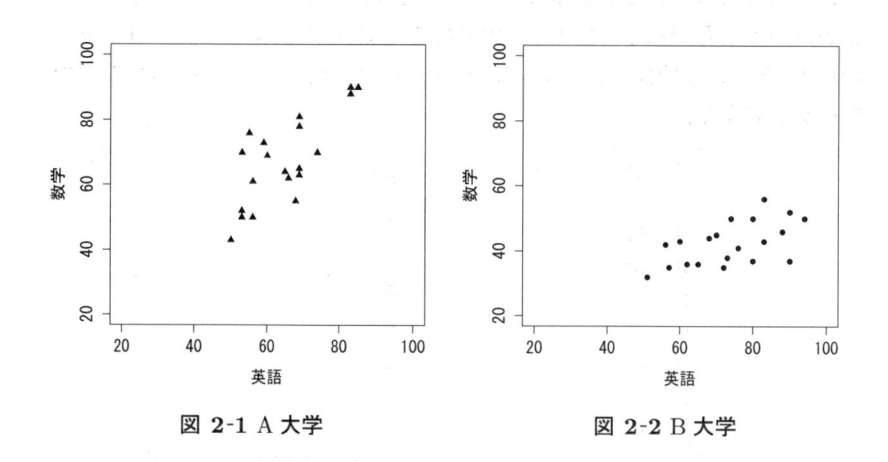

図 2-1 A 大学

図 2-2 B 大学

　ここで相関係数を求めると，A 大学は 0.75 で，B 大学は 0.57 となり，それぞれの大学に正の相関があることがわかる．実は A 大学は入学試験に数学と英語両方行っていたが，B 大学の入学試験は英語だけであった．つまり，状況の違うデータを混ぜて統計処理をすると，本来ある関連性を発見できないことがある．このようにデータを 2 つ以上のグループに分けて統計処理をする方法は**層別化**とよばれている．

* * * * * * * * *　Q AND A　* * * * * * * * *

　どのようにしたら，データを 2 つに分けるべきか，そうでないかを判断できるのでしょうか？

　残念ながらデータを層別化すべきかしないかの一律の基準はありません．このため，それを見分けるためにはその分野の社会的背景をよく知っていなければならないのです．

* * * * * * * * *　Q AND A 終わり　* * * * * * * * *

2.7　線形関係

　2.5 章で軽く述べたが，相関係数というのは変量 x と変量 y の<u>直線的な関係の強さ</u>を表している．　ではこの<u>直線的な関係の強さ</u>というのは，ど

ういうことなのか? これは散布図の形がどれだけ直線に近い形になっているかということである. これを表す例を 1 つ紹介する. いま, $y = -0.5(x - 12)^2 + 70$ という関係式に $x = 4, 6, 8, 10, 14, 16, 18, 20$ を当てはめた以下のデータを考える.

x	y
4	38
6	52
8	62
10	68
14	68
16	62
18	52
20	38

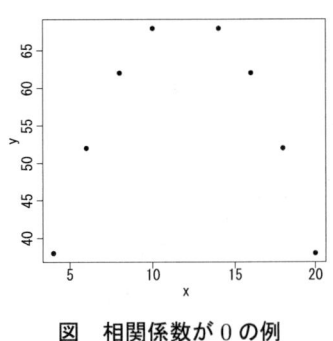

図 相関係数が 0 の例

これは関連性はあるが, 相関係数は 0 となる. これより統計処理を行う場合には一度散布図を描いてみて, その上で相関係数を求めた方が無難であるといえる.

2.8 章末問題

1. 以下の内容を証明せよ.

① (シュワルツの不等式) $\left(\sum_{i=1}^{n} x_i y_i\right)^2 \leq \left(\sum_{i=1}^{n} x_i^2\right)\left(\sum_{i=1}^{n} y_i^2\right)$ を示せ[*3].

② $r = \dfrac{s_{xy}}{\sqrt{s_x^2}\sqrt{s_y^2}}$

③ $-1 \leq r \leq 1$

2. (共分散の計算公式) 対のデータ $(x_1, y_1), \cdots, (x_n, y_n)$ に対して共分散を $s_{xy} = \dfrac{1}{n}\sum_{i=1}^{n}(x_i - \bar{x})(y_i - \bar{y})$ とする. このとき $s_{xy} = \dfrac{1}{n}\sum_{i=1}^{n} x_i y_i - \bar{x} \cdot \bar{y}$ を示せ.

3. ある野球評論家が, セリーグ 6 球団の順位を予想し, リーグ戦終了時の順位と比較した. ここで予想した順位を x とし, 実際にリーグ戦終了時の順位を y とする. 予想 x と最終順位 y の共分散および相関係数を求めよ. ただし小数点第 3 位を四捨五入すること.

チーム	x	y
阪神	2	1
巨人	1	2
中日	3	4
ヤクルト	4	3
広島	5	5
横浜	6	6

4. 対のデータ $(x_1, y_1), ..., (x_{10}, y_{10})$ において

$$\sum_{i=1}^{10} x_i = 0, \quad \sum_{i=1}^{10} y_i = 15, \quad \sum_{i=1}^{10} x_i y_i = 102, \quad \sum_{i=1}^{10} x_i^2 = 20, \quad \sum_{i=1}^{10} y_i^2 = 561,$$

であった. このとき

① x, および y の分散を求めよ.
② x と y の相関係数を求めよ.

[*3]ヒント: ① 全ての t に対して $\sum_{i=1}^{n}(x_i t + y_i)^2 \geq 0$ が成り立つ. これを展開すると, $(\sum_{i=1}^{n} x_i^2)t^2 + 2(\sum_{i=1}^{n} x_i y_i)t + \sim \geq 0$ となる. この式は全ての t に対して 0 以上の値をとるので, 判別式を用いることで証明する. ③は①を用いて示す.

5. 以下の 4 つの選択肢から最もふさわしいものを選ぶこと．
相関係数 $r = -0.6$ より弱い相関をもつのは
a. $r = 1$
b. $r = -0.7$
c. $r = 0.2$
d. $r = 0.61$

6. ある地域の 8 人を無作為に選び，年齢と最高血圧 (mmHg) を測定したところ右のデータを得た．ここでデータの入力ミスにより，No. 8 の人の血圧を 130mmHg ではなく，230mmHg と入力してしまったとする．

① この時，x と y の相関係数を求めよ．ただし x の標本分散は 169.5, y の標本分散は 1294.75, 共分散は -97.125 となる．
② 右のデータの No.8 の人の血圧を 230mmHg から，正しい測定値 130mmHg に直したときの，相関係数を求めよ．

No	年齢 (x)	血圧 (y)
1	23	109
2	30	128
3	40	113
4	45	120
5	50	145
6	55	140
7	60	139
8	25	230
計	328	1124

〚注意〛 このような入力ミスによるデータの**外れ値**は，平均，相関係数などの代表値に大きな影響を与える．このため，グラフを描き，外れ値がないかどうかどうかを注意深くみる必要がある．

第3章　単回帰分析

　対のデータというのは，町の人口と廃棄物処理量の関係，歌手のCD売上とファンクラブの人数の関係のような組になっているデータのことをいう．この章では，このような対のデータにどのような関係があるのかを推定し，3.1章のように予測を行う方法を説明する．

3.1　散布図から対のデータの関係を導く

　高校のあるクラスの体重と身長を測定したとき，左下の散布図のようになったとする．ここで右下の図のように，この散布図をうまく表す直線を引いてみよう．この直線のことを，**回帰直線**という．

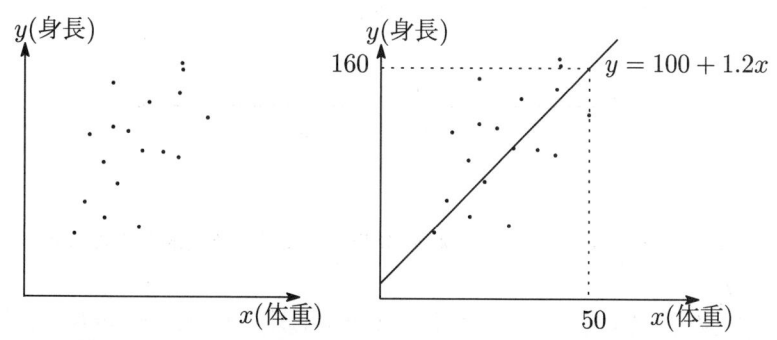

もしこの直線が $y = 100 + 1.2x$ であったとすると，体重50kgの人は $y = 100 + 1.2 \times 50 = 160$ より160cmくらいの身長であることが**予測**できる．

3.2　最小二乗推定量

　ここでは回帰直線をどのようにして求めるかを説明する．いま，直線 $y = \tilde{a} + \tilde{b}x$ がデータ $(x_1, y_1), ..., (x_n, y_n)$ をうまく表すように $\tilde{a}, \tilde{b}$ を求める．

y_1 と $\tilde{a}+\tilde{b}x_1$ の差を d_1 とし, y_2 と $\tilde{a}+\tilde{b}x_2$ の差を d_2 とし, 後は同様にして y_n と $\tilde{a}+\tilde{b}x_n$ の差を d_n とする. これは

$$d_1 = y_1 - (\tilde{a}+\tilde{b}x_1)$$
$$d_2 = y_2 - (\tilde{a}+\tilde{b}x_2)$$
$$\cdots$$
$$d_n = y_n - (\tilde{a}+\tilde{b}x_n)$$

☞ これを**偏差**という

と置くと下図のようになる.

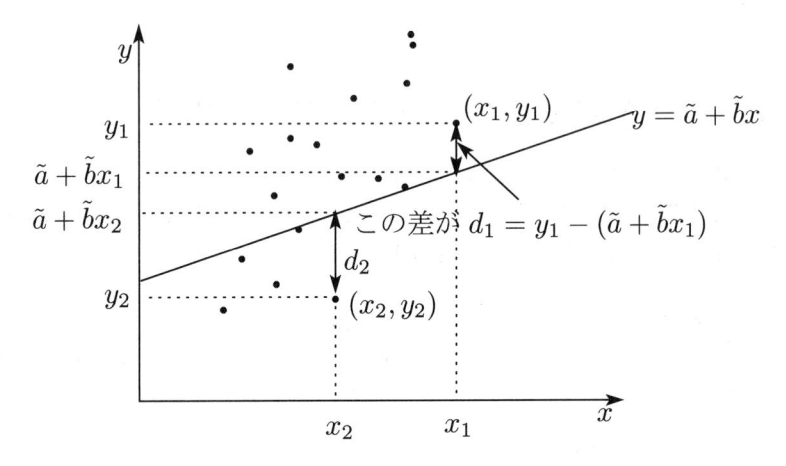

ここで $d_1, d_2, ..., d_n$ のそれぞれを2乗したものの和 (**偏差平方和**という)

$$\sum_{i=1}^{n} d_i^2 = d_1^2 + d_2^2 + \cdots + d_n^2 = (y_1-(\tilde{a}+\tilde{b}x_1))^2 + \cdots + (y_n-(\tilde{a}+\tilde{b}x_n))^2 \quad (3.1)$$

を**最小**にするような $\tilde{a}$ と $\tilde{b}$ の値を求めてみよう.

このとき (3.1) を最小にする $\tilde{a}, \tilde{b}$ の値 $\hat{a}, \hat{b}$ を**最小二乗推定量**という. さてここで計算はさておき (3.5章で述べる), (3.1) を最小にする $\hat{a}, \hat{b}$ は次の形で表されるということだけ触れておく.

3.2. 最小二乗推定量

---
a, b の最小二乗推定量

$$\hat{b} = \frac{\sum_{i=1}^{n}(x_i - \bar{x})(y_i - \bar{y})}{\sum_{i=1}^{n}(x_i - \bar{x})^2}, \qquad \hat{a} = \bar{y} - \hat{b}\bar{x},$$

ここで $\bar{y} = \dfrac{1}{n}\sum_{i=1}^{n} y_i, \bar{x} = \dfrac{1}{n}\sum_{i=1}^{n} x_i$ とする.

また推定された $\hat{a}$ と $\hat{b}$ を直線 $y = \tilde{a} + \tilde{b}x$ に代入した $y = \hat{a} + \hat{b}x$ のことを, y の x への**回帰直線** (regression line) という. この回帰直線を求めると x と y にどのような関係があるのかがわかる. また単回帰モデルの $\hat{b}$ については

$\hat{b}$ は説明変数 x が 1 単位増加したときの応答変数 y の平均的な変化量

と解釈ができる. これは後の例 3.2 で説明する.

* * * * * * * * * * Q AND A * * * * * * * * *

回帰直線って一言でいうと何ですか?

回帰直線を一言でいうと, 散布図を**うまく表す直線**ということです. 下図を見てもらうとわかるように散布図をうまく表していない直線は偏差平方和 $\sum_{i=1}^{n} d_i^2$ が大きくなるのがわかりますよね.

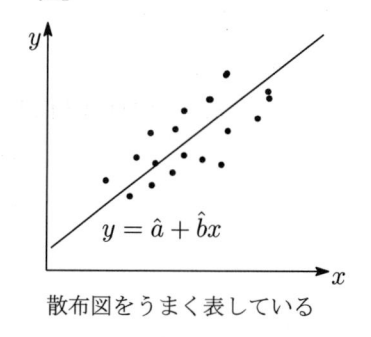

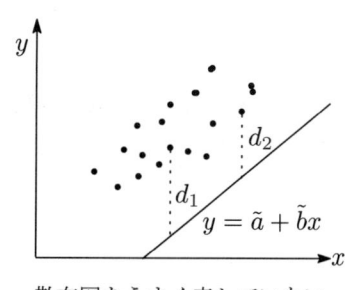

散布図をうまく表している ($y = \hat{a} + \hat{b}x$)

散布図をうまく表していない ($y = \tilde{a} + \tilde{b}x$)

* * * * * * * Q AND A 終わり * * * * * * *

【例 3.1】 以下のデータに対する回帰直線を求める.

x	y	$x-\bar{x}$	$y-\bar{y}$	$(x-\bar{x})^2$	$(x-\bar{x})(y-\bar{y})$
2	3	−4.2	−4.2	17.64	17.64
5	7	−1.2	−0.2	1.44	0.24
3	4	−3.2	−3.2	10.24	10.24
9	10	2.8	2.8	7.84	7.84
12	12	5.8	4.8	33.64	27.84
計	31	36	0	0	70.8	63.8

表より x の平均は $\bar{x} = \dfrac{31}{5} = 6.2$, y の平均は $\bar{y} = \dfrac{36}{5} = 7.2$ となる. これより

$$\hat{b} = \frac{63.8}{70.8} \fallingdotseq 0.901,$$

$$\hat{a} = \bar{y} - \hat{b}\bar{x} = 7.2 - 0.901 \cdot 6.2 \fallingdotseq 1.614.$$

よって回帰直線は $y = 1.614 + 0.901x$ となる.

ちなみに偏差平方和は $(3-(\tilde{a}+2\tilde{b}))^2 + (7-(\tilde{a}+5\tilde{b}))^2 + (4-(\tilde{a}+3\tilde{b}))^2 + (10-(\tilde{a}+9\tilde{b}))^2 + (12-(\tilde{a}+12\tilde{b}))^2$ となる. つまり偏差平方和は $\tilde{a}$ と $\tilde{b}$ の関数となる.

問 3.1 以下の 2 変量データは, ある町のアパートの部屋の広さ $x(\text{m}^2)$ と 1 ヶ月当りの家賃 $y(万円)$ を表している.

x	11	19	25	60	45
y	3	4	6	8	9

このとき, y の x への回帰直線を求めよ. ただし $\hat{a}, \hat{b}$ は小数点第 3 位を四捨五入すること.

3.3. 単回帰モデル

【例 3.2】 東京における 3 月 1 日から 14 日までの平均気温と開花日のデータを考えてみる．ここでの目的は **2008 年 3 月初旬の平均気温から桜の開花日を予測する**ことである．いま，2000 年から 2007 年までのデータから散布図を作り，回帰直線を描くと図 3-1 のようになる．最小二乗推定量は $\hat{a} = 46.819$,

表 3-1 出典：気象庁 [34]

年	3 月平均気温	開花日
2000	8.24	30
2001	7.22	23
2002	10.88	16
2003	6.64	27
2004	8.56	18
2005	6.89	31
2006	8.74	21
2007	9.99	20
2008	9.3	?

$\hat{b} = -2.8075$ より，回帰直線は $y = 46.819 - 2.8075x$ となる．x の回帰係数は -2.8075 から，平均気温 x が 1 度上昇すると，開花日は 2.8075 日早くなることがわかる．また x の部分に 9.3 を代入すると，3 月の開花日は $\hat{y} = 46.819 - 2.8075 \times 9.3 \fallingdotseq 20.7(日)$ と予測できる．(図 3-2)

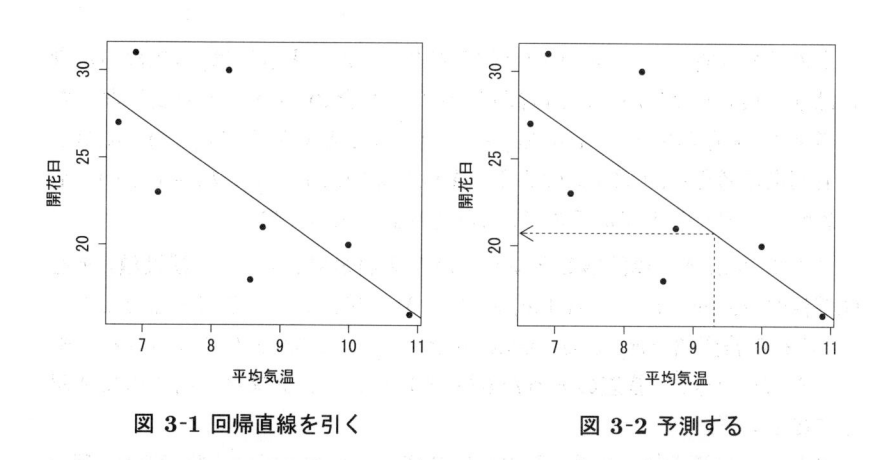

図 3-1 回帰直線を引く　　図 3-2 予測する

問 3.2 問 3.1 のデータにおいて，$40(\mathrm{m}^2)$ の広さを持つ部屋の 1 ヶ月当りの家賃を予測せよ．また回帰直線の傾き $\hat{b}$ からどのようなことがわかるか．

3.3 単回帰モデル

この章は飛ばしても，当分は理解できるであろう．しかしこの部分は 4.4 章以降必要になるので，是非読んでいただきたい．3.1 章の左の散布図の体

重と身長 $(x_1, Y_1), ..., (x_n, Y_n)$ には

$$Y_i(\text{身長}) = a + bx_i(\text{体重}) + \epsilon_i(\text{誤差}) \qquad (i = 1, 2, ..., n) \qquad (3.2)$$

という関係があると考えることにする.

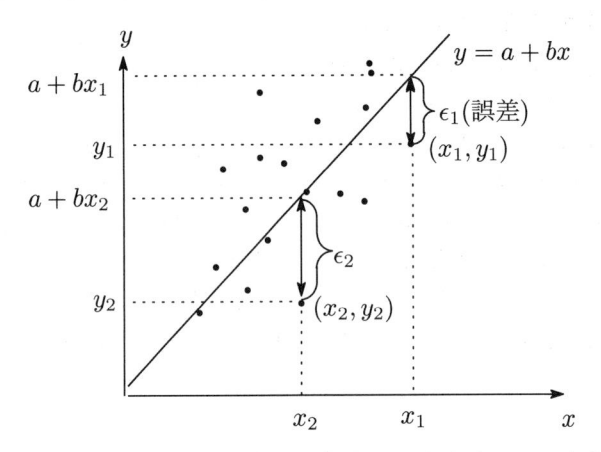

上の図で説明すると, x_1 という体重が与えられたときには, 本来ならば身長は $a + bx_1$ となるが, ϵ_1 だけ誤差[*1]が生じたため Y_1 という身長になったと考える, すなわち $Y_1 = a + bx_1 + \epsilon_1$ ということである. $Y_2, ..., Y_n$ に対しても同様に考える. (3.2) 式は添え字を取り除いた $Y = a + bx + \epsilon$ という形で省略して書くことがあるので, これも注意してほしい.

ここで (3.2) 式を**単回帰モデル**といい, ϵ を**誤差項** (もしくは**撹乱項**), x を**説明変数** (explanatory variable) といい, Y の値は x により定まるとことから, Y を**応答変数** (response variable) という. ここで (3.2) のような統計モデルを書くときに, **誤差の入った変数は** Y **のように大文字で書く**ので注意してほしい[*2].

また a, b は**真の値**という. 真の値は神様だけが知っている値であり, データ $(x_1, y_1), ..., (x_n, y_n)$ を観測した人は a と b **がわかっていない**ということである. このため, データを解析する人はデータ $(x_1, y_1), ..., (x_n, y_n)$ から a と b を推定することになる. また a と b を推定したものを $\hat{a}$ と $\hat{b}$ として, $y = \hat{a} + \hat{b}x$ と置くことで, 誤差 ϵ の影響を取り除いた x と y の関係 $y = a + bx$ を推定することができる.

[*1] 例えば体重と身長の関係以外に, 遺伝や食生活等により個人差が少し出てくるのを誤差として ϵ_1 と置いたということである.

[*2] いまのところは Y でも y でも, それほど気にする必要はない.

3.4 決定係数 (回帰直線の有効性)

これまでは 2 変量の関係を回帰直線 $y = \hat{a} + \hat{b}x$ で表したが,いつもこのような統計手法を使えるかというと,そうとはいえない.では,データ $(x_1, y_1), ..., (x_n, y_n)$ に対して回帰直線を使うことが有効であるかないかを判断するにはどうすればよいのか?

ここで 1 つの判断材料を紹介する.回帰直線 $y = \hat{a} + \hat{b}x$ の x の部分に $x_1, ..., x_n$ を代入したときの $\hat{y}_1, ..., \hat{y}_n$ を y_i の**予測値**もしくは**理論値**という.

つまり y_i の**予測値**は $\hat{y}_i = \hat{a} + \hat{b}x_i$ $(i = 1, ..., n)$ となる.このとき,以下の R^2 を**決定係数**とよぶ.

$$R^2 = \frac{\text{予測値}\hat{y}_1, ..., \hat{y}_n \text{の分散}}{y_1, ..., y_n \text{の分散}} = \frac{\frac{1}{n}\sum_{i=1}^{n}(\hat{y}_i - \bar{\hat{y}})^2}{\frac{1}{n}\sum_{i=1}^{n}(y_i - \bar{y})^2}, \quad (3.3)$$

ここで $\bar{y} = \frac{1}{n}\sum_{i=1}^{n} y_i$, $\bar{\hat{y}} = \frac{1}{n}\sum_{i=1}^{n} \hat{y}_i$ とする.

なんだか複雑な式であると思われるかもしれないが,Excel で自動的に計算してくれるので心配しなくてもよい.

ここで R^2 の数値の意味を説明する.R^2 はデータの何%を回帰直線でうまく表せているかを示している.このため R^2 は 1 に近いほど,回帰直線でうまくデータを表せていることを意味する.これは**回帰直線の当てはまりが良い**という表現がよく使われる.逆に R^2 が 0 に近い値をとるときは,下図のように,回帰直線 $y = \hat{a} + \hat{b}x$ は<u>効果がない</u>ということを意味する.

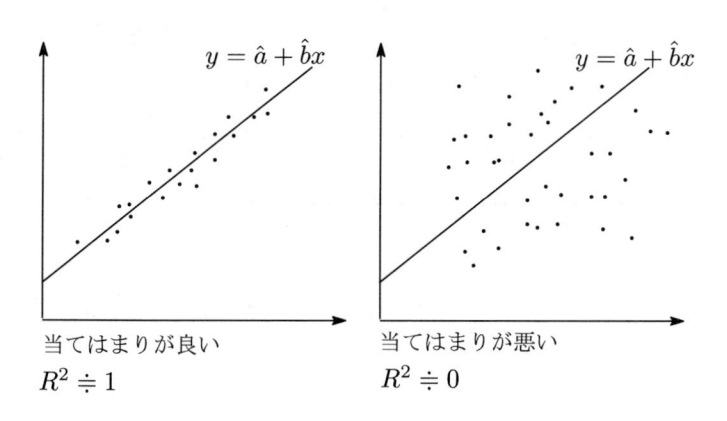

当てはまりが良い
$R^2 \doteqdot 1$

当てはまりが悪い
$R^2 \doteqdot 0$

これを見ると要は相関があまりない場合は，回帰直線を使っても有効ではないことが直感的にわかるであろう．実はこれは正しいことで，説明変数が1つのときには決定係数 R^2 と x と y の相関係数を2乗した r^2 は一致することが知られている．この証明は問 3.4 に残しておく．

> **R^2 のまとめ**
>
> - $R^2 \fallingdotseq 0 \Longrightarrow$ 回帰直線は効果がない
> - 回帰直線でデータを何%説明することができるかを表す．

【例 3.3】 例 3.1 のデータに対する決定係数 R^2 を求める．回帰直線 $y = 1.614 + 0.901x$ より，$\hat{y}_1 = 1.614 + 0.901 \times 2 = 3.416$, $\hat{y}_2 = 1.614 + 0.901 \times 5 = 6.119$ となる．以下同様にして，予測値 $\hat{y}_3, \hat{y}_4, \hat{y}_5$ を求めると右の表の値となる．これより，$R^2 = \dfrac{11.4951}{11.76} \fallingdotseq 0.977$

番号	x	y	$\hat{y}$
1	2	3	3.416($\hat{y}_1$)
2	5	7	6.119($\hat{y}_2$)
3	3	4	4.317($\hat{y}_3$)
4	9	10	9.723($\hat{y}_4$)
5	12	12	12.426($\hat{y}_5$)
平均	6.2	7.2	7.2002
分散	14.16	11.76	11.4951

となる．よって回帰直線でデータの約 98%は説明でき，極めて 1 に近いので，回帰分析は有効であることがわかる．

* * * * * * * * * * **Q AND A** * * * * * * * * * * *

なぜ R^2 はこのような値をとるのですか？

y_i の予測値を $\hat{y}_i = \hat{a} + \hat{b}x_i, (i = 1, .., n)$ とします[*3]．このとき，証明は省略しますが，以下の等式が成り立ちます．

$$\underbrace{\frac{1}{n}\sum_{i=1}^{n}(y_i - \bar{y})^2}_{s_y^2} = \underbrace{\frac{1}{n}\sum_{i=1}^{n}(\hat{y}_i - \bar{\hat{y}})^2}_{s_{\hat{y}}^2} + \underbrace{\frac{1}{n}\sum_{i=1}^{n}(\hat{y}_i - y_i)^2}_{s_e^2}, \quad (3.4)$$

ここで $\bar{\hat{y}} = \dfrac{1}{n}\sum_{i=1}^{n} \hat{y}_i$. 左辺はデータ y の分散より $s_y^2 = \dfrac{1}{n}\sum_{i=1}^{n}(y_i - \bar{y})^2$ と置

[*3] 予測値 →p.37

3.4. 決定係数 (回帰直線の有効性)

き，右辺の第 1 項は予測値の分散より $s_{\hat{y}}^2 = \dfrac{1}{n}\sum_{i=1}^{n}(\hat{y}_i - \bar{y})^2$ と置き，右辺の第 2 項を $s_e^2 = \dfrac{1}{n}\sum_{i=1}^{n}(\hat{y}_i - y_i)^2$ と置きます。

次に $s_e^2 = \dfrac{1}{n}\sum_{i=1}^{n}(\hat{y}_i - y_i)^2$ の働きを見てみましょう．もし予測値と実際の値が離れている場合は，左下の図のようになり s_e^2 は大きな値をとります．一方でうまく予測できているときは，右下の図のように s_e^2 は小さな値をとります．

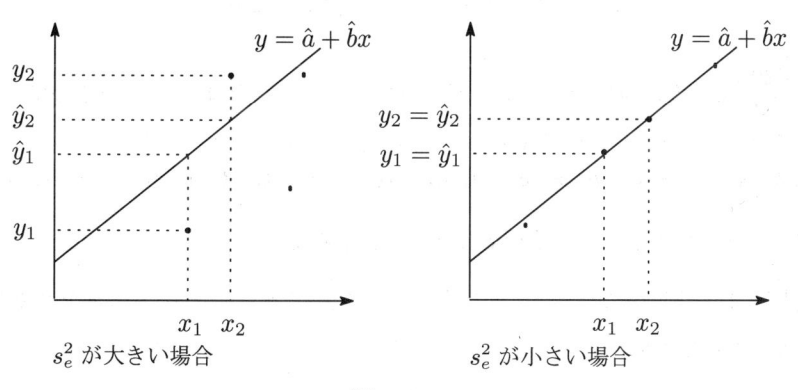

図 3-3

ここで s_y^2 は既に与えられたデータから計算されたものなので**定数**と考えられます．つまり s_y^2 は一定なので，(3.4) 式から予測値の分散 $s_{\hat{y}}^2$ が小さくなると，相対的に s_e^2 が大きくなります．逆に $s_{\hat{y}}^2$ が大きくなると，相対的に s_e^2 は小さくなります．

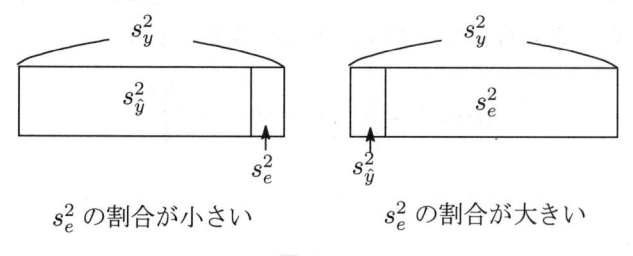

図 3-4

決定係数は $R^2 = s_{\hat{y}}^2/s_y^2$ と表す[*4]ことができるので, 以下のことがいえます.

$R^2 \fallingdotseq 1$ $\iff$ s_y^2 と $s_{\hat{y}}^2$ はほぼ同じ
　　　　　$\iff$ s_e^2 の割合が小さい (図 3-4 より)
　　　　　$\iff$ つまり $y_1, ..., y_n$ と $\hat{y}_1, ..., \hat{y}_n$ は近い値をとる
　　　　　$\iff$ 当てはまりが良い (図 3-3 より)

一方で

$R^2 \fallingdotseq 0$ $\iff$ 全体 s_y^2 の中で $s_{\hat{y}}^2$ の割合が小さい (図 3-4 より)
　　　　　$\iff$ s_e^2 の割合が大きい (図 3-4 より)
　　　　　$\iff$ 当てはまりが悪い (図 3-3 より)

決定係数はデータの分散と予測値の分散の**比率**を見ているので, 回帰モデルでデータの何%説明できているかがわかるのです.
＊＊＊＊＊＊＊＊　Q AND A 終わり　＊＊＊＊＊＊＊＊

問 3.3　問 3.1 のデータに対する R^2 を求めよ.

問 3.4　単回帰モデル (3.2) において $R^2 = r^2$ (x と y の相関係数を 2 乗したもの) を示せ.

3.5　最小二乗推定量 $\hat{a}, \hat{b}$ の導き方

♦ **必要な予備知識** ♦ $\sum$ の計算 (12.1 章), 偏微分 (12.7 章)

ここでは 3.2 章に示した最小二乗推定量を数学的に求める方法を紹介する. しかしこの章を飛ばしても, これまでの内容を理解していれば, 統計処理はできるので, 心配しないでほしい. さて偏差平方和

$$D(\tilde{a}, \tilde{b}) = \sum_{i=1}^{n} \left\{ y_i - (\tilde{a} + \tilde{b} x_i) \right\}^2 \tag{3.5}$$

を最小にする $\tilde{a}, \tilde{b}$ を求める. これは

[*4] $\frac{A}{B}$ は A/B と書く.

3.5. 最小二乗推定量 $\hat{a}, \hat{b}$ の導き方

$$D(\tilde{a}, \tilde{b}) = \sum_{i=1}^{n}(y_i^2 + \tilde{a}^2 + \tilde{b}^2 x_i^2 - 2\tilde{a}y_i - 2\tilde{b}x_i y_i + 2\tilde{a}\tilde{b}x_i)$$

$$= \sum_{i=1}^{n} y_i^2 + n\tilde{a}^2 + \left(\sum_{i=1}^{n} x_i^2\right)\tilde{b}^2$$

$$- 2\left(\sum_{i=1}^{n} y_i\right)\tilde{a} - 2\left(\sum_{i=1}^{n} x_i y_i\right)\tilde{b} + 2\left(\sum_{i=1}^{n} x_i\right)\tilde{a}\tilde{b}$$

となるので,[*5] 公式 (12.8) を用いると,以下の式が得られる.

$$0 = \frac{\partial}{\partial \tilde{a}} D(\tilde{a}, \tilde{b}) = 2n\tilde{a} - 2\left(\sum_{i=1}^{n} y_i\right) + 2\left(\sum_{i=1}^{n} x_i\right)\tilde{b}, \tag{3.6}$$

$$0 = \frac{\partial}{\partial \tilde{b}} D(\tilde{a}, \tilde{b}) = 2\left(\sum_{i=1}^{n} x_i^2\right)\tilde{b} - 2\left(\sum_{i=1}^{n} x_i y_i\right) + 2\left(\sum_{i=1}^{n} x_i\right)\tilde{a}. \tag{3.7}$$

式 (3.6), (3.7)[*6]それぞれを $2n$ で割ると,以下の式となる.

$$\tilde{a} + \bar{x}\tilde{b} = \bar{y}, \tag{3.8}$$

$$\bar{x}\tilde{a} + \overline{x^2}\tilde{b} = \overline{xy}. \tag{3.9}$$

ここで $\bar{x} = \frac{1}{n}\sum_{i=1}^{n} x_i, \bar{y} = \frac{1}{n}\sum_{i=1}^{n} y_i, \overline{x^2} = \frac{1}{n}\sum_{i=1}^{n} x_i^2, \overline{xy} = \frac{1}{n}\sum_{i=1}^{n} x_i y_i.$
よって $\tilde{a}$ を消去するために,(3.9)$-\bar{x}\times$(3.8) とすると

$$\{\overline{x^2} - (\bar{x})^2\}\tilde{b} = \overline{xy} - \bar{x}\cdot\bar{y} \tag{3.10}$$

となる.ここで公式 (1.4) より $s_x^2 = \frac{1}{n}\sum_{i=1}^{n} x_i^2 - (\bar{x})^2$,公式 (2.1) より $s_{xy} = \overline{xy} - \bar{x}\cdot\bar{y}$ となるので

$$s_x^2 \tilde{b} = s_{xy}. \tag{3.11}$$

これより

$$\hat{b} = \frac{s_{xy}}{s_x^2} = \frac{\sum_{i=1}^{n}(x_i - \bar{x})(y_i - \bar{y})}{\sum_{i=1}^{n}(x_i - \bar{x})^2}. \tag{3.12}$$

[*5]$(A+B+C)^2 = A^2 + B^2 + C^2 + 2AB + 2AC + 2BC$ を用いた
[*6]この連立方程式は**正規方程式**とよばれる.

となり，これを式 (3.8) に代入すると $\hat{a} = \bar{y} - \bar{x}\hat{b}$ となる．

問 3.5　対のデータ $(x_1, y_1), ..., (x_n, y_n)$ に対して，統計モデル $Y_i = bx_i + \epsilon_i$, $(i = 1, ..., n)$ を当てはめることを考える．このとき，b に対する最小二乗推定量を求めよ．

ヒント：偏差平方和は $\sum_{i=1}^{n}(y_i - bx_i)^2$ となる．

3.6　多項式回帰 (散布図をうまく表す曲線)

Excel による計算 ⋯ p.284, A.8 章

ここでは前の章で説明した回帰直線では，予測がうまくいかない場合について説明する．まず図 3-5 の散布図を考えてみよう．この散布図をうまく表す直線をあてはめてみると図 3-6 のようになる．

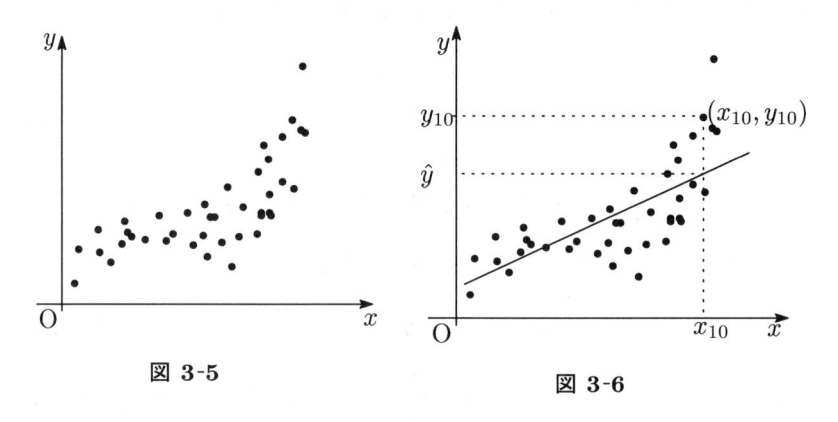

図 3-5

図 3-6

大雑把な傾向を示すにはこれでよいのかもしれないが，例えば図 3-6 のような，x_{10} が与えられたときの予測値 $\hat{y} = \hat{b}_0 + \hat{b}_1 x_{10}$ と実際の値 y_{10} を比較してみると，回帰直線の場合は当てはまりが良いとはいえない．そこで **3 次式を使って散布図をうまく表す曲線**を考える．

3.6. 多項式回帰 (散布図をうまく表す曲線)

データ $(x_1, y_1), (x_2, y_2), ..., (x_n, y_n)$ に対して,それぞれの偏差を

$$d_1 = y_1 - (\tilde{b}_0 + \tilde{b}_1 x_1 + \tilde{b}_2 x_1^2 + \tilde{b}_3 x_1^3)$$
$$d_2 = y_2 - (\tilde{b}_0 + \tilde{b}_1 x_2 + \tilde{b}_2 x_2^2 + \tilde{b}_3 x_2^3)$$
$$\cdots\cdots\cdots$$
$$d_n = y_n - (\tilde{b}_0 + \tilde{b}_1 x_n + \tilde{b}_2 x_n^2 + \tilde{b}_3 x_n^3)$$

とする.ここで偏差平方和

$$D(\tilde{b}_0, \tilde{b}_1, \tilde{b}_2, \tilde{b}_3) = \sum_{i=1}^{n} d_i^2 = \sum_{i=1}^{n} \left\{ y_i - (\tilde{b}_0 + \tilde{b}_1 x_i + \tilde{b}_2 x_i^2 + \tilde{b}_3 x_i^3) \right\}^2$$

を最小にする $\tilde{b}_0 = \hat{b}_0, \tilde{b}_1 = \hat{b}_1, \tilde{b}_2 = \hat{b}_2, \tilde{b}_3 = \hat{b}_3$ を求める.そして 3 次関数の回帰式 $y = \hat{b}_0 + \hat{b}_1 x + \hat{b}_2 x^2 + \hat{b}_3 x^3$ を考えると,下図のような曲線を得ることができる.

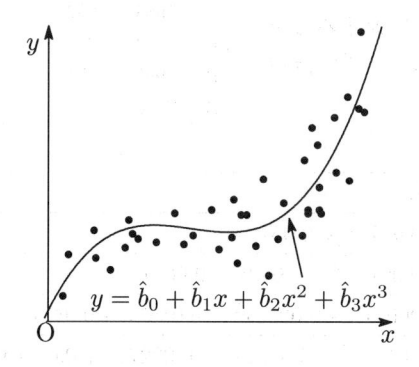

この式を**多項式回帰**もしくは**回帰曲線**とよぶ. $\hat{b}_0, \hat{b}_1, \hat{b}_2, \hat{b}_3$ は行列とよばれる数学表記法を用いると明確な形で表せるが,ここでは付録 A.7 で Excel を用いて求めるので省略する.

3.7 多項式回帰の次数を増やすとどうなるのか

この章では，以下の一般的な多項式回帰モデルを考えてみよう．

$$Y_i = b_0 + b_1 x_i + b_2 x_i^2 + \cdots + b_k x_i^k + \epsilon_i (誤差) \qquad (i = 1, ..., n) \qquad (3.13)$$

ここでオリンピックにおいて日本がとった金メダルの数を表したデータを考えてみよう．ただし1980年のモスクワオリンピックは政治的な理由で参加していない．応答変数 y を金メダル獲得の比率(金メダル数を種目数で割ったもの)として，説明変数 x をその年を表す番号 (例えば1984ならば9という感じ) とする．このデータ (x, y) に対する多項式回帰の式，決定係数，グラフは以下のようになる．

表 3-2 出典：JOC [31]

x	年	種目数	金メダル数	比率 y
1	1952	149	1	0.00671
2	1956	151	4	0.02649
3	1960	150	4	0.02667
4	1964	163	16	0.09816
5	1968	172	11	0.06395
6	1972	195	13	0.06667
7	1976	198	9	0.04545
8	1980	203		
9	1984	221	10	0.04525
10	1988	237	4	0.01688
11	1992	257	3	0.01167
12	1996	271	3	0.01107
13	2000	300	5	0.01667

	回帰式	R^2
1次回帰	$y = -0.0021x + 0.0512$	0.0956
2次回帰	$y = -0.0014x^2 + 0.018x + 0.0017$	0.5232
3次回帰	$y = 0.0003x^3 - 0.0079x^2 + 0.0551x - 0.0487$	0.7427
4次回帰	$y = 2 \cdot 10^{-5} x^4 - 0.0002x^3 - 0.0027x^2 + 0.0376x - 0.0326$	0.7509
5次回帰	$y = -8 \cdot 10^6 x^5 + 0.0003x^4 - 0.0037x^3 + 0.0161x^2 - 0.0055x - 0.0024$	0.7625

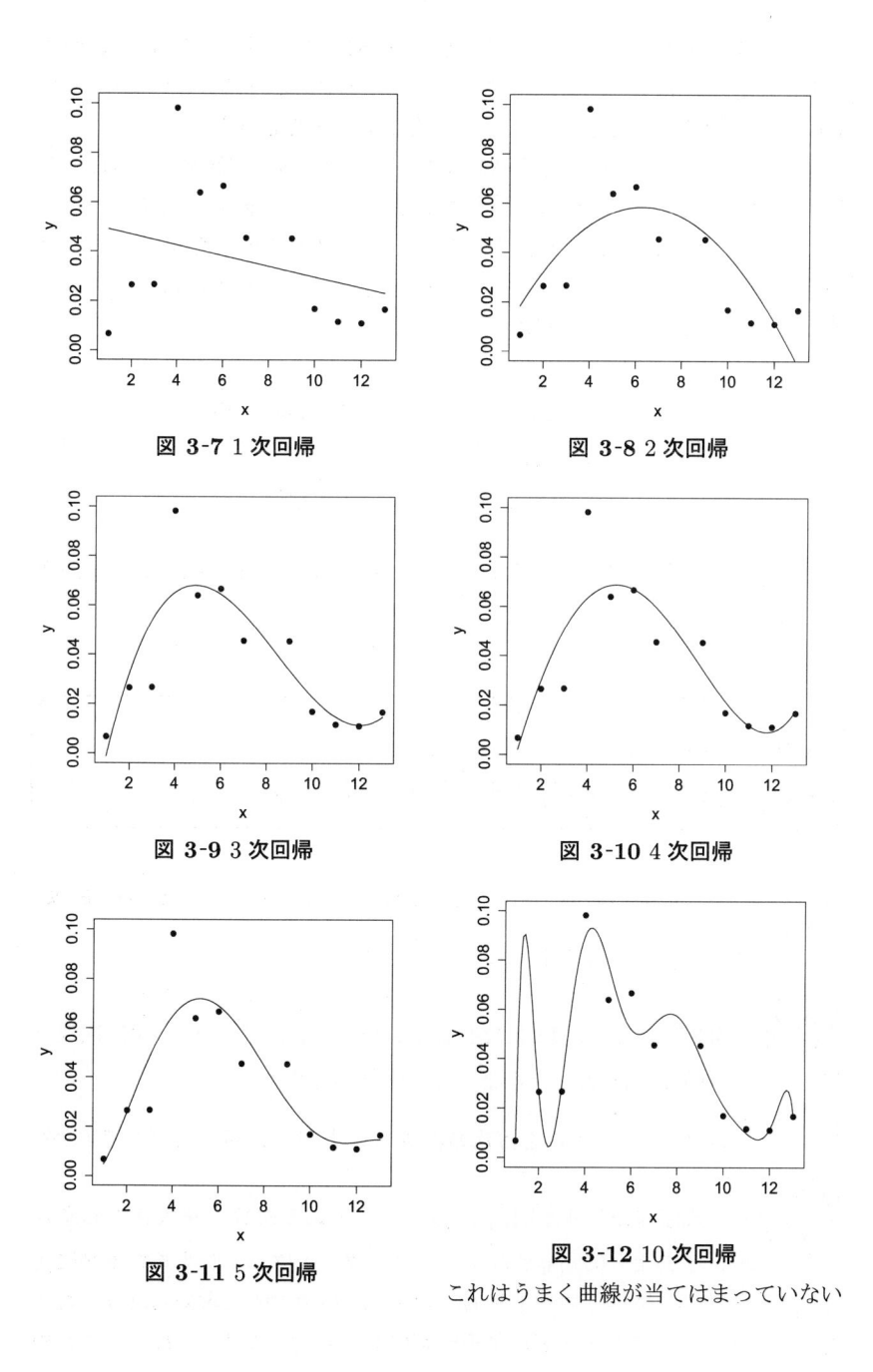

3.7. 多項式回帰の次数を増やすとどうなるのか

図 3-7 1次回帰

図 3-8 2次回帰

図 3-9 3次回帰

図 3-10 4次回帰

図 3-11 5次回帰

図 3-12 10次回帰
これはうまく曲線が当てはまっていない

つまり多項式の次数 k を大きくすればするほど，回帰式が自由に動かすことができて，いろいろな散布図に対応できるようになる．このように，散布図の点に対応できる度合いのことを**当てはまりの良さ**という．

また単回帰モデルで説明した決定係数であるが，多項式回帰モデルに対しても同様に作ることができる．回帰曲線を $y = \hat{b}_0 + \hat{b}_1 x + \cdots + \hat{b}_k x^k$ とし，その x の部分に $x_1, ..., x_n$ を代入したときの予測値をそれぞれ $\hat{y}_1, ..., \hat{y}_n$ とする．つまり $\hat{y}_i = \hat{b}_0 + \hat{b}_1 x_i + \cdots + \hat{b}_k x_i^k \ (i = 1, ..., n)$ となる．このとき，**決定係数** R^2 を以下のように定義する．

$$R^2 = \frac{\text{予測値}\hat{y}_1,...,\hat{y}_n\text{の分散}}{y_1,...,y_n\text{の分散}} = \frac{\dfrac{1}{n}\sum_{i=1}^{n}(\hat{y}_i - \bar{\hat{y}})^2}{\dfrac{1}{n}\sum_{i=1}^{n}(y_i - \bar{y})^2} \qquad (3.14)$$

ここで $\bar{y} = \dfrac{1}{n}\sum_{i=1}^{n} y_i, \ \bar{\hat{y}} = \dfrac{1}{n}\sum_{i=1}^{n} \hat{y}_i$ となる．R^2 の意味は単回帰モデルと同様のことがいえる．

R^2 の性質

- $R^2 \fallingdotseq 0 \Longrightarrow$ 回帰曲線は効果がない．
- 回帰曲線でデータの何%説明できるかを表している．

---

* * * * * * * * * * Q AND A * * * * * * * * * * *

R^2 が高い方がよい回帰式なのですか？

図 3-7 から図 3-11 までを見てもらうとわかるように，実は次数を増やすと自動的に R^2 は大きくなってしまうのです．

フムフム．ということは次数が大きい方がよい回帰式なのですか？

多項式回帰モデル (3.13) において多項式の次数 k を大きくし過ぎると，図 3-12 のように回帰曲線があまりにグニャグニャしすぎて予測に使えなくなったり，最小二乗推定量 $\hat{b}_0, \hat{b}_1, ..., \hat{b}_k$ が数学的に求められなくなったりするのです．これを**モデルが不安定になる**といいます．これらをまとめ

3.7. 多項式回帰の次数を増やすとどうなるのか

ると以下のようになります．

> 多項式の次数を大きくする $\implies$ 当てはまりが良くなるが，モデルが不安定になる
>
> 多項式の次数を小さくする $\implies$ 当てはまりが悪くなるが，モデルは安定する

ではどのような次数で折り合いをつければよいのですか？

これを調整するための方法として**自由度調整済み決定係数**というものがあります．これは以下を見てください．

* * * * * * * * Q AND A 終わり * * * * * * * *

― 自由度調整済み決定係数 ―

k は多項式の次数，n はデータ数，R^2 は決定係数とする．このとき

$$\bar{R}^2 = 1 - \frac{n-1}{n-k-1}(1-R^2) \qquad (3.15)$$

を自由度調整済み決定係数という．

10個の組のデータ $(x_1, y_1), (x_2, y_2), ..., (x_{10}, y_{10})$ が与えられたとき，単回帰モデル $Y = b_0 + b_1 x + \epsilon$ の最小二乗推定量を求めたときに $R^2 = 0.8$ であったとしよう．このときには

$$\bar{R}^2 = 1 - \frac{10-1}{10-1-1}(1-0.8) = 1 - \frac{9}{8} \cdot 0.2 \fallingdotseq 0.78 \qquad (3.16)$$

となる．一方，2次式 $y = b_0 + b_1 x + b_2 x^2$ で最小二乗推定量を求めたときに $R^2 = 0.81$ であったとしよう．そのとき

$$\bar{R}^2 = 1 - \frac{10-1}{10-2-1}(1-0.81) = 1 - \frac{9}{7} \cdot 0.19 \fallingdotseq 0.76$$

となる．

実際にはないことであるが，例えば (3.15) において $n = 15$, $R^2 = 0.8$ に固定して，k の値を 1 から 4 まで変化させると

k	1	2	3	4
$\bar{R}^2$	0.7846	0.7667	0.7455	0.72

となる.つまり R^2 がほとんど変わらない場合は,次数 k を大きくすると $\bar{R}^2$ が小さくなることがわかる.

一方で $n=15, k=2$ に固定して,R^2 の値を 0.6 から 0.9 まで変化させてみると

R^2	0.6	0.7	0.8	0.9
$\bar{R}^2$	0.5333	0.65	0.7667	0.8833

となり,R^2 が大きくなると $\bar{R}^2$ も大きくなる.これをまとめると,$\bar{R}^2$ はモデルの安定性と当てはまりのよさを同時に考えているもので,$\bar{R}^2$ を最大にする多項式回帰モデルが最もよいということになる.このため,多項式の次数 k を増やしても,当てはまりのよさ R^2 があまり改善されない場合は $\bar{R}^2$ は減少することになる.

【例 3.4】 日本のオリンピックにおけるデータ (表 3-2) における自由度調整済み決定係数を Excel で求めると次のようになる.ここで Excel においては R^2 は R2, $\bar{R}^2$ は補正 R2 と表示される.

多項式の次数	R2	補正 R2
1	0.0956	0.0052
2	0.5232	0.4172
3	0.7427	0.6462
4	0.7509	0.6086
5	0.7625	0.5646

これより 3 次の回帰式がもっともよいことがわかる.

問 3.6 ある対のデータ $(x_1, y_1), ..., (x_{20}, y_{20})$ に対して 3 次の多項式を当てはめたとき,回帰式が $y = 0.1 + 0.9x + 0.7x^2 + 0.4x^3$ となり,$R^2 = 0.75$ であった.このとき自由度調整済み決定係数 $\bar{R}^2$ を求めよ.

3.8 章末問題

1. データ $(x_1, y_1), (x_2, y_2), ..., (x_n, y_n)$ に対して,最小二乗推定量より回帰直線 $y = \hat{a} + \hat{b}x$ を求め,その予測値を $\hat{y}_i = \hat{a} + \hat{b}x_i$ $(i = 1, ..., n)$ とする.

3.8. 章末問題

① 予測値の平均を $\bar{\hat{y}}$ とするとき, $\bar{\hat{y}} = \bar{y}$ を示すこと.
② ①を用いて, 式 (3.4) を示すこと.

2. ある野球評論家が, セリーグ 6 球団の順位を予想し, リーグ戦終了時の順位と比較した. ここで予想した順位を x とし, 実際にリーグ戦終了時の順位を y とする.
① x を説明変数とする, 回帰直線を求めよ.
② 決定係数 R^2 を求め, その解釈を述べよ.

チーム	x	y
阪神	2	1
巨人	1	2
中日	3	4
ヤクルト	4	3
広島	5	5
横浜	6	6

3. 以下のデータは, 10 人の既婚男性の カ月当りの小遣い (単位は千円) を, 子供がいる場合と子供がいない場合に分けて調べたものである. 回帰分析を行うために, 応答変数 y を小遣い額 (単位は千円) とし, 説明変数は子供がいる場合 $x = 1$, 子供がいない場合 $x = 0$ とした.

子供なし	子供あり		y	x	y	x
40	31		40	0	31	1
28	29	$\Longrightarrow$	28	0	29	1
39	33		39	0	33	1
34	29		34	0	29	1
41	26		41	0	26	1

① 回帰式 $y = \hat{a} + \hat{b}x$ を求めよ.
② 子供がいる場合, 既婚男性の小遣いはどう変化するか? 回帰係数の解釈の観点から答えよ.
〚**注意**〛 このようなデータは**対応のない標本**とよばれている.

4. 2 章の章末問題 **6.** において, No.8 の人の最高血圧を 230mmHg から, 正しい測定値 130mmHg に直したデータを考える.
① 年齢を説明変数 x, 血圧 y を応答変数とした回帰直線を求めよ.
② x の回帰係数に対する解釈を述べよ.
③ 決定係数 R^2 を求め, その数値に対する解釈を述べよ.

第4章 重回帰分析

4.1 3次元データ

次に3組のデータ $(x_{11}, x_{21}, y_1), (x_{12}, x_{22}, y_2), ..., (x_{1n}, x_{2n}, y_n)$ が与えられた場合を考えてみよう．これは**3次元データ**とよび，今後は (x_1, x_2, y) と省略して書く．また具体的には以下のようなものが考えられる．

- アパートの家賃 y，広さ x_1，駅からの距離 x_2
- 肌の乾燥の度合い y，睡眠時間 x_1，実際の年齢 x_2

このような3次元データに対しても2次元データと同様に散布図を描くことができる．例えば $(1, 2, 3)$ というデータに対しては左下の図のように点をとる．このようにして点を描いていくと右下の図のように3次元の散布図を描くことができる．

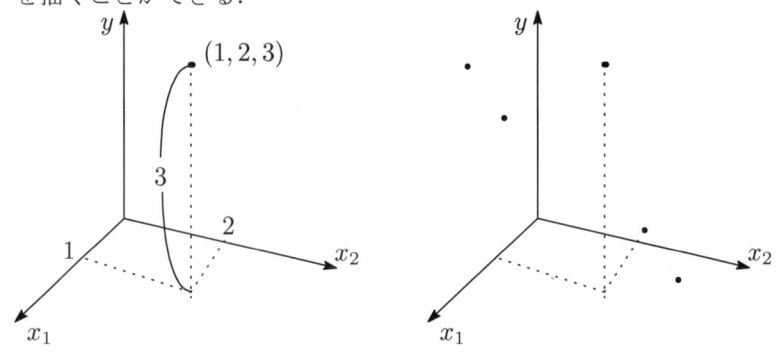

4.2 説明変数が2つある場合の最小二乗推定量

Excel による計算 ···p.287, A.10 章

3次元データ (x_1, x_2, y) が与えられたとき，x_1, x_2 が y にどのような影響を与えているのかを考えてみよう．

4.2. 説明変数が 2 つある場合の最小二乗推定量

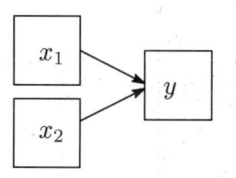

説明変数　　応答変数

x_1 → y
x_2

これは説明変数が 2 個ある場合の回帰分析と考えることができる．このときの統計モデルは x_1, x_2 を説明変数とし，Y を応答変数とし，3.3 章と同様の表し方をすると

$$Y_i = b_0 + b_1 x_{1i} + b_2 x_{2i} + \epsilon_i (誤差), \quad (i = 1, ..., n) \tag{4.1}$$

となる．このように説明変数が 2 個以上あるモデルを**重回帰モデル**といい，b_0, b_1, b_2 を**偏回帰係数**，もしくは**回帰係数**という．また b_0 は特に**切片**という．(4.1) は，単回帰モデル同様，添え字を省略して $Y = b_0 + b_1 x_1 + b_2 x_2 + \epsilon$ と書くことがあるので，注意してほしい．

いま，b_0, b_1, b_2 の値はわからないので，データから推定する必要がある．この章では，その推定の仕方を説明する．

ところで 3 次元空間における平面[*1]は

$$y = \tilde{b}_0 + \tilde{b}_1 x_1 + \tilde{b}_2 x_2$$

と表せることが知られている．ここで 3.1 章, 3.2 章の回帰直線のときと同様に，3 次元空間における**散布図をうまく表す平面**をおくことを考える．
このとき，y_1 と $\tilde{b}_0 + \tilde{b}_1 x_{11} + \tilde{b}_2 x_{21}$ の差を d_1, y_2 と $\tilde{b}_0 + \tilde{b}_1 x_{12} + \tilde{b}_2 x_{22}$ の差を d_2 とし，残りも同様にして

$$d_1 = y_1 - (\tilde{b}_0 + \tilde{b}_1 x_{11} + \tilde{b}_2 x_{21})$$
$$d_2 = y_2 - (\tilde{b}_0 + \tilde{b}_1 x_{12} + \tilde{b}_2 x_{22})$$
$$\cdots\cdots\cdots$$
$$d_n = y_n - (\tilde{b}_0 + \tilde{b}_1 x_{1n} + \tilde{b}_2 x_{2n})$$

とおく．

[*1] 平面の式 →12.7.1 章

$$\tilde{b}_0 + \tilde{b}_1 x_{11} + \tilde{b}_2 x_{21}$$

(x_{11}, x_{21}, y_1)

$d_1 = y_1 - (\tilde{b}_0 + \tilde{b}_1 x_{11} + \tilde{b}_2 x_{21})$

平面 $y = \tilde{b}_0 + \tilde{b}_1 x_1 + \tilde{b}_2 x_2$

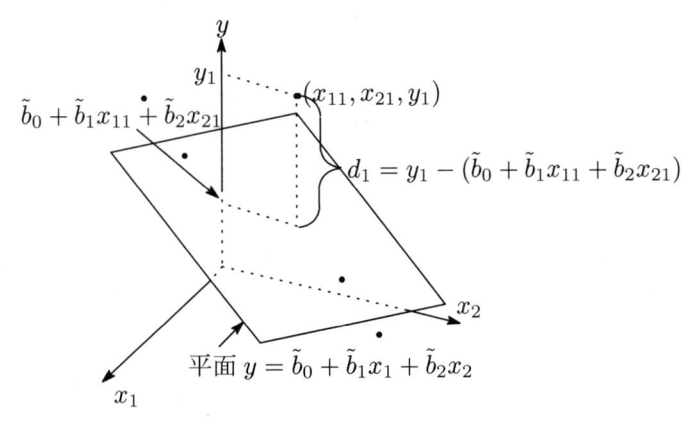

図 4-1

これより $d_1,...,d_n$ をそれぞれ 2 乗したものの和を最小にするような平面を求めることを考える．つまり

$$\sum_{i=1}^{n} d_i^2 = \sum_{i=1}^{n} \left\{ y_i - (\tilde{b}_0 + \tilde{b}_1 x_{1i} + \tilde{b}_2 x_{2i}) \right\}^2 \quad (4.2)$$

を最小にする $\tilde{b}_0 = \hat{b}_0, \tilde{b}_1 = \hat{b}_1, \tilde{b}_2 = \hat{b}_2$ を求めようということである．このとき, $\hat{b}_0, \hat{b}_1, \hat{b}_2$ を**最小二乗推定量**という．

これも Excel で求めることができるが, 式で表すこともできるので, ここでは結果だけを紹介する．証明は 4.14 章に載せておくので, 興味がある方は見ていただきたい．

記号の準備

$$s_{1y} = \frac{1}{n} \sum_{i=1}^{n} (x_{1i} - \bar{x}_1)(y_i - \bar{y}), \qquad s_{11} = \frac{1}{n} \sum_{i=1}^{n} (x_{1i} - \bar{x}_1)^2,$$

$$s_{2y} = \frac{1}{n} \sum_{i=1}^{n} (x_{2i} - \bar{x}_2)(y_i - \bar{y}), \qquad s_{22} = \frac{1}{n} \sum_{i=1}^{n} (x_{2i} - \bar{x}_2)^2,$$

$$s_{12} = \frac{1}{n} \sum_{i=1}^{n} (x_{1i} - \bar{x}_1)(x_{2i} - \bar{x}_2), \qquad \bar{y} = \frac{1}{n} \sum_{i=1}^{n} y_i,$$

$$\bar{x}_1 = \frac{1}{n} \sum_{i=1}^{n} x_{1i}, \qquad \bar{x}_2 = \frac{1}{n} \sum_{i=1}^{n} x_{2i}$$

4.2. 説明変数が2つある場合の最小二乗推定量

公式 4.1 (b_0, b_1, b_2 の最小二乗推定量)

$$\hat{b}_1 = \frac{s_{22}s_{1y} - s_{12}s_{2y}}{s_{11}s_{22} - s_{12}^2},$$

$$\hat{b}_2 = \frac{s_{11}s_{2y} - s_{12}s_{1y}}{s_{11}s_{22} - s_{12}^2},$$

$$\hat{b}_0 = \bar{y} - \hat{b}_1\bar{x}_1 - \hat{b}_2\bar{x}_2.$$

一見複雑に見えるが，$\hat{b}_1$, $\hat{b}_2$ の分母は同じ形をしているのに注意すれば，少しは簡単に求められる．

* * * * * * * * * Q AND A * * * * * * * * *

結局，$y = \hat{b}_0 + \hat{b}_1 x_1 + \hat{b}_2 x_2$ が散布図をうまく表すような平面と考えてよいのでしょうか？

はい，その通りです．ちなみにこの平面は**回帰平面**もしくは**(重)回帰式**といいます．

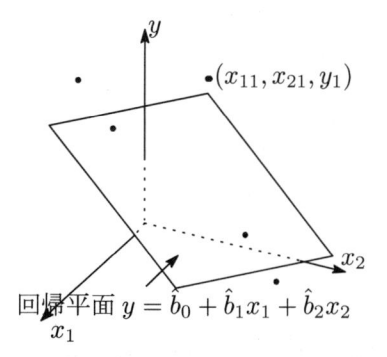

回帰平面 $y = \hat{b}_0 + \hat{b}_1 x_1 + \hat{b}_2 x_2$

ところで重回帰式 $y = \hat{b}_0 + \hat{b}_1 x_1 + \hat{b}_2 x_2$ においては，単回帰モデルの場合と同じようにして，x_1 を固定 したときに，x_2 を1点増やすと，y は平均的に $\hat{b}_2$ 増えると解釈してよいのですか？

はい．そう解釈してかまいません．ただ説明変数 x_1, x_2 の相関係数が ±1 に近い値をとるなど，相関が強いときには，多重共線性という問題が出てきますので，その点は注意してください．詳しくは奥野，他 [3]p.36, pp.49-61 を参照してください．

* * * * * * * * Q AND A 終わり * * * * * * * *

【例 4.1】 (架空の市, 架空のデータ) ○○県あだたら市 (今後, A市と省略する) における男子の高校1年生全員に対して, 1日の平均睡眠時間 x_1 (時間), 体重 x_2 (kg), 身長 y (cm) を調べたとする. このとき, y と x_1, x_2 はどのような関係があるのかを重回帰モデルで考えてみる.

[表1]

	y	x_1	x_2
安部	175 (y_1)	6 (x_{11})	64 (x_{21})
伊藤	185 (y_2)	7 (x_{12})	68 (x_{22})
上野	160 (y_3)	6 (x_{13})	55 (x_{23})
江頭	168 (y_4)	6 (x_{14})	57 (x_{24})
大島	171 (y_5)	7 (x_{15})	62 (x_{25})
加藤	167 (y_6)	4 (x_{16})	60 (x_{26})

公式 4.1 の最小二乗推定量を表 4-1 を利用して計算する. 表 4-1 の右側の数値は x_1, x_2, y を 2 乗したものや $x_1 y$ などを計算したことを意味する.

表 4-1

氏名	y	x_1	x_2	y^2	x_1^2	x_2^2	$x_1 y$	$x_2 y$	$x_1 x_2$
安部	175	6	64	30625	36	4096	1050	11200	384
伊藤	185	7	68	34225	49	4624	1295	12580	476
上野	160	6	55	25600	36	3025	960	8800	330
江頭	168	6	57	28224	36	3249	1008	9576	342
大島	171	7	62	29241	49	3844	1197	10602	434
加藤	167	4	60	27889	16	3600	668	10020	240
計	1026	36	366	175804	222	22438	6178	62778	2206

$\bar{y} = 171, \bar{x}_1 = 6, \bar{x}_2 = 61$ より, 分散と共分散の計算公式 (1.4), (2.1) を用いると

$$s_{11} = \frac{1}{6}\sum_{i=1}^{6} x_{1i}^2 - (\bar{x}_1)^2 = \frac{222}{6} - 6^2 = 1,$$

$$s_{22} = \frac{1}{6}\sum_{i=1}^{6} x_{2i}^2 - (\bar{x}_2)^2 = \frac{22438}{6} - 61^2 \doteqdot 18.6667,$$

$$s_{12} = \frac{1}{6}\sum_{i=1}^{6} x_{1i}x_{2i} - \bar{x}_1 \cdot \bar{x}_2 = \frac{2206}{6} - 6 \cdot 61 \doteqdot 1.6667,$$

$$s_{1y} = \frac{1}{6}\sum_{i=1}^{6} x_{1i}y_i - \bar{x}_1 \cdot \bar{y} = \frac{6178}{6} - 6 \cdot 171 \doteqdot 3.6667,$$

$$s_{2y} = \frac{1}{6}\sum_{i=1}^{6} x_{2i}y_i - \bar{x}_2 \cdot \bar{y} = \frac{62778}{6} - 61 \cdot 171 = 32,$$

$s_{11}s_{22} - s_{12}^2 = 18.6667 - (1.6667)^2 \fallingdotseq 15.8888$ となる. よって

$$\hat{b}_1 = \frac{18.6667 \cdot 3.6667 - 1.6667 \cdot 32}{15.8888} \fallingdotseq 0.9510,$$

$$\hat{b}_2 = \frac{1 \cdot 32 - 1.6667 \cdot 3.6667}{15.8888} \fallingdotseq 1.6294,$$

$$\hat{b}_0 = 171 - 0.9510 \cdot 6 - 1.6294 \cdot 61 \fallingdotseq 65.9006.$$

これより, 重回帰式 $y = 65.9006 + 0.9510x_1 + 1.6294x_2$ を得る. よって睡眠時間が同じときには, 体重が 1kg 増えると, 身長 y は平均的に 1.6294cm 増えると考えられる.

問 4.1　右の表はあるクラスから無作為に選んだ 5 人の試験の点数 x_1, 欠席日数 x_2, 成績 Y のデータである. 重回帰モデル (4.1) を用いるとき, 全ての偏回帰係数を推定せよ. (ちなみに $\bar{x}_1 = 5, \bar{x}_2 = 5, \bar{y} = 5$)

x_1	x_2	y
3	6	2
4	3	6
5	4	6
6	9	3
7	3	8

4.3　予測

3.2 章の単回帰分析同様, 重回帰分析においても重回帰式を用いると**予測**をすることができる.

【例 4.2】　例 4.1 において睡眠時間 x_1 と体重 x_2 と身長 y には

$$\text{身長} = 65.9006 + 0.9510 \times \text{睡眠時間} + 1.6294 \times \text{体重 (kg)} \quad (4.3)$$

という関係があることがわった. これより例えば, 斉藤君が睡眠時間が 6 時間, 体重が 62kg であるとすると, 身長は

$$\hat{y} = 65.9006 + 0.9510 \times 6 + 1.6294 \times 62 = 172.6294$$

となり, 約 173cm と予測できる[*2].

問 4.2　問 4.1 のデータのクラスにおいて, 試験は 6 点, 欠席日数は 7 日の生徒がいた. この生徒の成績を予測せよ.

[*2] 予測値は $\hat{y}$ のように^(ハット) 記号を用いて表す

4.3.1 単位の変更による回帰係数の影響

例 4.1 において、x_1 の単位を**時間**ではなく、**分**で評価した表 4-2 を考えてみよう。このとき、重回帰式は $y = 65.9006 + 0.1585x_1 + 1.6294x_2$ となる。一方で表 4-1 の回帰式は $y = 65.9006 + 0.9510x_1 + 1.6294x_2$ より x_1 の係数は $\hat{b}_1 = 0.9510$ であった。実は以下のことが知られている。

表 4-2

氏名	y	x_1	x_2
安部	175	360	64
伊藤	185	420	68
上野	160	360	55
江頭	168	360	57
大島	171	420	62
加藤	167	240	60

"最小二乗推定量 $\hat{b}_0, \hat{b}_1, \hat{b}_2$ は y, x_1, x_2 の単位によって変わる!!"

x_1 における時間の単位を分の単位を変える、すなわち x_1 の数値を 60 倍すると、x_1 の係数 $\hat{b}_1$ の値は $\dfrac{1}{60}$ 倍された値になる。

> 問 4.3　x_1 の単位を a 倍すると、x_1 の推定された係数 $\hat{b}_1$ の値は $\dfrac{1}{a}$ 倍された値になることを、公式 4.1 を用いて示すこと。

4.4　係数の標準誤差

Excel による計算 ⋯ p.287, A.10 章

最小二乗法で推定された係数は、推定値であることから誤差が出てくる。その誤差を表す方法として、**標準誤差**とよばれているものがある。標準誤差の厳密な定義は後 (11.5 章) で見てもらうことにして、ここではその大雑把なイメージのみを説明する。

ここで重回帰モデル $Y = b_0 + b_1 x_1 + b_2 x_2 + \epsilon$ における最小二乗推定量 $\hat{b}_2$ の標準誤差について説明する。いま、例 4.1 の [表 1] に加えて、A 市から"**この 6 人と同じ説明変数 x_1, x_2 の値をとるデータ**"の表を [表 2] から [表 50] まで 49 セット集めることを考えてほしい。(現実には大変であろうが⋯)

4.4. 係数の標準誤差

[表2]	y	x_1	x_2
2-1	176	6	64
2-2	184	7	68
2-3	162	6	55
2-4	165	6	57
2-5	174	7	62
2-6	168	4	60

[表50]	y	x_1	x_2
50-1	174	6	64
50-2	185	7	68
50-3	162	6	55
50-4	169	6	57
50-5	170	7	62
50-6	163	4	60

x_1 と x_2 が同じであったとしても,個人差があるので Y の値は変わる!

これらの 50 個の表それぞれから求めた b_2 の最小二乗推定量を

$$\hat{b}_2^1, \quad \hat{b}_2^2, \quad ..., \quad \hat{b}_2^{50}$$

とする.ここで $\hat{b}_2^{50}$ であれば上の [表 50] における b_2 の推定値を表している.

このとき $\hat{b}_2^1, \hat{b}_2^2,...,\hat{b}_2^{50}$ は全て同じ値でなく,各表の Y のデータに依存して少しずつ異なる値をとるので,$\hat{b}_2$ の散らばりの大きさを表すために以下のような標準偏差を求める.

$$s_{\hat{b}_2} = \sqrt{\frac{1}{50}\sum_{i=1}^{50}(\hat{b}_2^i - \overline{\hat{b}_2})^2}, \tag{4.4}$$

ここで $\overline{\hat{b}_2} = \frac{1}{50}\sum_{i=1}^{50}\hat{b}_2^i$ とする.この $s_{\hat{b}_2}$ を $\hat{b}_2$ の**標準誤差**という.

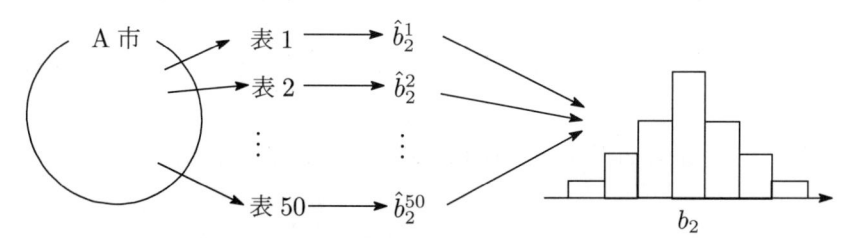

```
A市  →  表1  →  ĥ_2^1
     →  表2  →  ĥ_2^2
     ⋮        ⋮
     →  表50 →  ĥ_2^50
```

実は真の値 b_2 は $\hat{b}_2^1, \hat{b}_2^2,...,\hat{b}_2^{50}$ の分布の中心にあることが知られている.このため $\hat{b}_2$ が小さな標準誤差を持つことは,b_2 を正確に推定できていることを意味する.一方で $\hat{b}_2$ が大きな標準誤差を持つことは,b_2 を正確に推定できていないことを意味する.このため,標準誤差は推定量の**誤差**を表す 1 つの指標だと考えることができる.またデータ数 n を大きくすると,推定量の標準誤差が小さくなることが知られている.

* * * * * * * * * Q AND A * * * * * * * * *

50個の表から標準誤差を作るということですが, 実際には [表1] しかデータがないような気がしますが…

確かにそうですね. これはあくまでも**イメージ**ですので注意してください. 標準誤差の厳密な定義では, このような表を非常にたくさんあるという状況を**理論的**に作ることによって, [表1] だけから標準誤差を計算することができます[*3]. また標準誤差は Excel で計算されるので心配しないでください.

へ〜 理論ってすごいんですね.

* * * * * * * * * Q AND A 終わり * * * * * * * * *

4.5 決定係数

Excel による計算 …p.287, A.10 章

推定された重回帰式の当てはまりの良さを調べるために, 説明変数が 1 つの場合と同様に決定係数を考える. 予測値を $\hat{y}_i = \hat{b}_0 + \hat{b}_1 x_{1i} + \hat{b}_2 x_{2i}$, $(i=1,..,n)$ (ここが単回帰モデルと違う) とし, その平均を $\bar{\hat{y}} = \frac{1}{n}\sum_{i=1}^{n} \hat{y}_i$ とすると, (3.4) と同様にして, 以下の式が成り立つことが知られている.

$$\frac{1}{n}\sum_{i=1}^{n}(y_i - \bar{y})^2 = \frac{1}{n}\sum_{i=1}^{n}(\hat{y}_i - \bar{\hat{y}})^2 + \frac{1}{n}\sum_{i=1}^{n}(\hat{y}_i - y_i)^2. \qquad (4.5)$$

これより (3.3) 式と同様に決定係数を定義することができる.

$$R^2 = \frac{予測値 \hat{y}_1,...,\hat{y}_n の分散}{y_1,...,y_n の分散} = \frac{\frac{1}{n}\sum_{i=1}^{n}(\hat{y}_i - \bar{\hat{y}})^2}{\frac{1}{n}\sum_{i=1}^{n}(y_i - \bar{y})^2}$$

また R^2 の数値の意味も 4 章と同じで以下のことがいえる.

[*3] 標準偏差の厳密な定義 →11.4 章, 11.5 章.

4.6. 自由度調整済み決定係数

R^2 の性質

- $R^2 \fallingdotseq 1 \implies$ 重回帰式の当てはまりがよい
- $R^2 \fallingdotseq 0 \implies$ 重回帰式の当てはまりが悪い
- 重回帰モデルでデータを何%説明することができるかを表す.

【例4.3】例 4.1 のデータにおいて, 回帰式 $y = 65.9006 + 0.9510x_1 + 1.6294x_2$ を用いると, 説明変数 $x_1 = 6, x_2 = 64$ のときの予測値は $\hat{y}_1 = 65.9006 + 0.9510 \times 6 + 1.6294 \times 64 = 175.8882$ となる. 以下同様に計算すると

氏名	y	x_1	x_2	$\hat{y}$
安部	175	6	64	$175.8882 \leftarrow \hat{y}_1$
伊藤	185	7	68	$183.3568 \leftarrow \hat{y}_2$
上野	160	6	55	$161.2236 \leftarrow \hat{y}_3$
江頭	168	6	57	$164.4824 \leftarrow \hat{y}_4$
大島	171	7	62	$173.5804 \leftarrow \hat{y}_5$
加藤	167	4	60	$167.4686 \leftarrow \hat{y}_6$

となる. このとき $\hat{y}$ の分散は $s_{\hat{y}}^2 = 55.6286$, y の分散は $s_y^2 = 59.6667$ より $R^2 = \dfrac{55.6286}{59.6667} \fallingdotseq 0.9323$ となる. これよりこの重回帰モデルでデータの 93%が説明できることがわかる.

問 4.4 問 4.1 のデータに対する R^2 を求めよ. ただし予測値の分散は $s_{\hat{y}}^2 = 4.697$ として計算すること.

4.6 自由度調整済み決定係数

Excelによる計算 ···p.287, A.10 章

実は例 4.1 のデータにおいて, 身長 Y は体重 x_2 のみを説明変数とした回帰モデルの方がよい予測ができることがある. しかしそうなると $Y = b_0 + b_1 x_1 + \epsilon$ や $Y = b_0 + b_1 x_1 + b_2 x_2 + \epsilon$ のようにたくさんの統計モデルの選択肢が出てくるので, どれを選べばよいのかという問題が出てくる.

決定係数 R^2 が高いモデルを選べば… といいたいところだが, 3.8 章で説明したように, 重回帰モデルにおいても

"説明変数を増やすと自動的に R^2 が大きくなる"

という困った性質がある.例えば以下のデータにおいて,体重 x_2(kg) を説明変数に,身長 y(cm) を応答変数とした重回帰分析により得られた R^2 と,(x_2, y) に新たに駅からの距離 x_1(km) を加えた場合の R^2 を比較してみる.このとき,x_1 は y にまったく関係ないが,このデータを加えた方が,R^2 が大きくなる.

氏名	y(cm)	x_2(kg)
安部	175	64
伊藤	185	68
上野	160	55
江頭	168	57
大島	171	62
加藤	167	60

$R^2 = 0.92$

氏名	y(cm)	x_1(km)	x_2(kg)
安部	175	1	64
伊藤	185	0.4	68
上野	160	1.4	55
江頭	168	2	57
大島	171	0.8	62
加藤	167	1.2	60

$R^2 = 0.95$

このため,どのモデル(説明変数)を選べばよいのかは,下記の自由度調整済み決定係数を用いる.

自由度調整済み決定係数

$$\bar{R}^2 = 1 - \frac{n-1}{n-k-1}(1-R^2) \qquad (4.6)$$

ここで k は説明変数の数(説明変数が 2 個あるときは $k = 2$ とおく),n はデータ数,R^2 は決定係数.

説明変数の数を増やせば,当てはまりが良くなり,決定係数 R^2 は高い値をとるが,推定された偏回帰係数が標準誤差が大きくなったり,場合によっては最小二乗推定量が一つ定まらないことがある(これをモデルが不安定になるという).一方で説明変数の数を少なくすると推定された偏回帰係数は安定するが,当てはまりが悪くなる.

これより"当てはまりの良さ"と"モデルの安定性"を調整する $\bar{R}^2$ は,その値が**高い**ほどよいモデルであり,**正確な予測**ができることを意味する.つまり

"$\bar{R}^2$ が最も高い回帰モデル = 最適な回帰モデル"

4.7. 仮説検定

ということである．また $\bar{R}^2$ は負の値もとりうるので，注意してほしい[*4]．

【例 4.4】 p.54 の表 4-1 から重回帰分析を行ない，自由度調整済み決定係数 $\bar{R}^2$ を計算する．説明変数 x_1, x_2 を用いたときは，$1 - \dfrac{6-1}{6-2-1}(1 - 0.9323) = 0.8872$ となる．他も同様に計算すると，以下の表になる．

説明変数	R^2	$\bar{R}^2$
x_1, x_2	0.9323	0.8872
x_2	0.9194	0.8992
x_1	0.2253	0.0317
なし	0	0

これより x_1 は無視して Y と x_2 から回帰モデルを作ったほうがよいということがわかる．

〖注意 1〗 上の例のように，全ての説明変数の組み合わせに対して自由度調整済み決定係数を求め，**最も大きな $\bar{R}^2$ を持つモデルを採用する方法を総当たり法**という．

〖注意 2〗 説明変数がない場合の $\bar{R}^2$ は常に 0 となる．また Excel においても説明変数がない場合は計算されない．

問 4.5 問 4.1 のデータに対して，以下の結論を得た．

応答変数	説明変数	決定係数	自由度調整済み決定係数
Y	x_1, x_2	0.9785	
Y	x_1	0.3375	
Y	x_2	0.6410	
Y	なし	0	0

このとき，それぞれの統計モデルに対する自由度調整済み決定係数 $\bar{R}^2$ を計算し，最も適切なモデルを求めよ．

4.7 仮説検定

重回帰分析においては，どの説明変数が応答変数に影響を与えているのかを調べることが重要なテーマになることがしばしばある．これは**仮説検**

[*4] $\bar{R}^2$ は負になることもある．なお，式 (4.6) の右辺が負のときには，強制的に $\bar{R}^2 = 0$ と定義している教科書 (佐和 [18] p.149) もある．

定とよばれる，データに基づいて判断を行う方法が知られている．
p.54 の表 4-1 のデータを思い出してみよう．このとき，説明変数 x_1 が Y に影響を与えているかどうかを調べるために仮説検定では

$$H_0 : b_1 = 0 \quad \text{vs} \quad H_a : b_1 \neq 0 \tag{4.7}$$

と書く[*5]．(4.7) は両側仮説といい，H_0 を **帰無仮説**，H_a を **対立仮説** という．

モデル $Y = b_0 + b_1 x_1 + b_2 x_2 + \epsilon$ の両側仮説 (4.7) において，H_0 が正しければ $b_1 = 0$ となるので，結果的には $Y = b_0 + b_2 x_2 + \epsilon$ となる．これは"x_1 は Y に影響を与えない"ことを意味する．これより式 (4.7) は

$$H_0 : x_1 \text{ は } Y \text{ に影響を与えない vs } H_a : x_1 \text{ は } Y \text{ に影響を与える}$$

と考えることもできる．H_0 は間違い (誤り) であると判断することを帰無仮説 H_0 を **棄却** するという．これは対立仮説 H_a を積極的に支持することを意味する．H_0 を棄却できないとき，帰無仮説 H_0 を **採択** するという．これは H_a が正しいとする証拠 (根拠) は不十分であるため，H_0 を消極的に支持することを意味する[*6]．仮説検定においては，H_0 を棄却するのか採択するのかをデータから判断する．仮説検定の詳細は 10 章，11 章で説明するので，ここでは手法だけを述べる．

4.8　t 値

Excel による計算　…p.287, A.10 章

Excel で統計処理をすると，t という結果が出力される．これは t **値** とよばれる用語で，以下のように定義される．

---
t 値の定義

$$t \text{ 値} = \frac{\text{回帰係数の推定値} - 0}{\text{回帰係数の標準誤差}}$$

---

t 値は最小二乗推定量の 0 からの **ずれ** を測るもので，例えば $\hat{b}_1$ の t 値であれば，$t \text{ 値} = \dfrac{\hat{b}_1}{\hat{b}_1 \text{ の標準誤差}} = \dfrac{\hat{b}_1}{s_{\hat{b}_1}}$ となる．ここで標準誤差で割るのは，1.8

[*5] vs とは versus(対) の略で，A vs B であれば，A 対 B を意味する．
[*6] 詳しくは 10.3 章 (p.206-207) の Q and A およびコラムを見ること．

4.8. t 値

章の標準化のところで説明したように，単位の影響を受けずに 0 からの**ず れ**を測るためであると今の時点では考えてほしい．

まず t 値の直感的なイメージを式の厳密さは考えずに説明する．$H_0 : b_1 = 0$ vs $H_a : b_1 \neq 0$ において，$\hat{b}_1$ の t 値が 0 から離れているならば，$\hat{b}_1 \neq 0$ と予想できる．また b_1 の推定量 $\hat{b}_1$ は b_1 に近い値をとる可能性が高いため，$b_1 \neq 0$ と予想できる．これより帰無仮説 H_0 を棄却する．一方で $\hat{b}_1$ の t 値が 0 に近い値をとるのであれば，$b_1 = 0$ と予想できるので，帰無仮説 H_0 を採択する．しかし t 値が 0 に近いかどうかを判定するには，どこかで境界線を引かなくてはならないので，一般的には以下のように判定する．

手法 4.1 有意水準 5% の t 値による判定法

両側仮説 $H_0 : b_i = 0$ vs $H_a : b_i \neq 0$ $(i = 0, 1, ..., k)$ において
- $\hat{b}_i$ の t 値の絶対値 $\geq t_{0.025}(n - k - 1) \iff H_0 : b_i = 0$ を棄却
  (x_i は Y に影響を与える)
- $\hat{b}_i$ の t 値の絶対値 $< t_{0.025}(n - k - 1) \iff H_0 : b_i = 0$ を採択
  (x_i が Y に影響を与えている証拠はない)

ここで k は説明変数の数を表す．この章では説明変数が 2 個の場合を考えているので，$k = 2$ を代入する．

$t_{0.025}(n - k - 1)$ は**境界値**とよばれ，その値は以下の表により計算される[*7]．また $t_{0.025}(n - k - 1)$ の厳密な定義は 9.7 章で説明する．

d	1	2	3	4	5	6	7	8	9	10
$t_{0.025}(d)$	12.71	4.3	3.18	2.78	2.57	2.45	2.36	2.31	2.26	2.23
d	12	14	16	18	20	30	40	60	120	
$t_{0.025}(d)$	2.18	2.14	2.12	2.1	2.09	2.04	2.02	2	1.98	

有意水準 5% はこの後の **Q AND A** ではイメージを，10.2.2 章，10.4 章では理論的な意味を説明する．

【例 4.5】 p.54 の例 4.1 のデータ [表 1] に対して Excel で統計処理をしたところ，以下の結果を得た (小数点第 5 位を四捨五入)．例 4.1～例 4.4 と数値が少し異なるが，これは四捨五入したことによる誤差の影響なので，気に

[*7] $t_{0.025}(n - k - 1)$ は $t_{0.025} \times (n - k - 1)$ という**意味ではなく**，$t_{0.025}(n - k - 1)$ で一つの数値である．また下付きの数 0.025 は，いまのところは気にしないでほしい．

しないこと．なお，"係数"と書かれている列の数値は推定値を表す．よって $\hat{b}_0 = 65.9021, \hat{b}_1 = 0.9510, \hat{b}_2 = 1.6294$ となる．また有意水準を 5% とする．

	係数	標準誤差
切片	65.9021	16.4393
x_1	0.9510	1.2578
x_2	1.6294	0.2911

最初に $H_0 : b_1 = 0$ vs $H_a : b_1 \neq 0$ を考える．$\hat{b}_1$ の標準誤差は 1.2578 より，

$$\hat{b}_1 \text{の } t \text{ 値} = \frac{0.9510}{1.2578} \fallingdotseq 0.76$$

となる．一方で表 4-1 のデータ数は 6 個 ($n = 6$) で説明変数は 2 個 ($k = 2$) より，境界値は $t_{0.025}(n-k-1) = t_{0.025}(3) = 3.18$ となる．ここで $|0.76| < 3.18$ から帰無仮説 $H_0 : b_1 = 0$ は採択される．すなわち睡眠時間 x_1 が身長 Y に影響を与えている証拠は，現時点では不十分であることがわかる．

次に $H_0 : b_2 = 0$ vs $H_a : b_2 \neq 0$ を考える．$\hat{b}_2$ の t 値 $= \frac{1.6294}{0.2911} \fallingdotseq 5.60$ となり，$|5.6| > 3.18$ から帰無仮説 $H_0 : b_2 = 0$ は棄却される．よって体重 x_2 は身長 Y に影響を与えていることがわかる．

＊＊＊＊＊＊＊＊＊　Q AND A　＊＊＊＊＊＊＊＊＊＊

この境界値はどこから出てきたのですか？

これは t **分布**という確率分布から導かれたもので，上側確率 2.5% のパーセント点 (p.188 を参照) と呼ばれています．しかし現時点では，t 値が 0 に近いかどうかの境界線を与えているというぐらいの認識で大丈夫です．

わかりました．あと，この有意水準 5% は何を意味するのでしょうか？

t 値による判定法を行う実験を 100 回繰り返したとしましょう (具体的なイメージは 4.9.1 章を参照)．帰無仮説が**本当に**正しかったとしても，実験回数の 5% に相当する 5 回くらいは，誤って帰無仮説を棄却してしまうことを意味します．有意水準 5% のイメージとしては，こんな感じです．

5 回は失敗しちゃうんですか？ 完全な方法はないのでしょうか？

はい. 残念ながらありません. 詳しくは p.211 で説明しますが, 有意水準を下げると, 今度は"帰無仮説が本当は間違っているのに, 誤って帰無仮説を採択してしまう確率"が高くなることが知られています. つまり, どこかで妥協しなければならないということです.

* * * * * * * * Q AND A 終わり * * * * * * * *

問 4.6 問 4.1 におけるデータに対して, モデル $Y = b_0 + b_1 x_1 + b_2 x_2 + \epsilon$ を用いたとき, 以下の結果を得た.

	係数	標準誤差
切片	4.3462	0.9714
x_1	0.9	0.1605
x_2	-0.7692	0.0996

有意水準 5% の両側仮説検定 $H_0 : b_1 = 0$ vs $H_a : b_1 \neq 0$ を行うこと.

4.9　p 値

Excel による計算 … p.287, A.10 章

t 値による判定法は, データ数 n や説明変数の数 k に影響を受ける境界値を求める必要があるため, 少し扱いにくい. ここでは, これを改良した p 値とよばれる指標を紹介する.

例 4.1 のデータ [表 1] に対して Excel で回帰分析を行うと, 以下の結果が出てくる (小数点第 5 位を四捨五入)[*8]. ここで "t" と書かれている列が t 値, "P-値" と書かれている列が p 値に対応する. 例えば $\hat{b}_2$ の p 値であれば 0.0113, $\hat{b}_2$ の t 値であれば 5.5970 となる.

[表1]	y	x_1	x_2
安部	175	6	64
伊藤	185	7	68
上野	160	6	55
江頭	168	6	57
大島	171	7	62
加藤	167	4	60

	係数	標準誤差	t	P-値
切片	65.9021	16.4393	4.009	0.0278
x_1	0.9510	1.2578	0.7562	0.5045
x_2	1.6294	0.2911	5.5970	0.0113

[*8]例 4.1〜例 4.4 と数値が少し異なるが, これは四捨五入したことによる誤差の影響なので, 気にしないこと.

p 値による判定はとても楽で, 以下の基準で判断する.

手法 4.2 有意水準 5% の p 値による判定法

両側仮説 $H_0 : b_i = 0$ vs $H_a : b_i \neq 0$ $(i = 0, 1, ..., k)$ において
- $\hat{b}_i$ の p 値 ≤ 0.05 $\iff$ $H_0 : b_i = 0$ を棄却
  (x_i は Y に影響を与える)

- $\hat{b}_i$ の p 値 > 0.05 $\iff$ $H_0 : b_i = 0$ を採択
  (x_i が Y に影響を与えている証拠はない)

ここで k は説明変数の数を表す. この章では説明変数が 2 個の場合を考えているので, $k = 2$ を代入する.

これより, 両側仮説 $H_0 : b_2 = 0$ vs $H_a : b_2 \neq 0$ では, $\hat{b}_2$ の p 値 $= 0.0113 \leq 0.05$ より, H_0 は棄却されるので, 説明変数 x_2 は Y に影響を与えていることがわかる. 一方で, 両側仮説 $H_0 : b_1 = 0$ vs $H_a : b_1 \neq 0$ では, $\hat{b}_1$ の p 値 $= 0.5045 > 0.05$ より, 説明変数 x_1 が Y に影響を与えている証拠はないことがわかる.

4.9.1 p 値の計算方法のイメージ

では, どのようにして p 値を計算するのか? ここでは両側仮説 $H_0 : b_1 = 0$ vs $H_a : b_1 \neq 0$ における p 値の計算のイメージを説明する. 詳しい計算方法に関しては 11.5 章を参考のこと.

まず例 4.1 で説明したある A 市の話を思い出してほしい. ここで"A 市の男子高校生の身長 Y, 睡眠時間 x_1, 体重 x_2 において

$$Y = b_0 + b_2 x_2 + \epsilon(誤差) \tag{4.8}$$

という関係が成り立っている"と仮定する. つまり"帰無仮説 $H_0 : b_1 = 0$ は正しい"と仮定するということである. この仮定は実際に成り立っているかどうかは問題ではなく, もしそうだとしたらと形式的に考えるということである. そして"この仮定が成り立つ A 市から, 説明変数 x_1 と x_2 の値は [表 1] と全て同じ値[*9]をとる形の下で, 6 個のデータをとる"という操作を 50 回繰り返す. 例えば, 以下のようなデータの集まりを考えてほしい.

[*9]例えば [表 ①] の ①-2 の説明変数 $x_1 = 7$, $x_2 = 68$ は [表 1] の伊藤さんの説明変数 $x_1 = 7$, $x_2 = 68$ と同じ.

[表 ①]	y	x_1	x_2
①-1	176	6	64
①-2	183	7	68
①-3	162	6	55
①-4	170	6	57
①-5	168	7	62
①-6	166	4	60

• • •

[表 (50)]	y	x_1	x_2
(50)-1	174	6	64
(50)-2	180	7	68
(50)-3	162	6	55
(50)-4	168	6	57
(50)-5	170	7	62
(50)-6	165	4	60

そして, [表 ①] から [表 (50)] それぞれから $\hat{b}_1$ の t 値を計算する. これらの t 値を $t^1, t^2, \cdots, t^{50}$ とし, ヒストグラムを描くと右下のようになる.

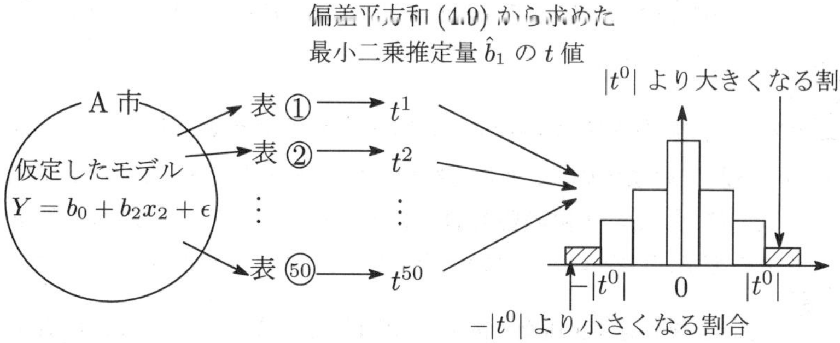
偏差平方和 (4.0) から求めた
最小二乗推定量 $\hat{b}_1$ の t 値
$|t^0|$ より大きくなる割合
A 市
仮定したモデル
$Y = b_0 + b_2x_2 + \epsilon$
表 ①
表 ②
表 (50)
t^1
t^2
t^{50}
$-|t^0|$
0
$|t^0|$
$-|t^0|$ より小さくなる割合

ここで注意してほしいのは, データ $(x_{11}, x_{21}, y_1), ..., (x_{1n}, x_{2n}, y_n)$ を**観測する方**は"**モデル (4.8) の構造はわかっていない**"ので, 偏差平方和

$$\sum_{i=1}^{n} d_i^2 = \sum_{i=1}^{n} \left\{ y_i - (\tilde{b}_0 + \tilde{b}_1 x_{1i} + \tilde{b}_2 x_{2i}) \right\}^2 \tag{4.9}$$

を最小にする最小二乗法を用いて b_0, b_1, b_2 を推定することになる. つまり (4.8) に従うデータから (4.9) を用いて最小二乗推定量 $\hat{b}_0, \hat{b}_1, \hat{b}_2$ を求めるので, $\hat{b}_1$ が 0 に近い値をとる可能性が高くなるのが, 感覚的にわかる. このため, モデル (4.8) を仮定すれば, $\hat{b}_1$ の t 値 $t^1, t^2, \cdots, t^{50}$ は 0 のまわりに分布することがわかる.

ここで [表 1] から求めた t 値を t^0 とし, その絶対値 $|t^0|$ と, それにマイナス記号をつけたもの $-|t^0|$ より端の方にある t 値のデータの**割合** (上のヒストグラムの 2 つの斜線で塗りつぶした箇所の割合) を調べる. 実はこの割合こそが $\hat{b}_1$ に対する p **値**となる.

モデル $Y = b_0 + b_2 x_2 + \epsilon$(つまり帰無仮説 $H_0 : b_1 = 0$) が正しいと**仮定**したときには, $\hat{b}_1$ は 0 から離れた値はとる可能性は低い. しかしデータから計算した実際の $\hat{b}_1$ の値が 0 から離れているときには, 起こり得ないことが起こったので, これは**帰無仮説の仮定が間違っていた** (つまり $b_1 \neq 0$) と考えるということである. これは高校の数学で勉強する背理法に近い考え方となっている.

なにやら長い説明であったが, 要は帰無仮説 $H_0 : b_1 = 0$ からの**ずれ**を**割合**で表したのが p 値ということである.

* * * * * * * * * * Q AND A * * * * * * * * * * *

仮説検定を行うために p 値の方法と t 値の方法の 2 つ学びましたが, どちらを使えばよいのですか?

実は p 値の方法と t 値の方法は数学的には**同値** (同じこと) であることが示されていますので, どちらを用いても大丈夫です. 上の図から p 値が 0 に近いほど, その t 値の絶対値は大きくなっていることがわかります. 私は p 値の方が, 0.05 より大きいか小さいかを調べるだけなので好きです.

それと操作を 50 回繰り返すと説明していますが, 実際には [表1] の 1 つしかデータがないような気がしますが...

そうですね. ここでは大雑把な話をしました. [表①] から [表㊿] までの 50 回繰り返した操作を, さらにものすごくたくさん繰り返してできたヒストグラムは t 分布 (詳しくは 9.7 章) とよばれるある決まった曲線になることが知られています. このため, t 分布を**理論的**に求めて p 値を計算しますので, 1 つの表, つまり [表1] **だけ**から p 値を求めることができます.

なるほど. ところでこの 0.05 という基準はどこから来ているのですか?

実はこの 0.05 は有意水準の 5% に対応した数になっています. なので, もし有意水準 1% の仮説検定 $H_0 : b_1 = 0$ vs $H_a : b_1 \neq 0$ を行いたいときには, "$\hat{b}_1$ の p 値 $\leq 0.01 \iff H_0 : b_1 = 0$ を棄却" とすればよいということです.

* * * * * * * * * Q AND A 終わり * * * * * * * * *

4.10. 分散分析

問 4.7 問 4.1 のデータに対して, Excel で回帰分析を行ったところ, 以下の結論を得た. このとき, 試験の点数 x_1 が成績 Y に影響を与えているかどうかを調べるために, 有意水準 5%の仮説検定を行うこと.

	係数	標準誤差	t	P-値
切片	4.3462	0.9714	4.4743	0.0465
試験	0.9	0.1605	5.6065	0.0304
欠席日数	-0.7692	0.0996	-7.7267	0.0163

4.10 分散分析

Excel による計算 ···p.287, A.10 章

以前 R^2 が 0 に近いと回帰分析が有効でなくなることがわかったが, どのくらい小さいとダメなのか? これは仮説検定の 1 つである**分散分析**もしくは **F 検定**とよばれる手法を用いる.

いま, 説明変数が 2 つのモデル $Y = b_0 + b_1 x_1 + b_2 x_2 + \epsilon$ の有効性を検定してみよう. これは仮説検定の表し方をすると

$$H_0 : b_1 = b_2 = 0 \quad \text{vs} \quad H_a : b_1 \neq 0 \text{ もしくは } b_2 \neq 0 \quad (4.10)$$
$$(b_1 = 0 \text{ かつ } b_2 = 0) \qquad (H_0 \text{以外})$$

となる[*10]. ここで H_0 は切片以外の回帰係数が全て 0 なので, "回帰分析は効果がない" と言い換えることができる. 次に

$$F = \frac{n-k-1}{k} \cdot \frac{R^2}{1-R^2} \quad (4.11)$$

というものを考える. ここで k は説明変数の数とし, R^2 は決定係数とする. F は **F 統計量**とよばれ, 実際にデータから計算された数値 F_0 のことを **F 値**という. ここで F 統計量と R^2 には以下の性質がある.

F は大きな値をとる $\iff$ R^2 は 1 に近い値をとる
F は 0 に近い値をとる $\iff$ R^2 は 0 に近い値をとる

これより F_0 の大きさに境界線 (境界値) を与えることにより, 仮説 (4.10) に対する検定を行うことができる. この境界線は $F_{0.05}(k, n-k-1)$ で与えられ, その値は巻末の付録 B の表を用いて求める.

[*10]切片 b_0 は H_0 の条件に含めない.

第4章 重回帰分析

手法 4.3 有意水準 5% の境界値による分散分析

仮説 $H_0 : b_1 = b_2 = \cdots = b_k = 0$ vs $H_a : b_1 \neq 0$ もしくは $b_2 \neq 0 \cdots b_k \neq 0$ において

- $F_0 \geq F_{0.05}(k, n-k-1) \iff H_0$ を棄却
  (重回帰モデルは効果がある)

- $F_0 < F_{0.05}(k, n-k-1) \iff H_0$ を採択
  (重回帰モデルが効果があるという証拠はない)

ここで k は説明変数の数を表す. この章では説明変数が 2 個の場合を考えているので, $k = 2$ をすると境界値は $F_{0.05}(k, n-k-1) = F_{0.05}(2, n-3)$ となる.

【例 4.6】 例 4.1 の [表1] のデータに対して回帰モデル $Y = b_0 + b_1 x_1 + b_2 x_2 + \epsilon$ に対して分散分析 (4.10) を行う. p.59 の例 4.3 から $R^2 \fallingdotseq 0.9323$ となる. [表1] のデータから $n = 6$ であり, 回帰モデルの説明変数の数は $k = 2$ より, F 値は

$$F_0 = \frac{6-2-1}{2} \cdot \frac{0.9323}{1-0.9323} \fallingdotseq 20.6566$$

となる. 一方で巻末の付録 B より $F_{0.05}(2,3) = 9.6$ となるので, $20.6566 > 9.6$ となる. これより, 仮説検定 (4.10) において, 有意水準 5% の下で帰無仮説 H_0 は棄却されるので, 回帰モデル $Y = b_0 + b_1 x_1 + b_2 x_2 + \epsilon$ は効果があることがわかる.

t 値同様, F 値を使った場合も境界値がデータ数 n や説明変数の数 k の影響を受けるので, 少々面倒な数値である. このため F_0 の 0 からの "ずれ" を割合で表した, **分散分析の p 値** とよばれる指標を紹介する. ただし分散分析の p 値も計算が大変なので, Excel に任せることにする.

手法 4.4 有意水準 5% の p 値による分散分析

手法 4.3 の仮説に対して,
- 分散分析の p 値 $\leq 0.05 \iff H_0$ を棄却
  (重回帰モデルは効果がある)

- 分散分析の p 値 $> 0.05 \iff H_0$ を採択
  (重回帰モデルが効果があるという証拠はない)

4.10. 分散分析

なお, Excel を用いた場合の分散分析の p 値は, 以下のように分散分析表の 有意F というところに出力される[*11].

分散分析表

	自由度	変動	分散	観測された分散比	有意 F
回帰	2	333.7622	166.881	20.65551	0.017616
残差	3	24.23776	8.07925		
合計	5	358			

この場合, $0.017616 \leq 0.05$ より, 仮説検定 (4.10) において, 有意水準 5%の下で帰無仮説 H_0 は棄却されることがすぐにわかる.

4.10.1 分散分析の p 値の計算方法のイメージ

ここで以下の例 4.1 のデータ [表 1] に対して, 仮説 (4.10) における分散分析の p 値の計算のイメージを説明する.

いま, A 市においては帰無仮説 $H_0(Y = b_0 + \epsilon)$ が正しい, すなわち"Y は x_1, そして x_2 に影響を受けない"ということを仮定する.

そして"この仮定が成り立つ A 市から, 説明変数 x_1 と x_2 の値は [表 1] と全て同じ値

[表 1]	y	x_1	x_2
安部	175	6	64
伊藤	185	7	68
上野	160	6	55
江頭	168	6	57
大島	171	7	62
加藤	167	4	60

をとる形の下で, 6 個のデータをとる"という操作を 50 回繰り返す.

[表 1']	y	x_1	x_2		[表 50']	y	x_1	x_2
1'-1	168	6	64		50'-1	186	6	64
1'-2	174	7	68		50'-2	160	7	68
1'-3	180	6	55	•••	50'-3	175	6	55
1'-4	156	6	57		50'-4	174	6	57
1'-5	168	7	62		50'-5	160	7	62
1'-6	169	4	60		50'-6	167	4	60

もし仮定したモデル $Y = b_0 + \epsilon$ からのデータ $(x_{11}, x_{21}, y_1), ..., (x_{1n}, x_{2n}, y_n)$ より最小 2 乗推定量を計算した場合, $\hat{b}_1$ と $\hat{b}_2$ は 0 に近い値をとる可能性が

[*11] 有意 F 以外の数値の説明は入門レベルでは必要ないので, 省略する.

第 4 章 重回帰分析

高くなる. これより大雑把に計算すると $\hat{y}_i = \hat{b}_0 + \hat{b}_1 x_{1i} + \hat{b}_2 x_{2i} \doteqdot \hat{b}_0$ となる. ということは

$$s_{\hat{y}}^2 = \frac{1}{n}\sum_{i=1}^{n}(\hat{y}_i - \bar{y})^2 \doteqdot \frac{1}{n}\sum_{i=1}^{n}(\hat{b}_0 - \hat{b}_0)^2 = 0$$

で, $R^2 = s_{\hat{y}}^2 / s_y^2$ は 0 に近い値をとるので, F_0 は 0 に近い値をとる.

　一方で重回帰モデルが有効な場合には R^2 は 1 に近いことより, F_0 は大きな値をとることがわかる. これより実際に計算した F_0 がどれだけ大きいかが, 重回帰式の有効さと関係があるということになる. このとき, 表 1' から表 50' より計算した F 統計量 $F_0^1, F_0^2, ..., F_0^{50}$ から, 右下のようなヒストグラムができる.

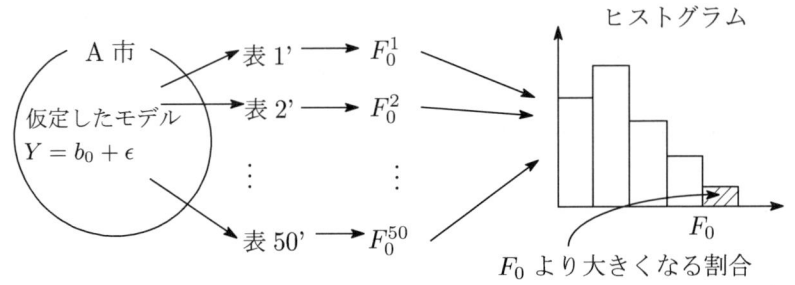

　さて実際に解析したいデータ [表1] の F 値を F_0 とする. ここで右上のヒストグラムにおいて, F_0 の値か, それより大きい**割合**がどのくらいあるかを調べる. この F_0 以上の値を取る割合のことを, **分散分析における p 値**という.

********* Q AND A **********

　その $Y = b_0 + \epsilon$ からのデータとヒストグラムはどうやって作るのですか?

　[表 1'] から [表 50'] までの 50 回繰り返した操作を, さらにものすごくたくさん繰り返してできたヒストグラムは F 分布 (詳しくは 11.6 章) とよばれるある決まった曲線になることが知られています. このため, F 分布を**理論的**に求めて p 値を計算するので, 1 つの表, つまり [表 1] だけから p 値を求めることができます. (詳しくは 11 章で)

4.11. 説明変数が k 個ある場合の最小二乗推定量

それと自由度調整済み決定係数 $\bar{R}^2$ が最大でも，重回帰モデルは効果がないこともあるので，最後のチェックという意味で分散分析は重要です．

* * * * * * * * Q AND A 終わり * * * * * * * *

問 4.8 問 4.1 の 5 個のデータに対して，以下の結論を得た．

応答変数	説明変数	決定係数	F 値
Y	x_1, x_2	0.9785	
Y	x_1	0.3375	
Y	x_2	0.6410	

このとき，それぞれのモデルに対する，分散分析を仮説検定の形で表し，その F 値を求めよ．

4.11 説明変数が k 個ある場合の最小二乗推定量

ここでは 4.1 章から 4.10 章までの内容をさらに一般化させて以下のモデルを考えてみよう．

$$Y_i = b_0 + b_1 x_{1i} + b_2 x_{2i} + \cdots + b_k x_{ki} + \epsilon_i, \quad (i = 1, 2, ..., n) \quad (4.12)$$

ここで $b_0, b_1, ..., b_k$ は未知の偏回帰係数で，$x_{1i}, ..., x_{ki}$ は説明変数，ϵ_i は撹乱項となる．これより n 個のデータ $(x_{11}, x_{21}, .., x_{k1}, y_1), (x_{12}, x_{22}, .., x_{k2}, y_2), ..., (x_{1n}, x_{2n}, ..., x_{kn}, y_n)$ が与えられたとき，説明変数が 2 個の場合と同じようにして y_i と $\tilde{b}_0 + \tilde{b}_1 x_{1i} + \tilde{b}_2 x_{2i} + \cdots + \tilde{b}_k x_{ki}$ $(i = 1, 2, .., n)$ との偏差平方和

$$D(\tilde{b}_0, \cdots, \tilde{b}_k) = \sum_{i=1}^{n} \left\{ y_i - (\tilde{b}_0 + \tilde{b}_1 x_{1i} + \tilde{b}_2 x_{2i} + \cdots + \tilde{b}_k x_{ki}) \right\}^2 \quad (4.13)$$

が最小になるような $\tilde{b}_0 = \hat{b}_0, \tilde{b}_1 = \hat{b}_1, ..., \tilde{b}_k = \hat{b}_k$ を求める．また決定係数も説明変数が 2 つの場合と同様に定義する．

$$R^2 = \frac{\text{予測値 } \hat{y}_1, ..., \hat{y}_n \text{ の分散}}{y_1, ..., y_n \text{ の分散}} = \frac{\frac{1}{n} \sum_{i=1}^{n} (\hat{y}_i - \bar{y})^2}{\frac{1}{n} \sum_{i=1}^{n} (y_i - \bar{y})^2},$$

ここで $\hat{y}_i = \hat{b}_0 + \hat{b}_1 x_{1i} + \hat{b}_2 x_{2i} + \cdots + \hat{b}_k x_{ki}$, $(i = 1, 2, ..., n)$, $\bar{\hat{y}} = \frac{1}{n} \sum_{i=1}^{n} \hat{y}_i$ とする．自由度調整済み決定係数 $\bar{R}^2$ も同様に定義する．

$$\bar{R}^2 = 1 - \frac{n-1}{n-k-1}(1 - R^2).$$

R^2, $\bar{R}^2$ の数値の意味も説明変数が 2 つの場合と同じことがいえる．両側仮説検定 $H_0 : b_i = 0$ vs $H_a : b_i \neq 0$ $(i = 0, 1, ..., k)$ については，手法 4.1 もしくは手法 4.2 を用いればよい．分散分析においては，手法 4.3 もしくは手法 4.4 を用いればよい．

前の章で述べたように，**総当たり法**も同様にして行うことができる．例えば x_1, x_2, x_3, x_4 という説明変数が 4 個あったとする．これらの中から応答変数 Y と x_1 と x_2 の回帰モデルを用いて $\bar{R}^2$ の値を調べる．また応答変数 Y と説明変数 x_2, x_3, x_4 の回帰モデルを用いて $\bar{R}^2$ の値を調べる．このような操作を，全ての説明変数の組み合わせに対して回帰分析を行い，最も大きな $\bar{R}^2$ を持つモデルを探すということである．

この方法は最も確実な方法なのであるが，説明変数の数が多いと，とても大変な作業となる．例えば説明変数が 4 個の場合で，16 種類ものモデルに対して回帰分析を行う必要がある．このため，この労力を減らすために，次の章で変数減少法とよばれる方法を紹介する．

問 4.9 説明変数が 3 つある場合に総当たり法で調べる場合，何通りのモデルに対して $\bar{R}^2$ を確かめる必要があるか．

4.12 説明変数の選択 (変数減少法)

---変数減少法---

手順 1 全ての説明変数を入れた回帰式を考えて，そこから p 値の最も大きな説明変数を 1 個減らし，再び回帰分析を行う．この操作を繰り返していき，説明変数の数を減らしていく．

手順 2 その中で $\bar{R}^2$ が最も大きくなるような説明変数の組み合わせのものを採用する．

手順 3 採用したモデルの分散分析の p 値が 0.05 以下であれば終了．

4.12. 説明変数の選択 (変数減少法)

　変数減少法には, 自由度調整済み決定係数を使わないアプローチもいくつかある. 興味のある方は, 例えば田中, 脇本 [22] p.43 などを参考にしてほしい.

　変数減少法を説明するために, 以下の A 大学付近にあるアパート物件のデータ (人工のデータ) を考えてみよう. ただし最寄駅の項目は 1 であれば○○駅付近, 0 であれば△△駅付近を表し, エアコンの項目は 1 であればエアコン付, 0 であればエアコンなしとする. 徒歩の単位は分とし, 管理費, 家賃の単位は万円とする. 築はアパートが築何年経ったかを, 敷金, 礼金は家賃の何ヵ月分に相当するかを表している[*12].

最寄駅	徒歩 (分)	エアコン	広さ (m^2)	敷金	礼金	管理費	築	家賃
0	6	0	9	1	1	0.1	32	2
0	6	0	9.9	1	1	0.2	35	2.7
0	2	0	8.3	1	1	0.2	55	2.8
0	8	0	11.6	1	1	0.2	25	2.9
1	15	1	13	1	2	0.2	35	4
1	12	1	14.4	2	2	0.1	30	4.9
0	5	1	17.5	1	1	0	12	6.5
0	7	1	21.5	2	2	0	21	6.5
0	9	1	19.9	2	2	0.3	14	6.8
0	8	1	23.1	2	2	0.3	13	6.8
0	9	1	21.5	2	2	0.3	14	7
1	8	1	21	2	2	0.2	16	7
1	9	1	16.5	2	2	0	14	7.2
1	7	1	21.8	1	1	0	16	7.2
1	9	1	17.6	2	2	0.1	19	7.2
1	10	1	20.3	2	2	0.3	7	7.5
1	10	1	22.5	2	2	0	13	7.5
0	12	1	24.8	1	2	0	25	7.6
0	8	1	27	2	2	0	9	7.7
1	11	1	24.8	2	2	0	8	7.9
0	6	1	19.8	2	2	0.2	4	8
1	13	1	24	2	2	0.3	13	8.2
0	4	1	31	2	2	0.5	6	12
1	7	1	17	2	2	0.3	16	5.7
0	1	1	25	1	2	0.3	19	5.9

[*12]敷金とは, アパートを出るときに, 入居中に汚したり, 壊してしまった部屋の設備を修理するための料金で, 通常契約のときに家賃の 0～2ヶ月分くらいが相場となる. 礼金とは, アパートなどを借りるときに, 謝礼として支払う料金. だいたい 0～2ヶ月分くらいが相場となる.

また最寄り駅 x_1, 徒歩 x_2, エアコン x_3, 広さ x_4, 敷金 x_5, 礼金 x_6, 管理費 x_7, 築 x_8 とする. ここで全ての説明変数を含めたデータに対して Excel で回帰分析を行うと以下の結果を得る.

回帰統計	
重相関 R	0.9506
重決定 R2	0.9036
補正 R2	0.8554
標準誤差	0.8321
観測数	25

有意 F=9.4E-07

	係数	標準誤差	t	P-値
切片	-0.3096	1.6645	-0.186	0.8548
最寄り駅	-0.0047	0.4775	-0.0097	0.9923
徒歩 (分)	0.0347	0.07	0.4963	0.6265
エアコン	1.7289	0.9742	1.7747	0.095
広さ (m^2)	0.2901	0.06	4.8383	0.0002
敷金	1.2817	0.5905	2.1703	0.0454
礼金	-1.8223	0.7733	-2.3563	0.0315
管理費 (万円)	2.1666	1.4659	1.478	0.1588
築	0.0018	0.0296	0.061	0.9521

最寄り駅の p 値は最も大きいことから, x_1 を削除して, 再度回帰分析を行うと以下の結果を得る.

回帰統計	
重相関 R	0.9506
重決定 R2	0.9036
補正 R2	0.8639
標準誤差	0.8073
観測数	25

有意 F=1.86E-07

	係数	標準誤差	t	P-値
切片	-0.3067	1.5891	-0.193	0.8492
徒歩 (分)	0.0345	0.0639	0.5399	0.5963
エアコン	1.725	0.8607	2.0042	0.0612
広さ (m^2)	0.2902	0.0574	5.0556	0.0001
敷金	1.2796	0.5341	2.3958	0.0284
礼金	-1.8209	0.737	-2.4707	0.0244
管理費 (万円)	2.1686	1.4072	1.541	0.1417
築	0.0017	0.0281	0.0622	0.9512

次に築 x_8 を削除すると以下の結果を得る.

回帰統計	
重相関 R	0.9506
重決定 R2	0.9036
補正 R2	0.8715
標準誤差	0.7846
観測数	25

有意 F=3.3E-08

	係数	標準誤差	t	P-値
切片	-0.2221	0.7956	-0.2791	0.7833
徒歩 (分)	0.0342	0.0619	0.5522	0.5876
エアコン	1.7074	0.7901	2.1611	0.0444
広さ (m^2)	0.2881	0.0455	6.3379	0.
敷金	1.2622	0.4421	2.8548	0.0105
礼金	-1.7998	0.6363	-2.8286	0.0111
管理費 (万円)	2.154	1.3485	1.5974	0.1276

さらに徒歩 x_2 を削除すると以下の結果を得る.

4.12. 説明変数の選択 (変数減少法)

回帰統計	
重相関 R	0.9497
重決定 R2	0.902
補正 R2	0.8762
標準誤差	0.7701
観測数	25

有意 F=6.04E-09

	係数	標準誤差	t	P-値
切片	-0.0419	0.7122	-0.0589	0.9537
エアコン	1.7967	0.7591	2.3669	0.0287
広さ (m^2)	0.2788	0.0414	6.7327	0.
敷金	1.2721	0.4336	2.9336	0.0085
礼金	-1.6689	0.5796	-2.8795	0.0096
管理費 (万円)	1.9137	1.2528	1.5276	$\boxed{0.1431}$

次に管理費 x_7 を削除すると以下の結果を得る.

回帰統計	
重相関 R	0.9434
重決定 R2	0.8899
補正 R2	0.8679
標準誤差	0.7954
観測数	25

	係数	標準誤差	t	P-値
切片	-0.142	0.7325	-0.1938	0.8483
エアコン	1.378	0.7311	1.8848	$\boxed{0.0741}$
広さ (m^2)	0.2866	0.0424	6.7559	0
敷金	1.3128	0.447	2.9371	0.0081
礼金	-1.3512	0.5587	-2.4184	0.0252

有意 F=2.59E-09

後は省略するが, 同様に回帰分析を行い, $\bar{R}^2$ の値を比較すると, 以下の表の形になる.

説明変数	補正 R2	有意 F
$x_1, x_2, x_3, x_4, x_5, x_6, x_7, x_8$	0.8554	9.4E-07
$x_2, x_3, x_4, x_5, x_6, x_7, x_8$	0.8639	1.86E-07
$x_2, x_3, x_4, x_5, x_6, x_7$	0.8715	3.3E-08
x_3, x_4, x_5, x_6, x_7	$\boxed{0.8762}$	6.04E-09
x_3, x_4, x_5, x_6	0.8679	2.59E-09
x_4, x_5, x_6	0.8518	1.72E-09
x_4, x_5	0.8364	8.61E-10
x_4	0.798	1.15E-09

なお, Excel では E は数字の 10 を表すので, 1.86E-07 は 1.86×10^{-7} を表す. 分散分析の p 値が 0.05 より小さく, $\bar{R}^2$ が最大になる, 説明変数 x_3, x_4, x_5, x_6, x_7 を用いた回帰モデルが最も妥当なものだといえる. よって最適なモデルは

$$家賃 = -0.0419 + 1.7967 \times エアコン + 0.2788 \times 広さ (m^2)$$
$$+ 1.2721 \times 敷金 - 1.6689 \times 礼金 + 1.9137 \times 管理費 (万円)$$

となり，○○駅の近くか△△駅の近くかというのは家賃に影響を与えていないことがわかる．

また例えば，特にエアコン付き，部屋の広さ $20\mathrm{m}^2$，敷金 2 ヶ月，礼金 1 ヶ月，管理費 0.3 万円で家賃が 8 万円のアパートがあったとしよう．このとき，回帰式を用いることで，

$-0.0419 + 1.7967 \times 1(エアコン) + 0.2788 \times 20(m^2) + 1.2721 \times 2(敷金)$
$- 1.6689 \times 1(礼金) + 1.9137 \times 0.3 管理費 (万円)$
$\fallingdotseq 8.78$

と予測できるので，この物件は相場より割安であることがわかる．

＊＊＊＊＊ Q AND A (変数選択で気をつけること) ＊＊＊＊＊

エアコン，広さ，敷金，礼金，管理費を説明変数としたデータの解析結果では，切片が最も大きな p 値をとっているので，切片を削除したモデルを考えればよいのですか？

実はですね，自由度調整済み決定係数を用いて変数選択を行うときには，**切片を削除しない**という暗黙のルールがあります．ですから，その例においては切片の次に大きい p 値を持つ管理費の説明変数を削除するということになります．

どうして切片は残さなければならないのですか？

簡単な例として，データ $(x_1, y_1), (x_2, y_2), ..., (x_n, y_n)$ に対して，$y = bx$ という直線を当てはめることを考えてみましょう．このとき，最小二乗推定量は $\hat{b} = \sum_{i=1}^{n} x_i y_i / \sum_{i=1}^{n} x_i^2$ となります．ところがですね，$\hat{y}_i = \hat{b} x_i$，$(i = 1, 2, ..., n)$ に対して

$$\sum_{i=1}^{n}(y_i - \bar{y})^2 \neq \sum_{i=1}^{n}(\hat{y}_i - \bar{\hat{y}})^2 + \sum_{i=1}^{n}(y_i - \hat{y}_i)^2$$

となることが知られています．決定係数 R^2 は (3.4) 式が成り立つのが前提で作られた式なので，定数項のない統計モデルに対して，(3.3) 式の意味で

の R^2 は使うことができなくなります。また自由度調整済み決定係数も R^2 に基づいて計算するので、これも使えなくなります。実際、切片(定数項)を 0 とした単回帰モデルにおける決定係数は $R^2 = \dfrac{\sum_{i=1}^{n} \hat{y}_i^2}{\sum_{i=1}^{n} y_i^2}$ と計算します[*13]。

つまり R^2 の定義が切片があるかないかで異なるということですね。

そうです。ただし切片のないモデルが悪い統計モデルかというと、そうとは決めつけられません。実は**情報量規準**という指標を用いると、切片のある回帰モデルと切片のない回帰モデルを比較できるようになります。これは鈴木 [8]pp.127-131 を参考にしてもらえればと思います。

＊＊＊＊＊＊＊＊　Q AND A 終わり　＊＊＊＊＊＊＊＊

4.13　多重共線性

回帰分析を行うときには、**多重共線性**とよばれる現象に注意しなくてはならない。その現象を説明するために、説明変数が 2 個の重回帰モデルを考える：

$$Y_i = b_0 + b_1 x_{1i} + b_2 x_{2i} + \epsilon_i, \qquad (i = 1, 2, ..., n).$$

ここでもし x_1 と x_2 の相関係数 r が 1 のときには、どのようなことが起こるのか？これは最小二乗推定量の公式 4.1 を思い出してほしい。b_2 の推定量は

$$\hat{b}_2 = \frac{s_{11} s_{2y} - s_{12} s_{1y}}{s_{11} s_{22} - s_{12}^2} \tag{4.14}$$

であった。しかし x_1 と x_2 の相関係数を r としたとき

$$s_{11} s_{22} - s_{12}^2 = s_{11} s_{22} (1 - r^2) \tag{4.15}$$

となるので、$r = \pm 1$ のときには $\hat{b}_2$ の分母が 0 になるため、使うことができない。また x_1 と x_2 の相関係数 r は 1 ではないが、1 に近い値のときにも問題が生じる。

[*13]切片を 0 とした回帰モデルにおける決定係数は複数の異なる定義がある。Excel の散布図から出力される決定係数も、これとは異なる定義が採用されている。

いま、話を簡単にするため、$s_{11}s_{2y} - s_{12}s_{1y} = 1$, $s_{11}s_{22} - s_{12}^2 = 0.0002$ という値をとったものとする。そうすると $\hat{b}_2 = \dfrac{1}{0.0002} = 5000$ となる。

ここで、1つデータ $(x_{1\,n+1}, x_{2\,n+1}, y_{n+1})$ が追加され、再度 b_2 の最小二乗推定量を計算したときに、(4.14) の右辺の分子の部分が 1 で、右辺の分母の部分が 0.0001 と、わずか 0.0001 だけ変化したとする。しかしこのとき、b_2 の最小二乗推定量は $\dfrac{1}{0.0001} = 10000$ と、一気に 5000 も変化してしまう。これは $\hat{b}_2$ が非常に大きな標準誤差を持つことを意味する。

このように説明変数間に強い相関があるとき、**多重共線性**があるという。次に説明変数が 3 つある場合の多重共線性を説明するために、$r = \pm 1$ を別の方法で表す。実は

x_1 と x_2 には直線関係がある $\iff$ $c_1 x_{1i} + c_2 x_{2i} = d,$ $(i = 1, 2, ..., n)$
(x_1 と x_2 の相関係数 $r = \pm 1$) となる定数 $c_1 \neq 0$, $c_2 \neq 0$, d が存在

が知られている。例えば、(x_{1i}, x_{2i}), $(i = 1, ..., n)$ には $x_{2i} = 3x_{1i} + 1$ という関係があるときは、$-3x_{1i} + x_{2i} = 1$ と変形できるので、直線関係があることがわかる。また少し条件を緩めて、$=$ を $\fallingdotseq$ に置き換えて、$c_1 x_{1i} + c_2 x_{2i} \fallingdotseq d$ が成り立つときにも、x_1 と x_2 には多重共線性があるという。

説明変数が x_{1i}, x_{2i}, x_{3i} と 3 つあるときは、上の式を拡張して

x_1, x_2, x_3 には $\iff$ $c_1 x_{1i} + c_2 x_{2i} + c_3 x_{3i} = d,$ $(i = 1, 2, ..., n)$
直線関係がある となる定数 $c_1 \neq 0$, $c_2 \neq 0$, $c_3 \neq 0$, d が存在

と書くことができる。同様に考えると

$$c_1 x_{1i} + c_2 x_{2i} + c_3 x_{3i} \fallingdotseq d, \qquad (i = 1, 2, ..., n) \qquad (4.16)$$

となる定数 $c_1 \neq 0$, $c_2 \neq 0$, $c_3 \neq 0$, d が存在するとき、説明変数 x_{1i}, x_{2i}, x_{3i} には多重共線性があるという。

次に多重共線性が生じている場合、どのような症状が出てくるかを紹介する。この場合、以下のいずれかが生じているときに多重共線性の疑いが生じる[*14]。

[*14] ただし (1),(2),(3) があるからといって常に多重共線性があるとは断定できない。

4.14. 最小二乗推定量 $\hat{b}_0, \hat{b}_1, \hat{b}_2$ の導き方

(1) 分散分析における p 値は小さいのに, 偏回帰係数の p 値は大きい.
(2) 偏回帰係数の符号が相関係数の符号と一致しない.
(3) 偏回帰係数が求められない.

多重共線性を改善するために, いくつかの方法が提案されているが, 変数減少法により p 値の大きい説明変数を削除するというのが一般的な方法となっている.

＊＊＊＊＊＊＊＊＊ Q AND A ＊＊＊＊＊＊＊＊＊

多重共線性がどういうものかはわかりましたが, これがあるとなぜいけないのですか?

最小二乗推定量が大きな標準誤差を持つと, (4.7) のような検定において t 値がかなり小さい値をとってしまうため, 常に帰無仮説 H_0 を棄却できないという状態になります.

＊＊＊＊＊＊＊＊ Q AND A 終わり ＊＊＊＊＊＊＊＊

4.14　最小二乗推定量 $\hat{b}_0, \hat{b}_1, \hat{b}_2$ の導き方

まず偏差平方和

$$D(\tilde{b}_0, \tilde{b}_1, \tilde{b}_2) = \sum_{i=1}^{n}\left\{y_i - (\tilde{b}_0 + \tilde{b}_1 x_{1i} + \tilde{b}_2 x_{2i})\right\}^2 \tag{4.17}$$

を最小にする $\tilde{b}_0, \tilde{b}_1, \tilde{b}_2$ を求める. そのためには
$\frac{\partial}{\partial \tilde{b}_0} D(\tilde{b}_0, \tilde{b}_1, \tilde{b}_2) = 0, \frac{\partial}{\partial \tilde{b}_1} D(\tilde{b}_0, \tilde{b}_1, \tilde{b}_2) = 0, \frac{\partial}{\partial \tilde{b}_2} D(\tilde{b}_0, \tilde{b}_1, \tilde{b}_2) = 0$ を満たす $\tilde{b}_0, \tilde{b}_1, \tilde{b}_2$ を求める. この時

$$D(\tilde{b}_0, \tilde{b}_1, \tilde{b}_2) = \sum_{i=1}^{n}(y_i^2 + \tilde{b}_0^2 + \tilde{b}_1^2 x_{1i}^2 + \tilde{b}_2^2 x_{2i}^2 - 2\tilde{b}_0 y_i \\ - 2\tilde{b}_1 x_{1i} y_i - 2\tilde{b}_2 x_{2i} y_i + 2\tilde{b}_0 \tilde{b}_1 x_{1i} + 2\tilde{b}_0 \tilde{b}_2 x_{2i} + 2\tilde{b}_1 \tilde{b}_2 x_{1i} x_{2i})$$

$$= \sum_{i=1}^{n} y_i^2 + n\tilde{b}_0^2 + \tilde{b}_1^2 \sum_{i=1}^{n} x_{1i}^2 + \tilde{b}_2^2 \sum_{i=1}^{n} x_{2i}^2 - 2\tilde{b}_0 \sum_{i=1}^{n} y_i$$
$$- 2\tilde{b}_1 \sum_{i=1}^{n} x_{1i} y_i - 2\tilde{b}_2 \sum_{i=1}^{n} x_{2i} y_i + 2\tilde{b}_0 \tilde{b}_1 \sum_{i=1}^{n} x_{1i} \quad (4.18)$$
$$+ 2\tilde{b}_0 \tilde{b}_2 \sum_{i=1}^{n} x_{2i} + 2\tilde{b}_1 \tilde{b}_2 \sum_{i=1}^{n} x_{1i} x_{2i} \quad (4.19)$$

となる[*15]. ここで $\dfrac{\partial}{\partial \tilde{b}_0} D(\tilde{b}_0, \tilde{b}_1, \tilde{b}_2) = 0$ より

$$\tilde{b}_0 = \bar{y} - \tilde{b}_1 \bar{x}_1 - \tilde{b}_2 \bar{x}_2 \quad (4.20)$$

となる. $\overline{x_1^2} = \dfrac{1}{n} \sum_{i=1}^{n} x_{1i}^2$, $\overline{x_2^2} = \dfrac{1}{n} \sum_{i=1}^{n} x_{2i}^2$, $\overline{x_1 x_2} = \dfrac{1}{n} \sum_{i=1}^{n} x_{1i} x_{2i}$, $\overline{x_1 y} = \dfrac{1}{n} \sum_{i=1}^{n} x_{1i} y_i$, $\overline{x_2 y} = \dfrac{1}{n} \sum_{i=1}^{n} x_{2i} y_i$ と置くと, $\dfrac{\partial}{\partial \tilde{b}_1} D(\tilde{b}_0, \tilde{b}_1, \tilde{b}_2) = 0$, $\dfrac{\partial}{\partial \tilde{b}_2} D(\tilde{b}_0, \tilde{b}_1, \tilde{b}_2) = 0$ より

$$\tilde{b}_0 \bar{x}_1 + \tilde{b}_1 \overline{x_1^2} + \tilde{b}_2 \overline{x_1 x_2} = \overline{x_1 y} \quad (4.21)$$
$$\tilde{b}_0 \bar{x}_2 + \tilde{b}_1 \overline{x_1 x_2} + \tilde{b}_2 \overline{x_2^2} = \overline{x_2 y} \quad (4.22)$$

となる. (4.20) を (4.21), (4.22) を代入すると

$$s_{11} \tilde{b}_1 + s_{12} \tilde{b}_2 = s_{1y} \quad (4.23)$$
$$s_{12} \tilde{b}_1 + s_{22} \tilde{b}_2 = s_{2y} \quad (4.24)$$

となる. この連立方程式を解くと, 次の解を得る.

$$\hat{b}_1 = \frac{s_{22} s_{1y} - s_{12} s_{2y}}{s_{11} s_{22} - s_{12}^2},$$
$$\hat{b}_2 = \frac{s_{11} s_{2y} - s_{12} s_{1y}}{s_{11} s_{22} - s_{12}^2}.$$

また (4.20) より $\hat{b}_0 = \bar{y} - \hat{b}_1 \bar{x}_1 - \hat{b}_2 \bar{x}_2$ を得る.

[*15] $(A+B+C+D)^2 = A^2+B^2+C^2+D^2+2AB+2AC+2AD+2BC+2BD+2CD$ を用いた.

4.15 章末問題

1. 6つの近隣の市町村において, その市町村の人口 x_1(単位は万人), 鉄道の駅の数 x_2, コンビニエンスストアの数 y を調査したところ以下のデータを得た.

コンビニ	人口（万人）	駅
36	8	2
63	15	1
78	19	4
6	1	1
12	4	3
20	9	3

ここで Excel で統計処理したところ, 以下の結果を得た.

(モデル 1)

回帰統計	
重相関 R	0.9745
重決定 R2	0.9497
補正 R2	0.9162
標準誤差	8.4166
観測数	6

	係数	標準誤差
切片	2.4521	8.4151
人口 x_1	4.4292	0.6123
駅 x_2	-3.4104	3.3941

有意 F= 0.0113

(モデル 2)

回帰統計	
重相関 R	0.9658
重決定 R2	0.9328
補正 R2	0.9160
標準誤差	8.4267
観測数	6

	係数	標準誤差
切片	-3.1982	6.2679
人口 x_1	4.182	0.5614

有意 F= 0.0017

① モデル 1 を用いるとき, 人口 x_1 の偏回帰係数の解釈を述べよ.
② ある町は人口が 50,000 人で, 鉄道の駅の数は 4 駅ある. "モデル 2"を用いるとき, この町のコンビニエンスストアの数 $\hat{y}$ を予測せよ.
③ モデル 1 における x_1 の回帰係数における t 値を求めよ.
④ 境界値を用いて, 仮説検定 $H_0: b_1 = 0$ vs $H_a: b_1 \neq 0$ を有意水準 5%で行うこと. ただし境界値の表は p.63 にある.
⑤ モデル 1 とモデル 2 どちらがよいモデルといえるのか? 答えと理由を述べよ.

⑥ モデル 1 の統計処理した結果において, 何か不自然な点はないか? 気づいたことを述べよ.

2. 下記のデータは各都市の 2011 年 4 月の平均気温, 緯度 (北緯), 標高を表したものである.

都道府県	都市	北緯 (度)	標高 (m)	平均気温 (°C)
北海道	札幌	43	17.2	6.9
宮城	仙台	38	38.9	10
東京	東京	35	6.1	18.5
群馬	前橋	36	112.1	12.6
新潟	新潟	38	1.9	10.2
長野	長野	36	418.2	9.1
大阪	大阪	34	23	13.8
広島	広島	34	3.6	13.4
福岡	福岡	33	2.5	14.7
鹿児島	鹿児島	31	3.9	16
沖縄	那覇	26	28.1	20.4

出典: 気象庁気象統計情報 [34]

ここで Excel で統計処理したところ, 以下の結果を得た.

(モデル 1)

回帰統計	
重相関 R	0.9097
重決定 R2	0.8275
補正 R2	0.7843
標準誤差	1.8949
観測数	11

	係数	標準誤差	t	P-値
切片	41.517	4.8767	8.5133	2.78E-05
北緯 x_1	-0.795	0.1393	-5.705	0.0005
標高 x_2	-0.0089	0.0049	-1.811	0.1077

有意 F = 0.0009

(モデル 2)

回帰統計	
重相関 R	0.8699
重決定 R2	0.7567
補正 R2	0.7297
標準誤差	2.1214
観測数	11

	係数	標準誤差	t	P-値
切片	41.8988	5.4544	7.6816	3.06E-05
北緯 x_1	-0.8211	0.1552	-5.2914	0.0005

有意 F = 0.0005

① モデル 1 を用いるとき, x_2 の偏回帰係数の解釈を述べよ.

② 京都府 (京都) は北緯 35 度, 標高 41.4m である. モデル 1 を用いるとき, 京都の 4 月の平均気温 $\hat{y}$ を予測せよ.
③ モデル 1 とモデル 2 どちらがよいモデルといえるのか？答えと理由を述べよ.
④ p 値を用いて, 仮説検定 $H_0 : b_1 = 0$ vs $H_a : b_1 \neq 0$ を有意水準 5% で行うこと. なお, b_1 は説明変数 x_1 の偏回帰係数を表す.

3. y を既婚男性の小遣い額とし, x を子供いる場合は 1, いない場合は 0 という値をとる説明変数とした, 3 章の章末問題 **3.** のデータに対して, 回帰分析を行ったところ以下の結果を得た.

回帰統計	
重相関 R	0.6668
重決定 R2	0.4446
補正 R2	0.3752
標準誤差	4.2485
観測数	10

	係数	標準誤差
切片	36.4	1.9
x	-6.8	2.6870

有意 F = 0.0352

① $\hat{b}$ の t 値を求めよ.
② 既婚男性の子供のいる, 子供がいないは小遣い額は影響を与えているか？有意水準 5% の仮説検定を用いて答えよ.

〚 注意 〛 これは**二標本問題**とよばれている. 通常の回帰分析で **3.**②のような問題を解く場合は, 2 つのグループの散らばり具合が大体同じであるという仮定をおかなくてはならない. 詳しくは 10.9 章を参照してほしい.

第5章 場合の数と確率

ここでは順列，組み合わせ，確率の定義，および条件付き確率を説明する．順列と組み合わせは第7章で説明する二項分布の予備知識となっている．

5.1 積の法則

線路が A 駅と B 駅の間に 2 本，B 駅と C 駅の間に 3 本あるとき，A 駅から B 駅を経由して C 駅に行く方法は何通りあるかを求めてみよう．

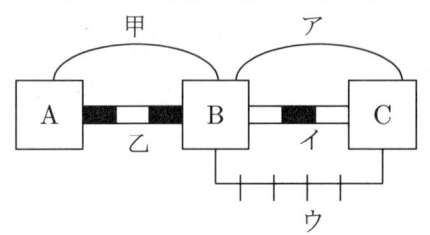

上の図で，A 駅から B 駅へ行く線路は甲，乙の 2 通りあり，それぞれについて，B 駅から C 駅へ行く線路がア，イ，ウの 3 通りある．このため A 駅から B 駅を経由して C 駅へ行く方法の数は $2 \times 3 = 6$ となる．つまり全部で 6 通りの方法があることがわかる．一般に，以下の**積の法則**が成り立つ．

積の法則

事柄 A の起こり方が m 通りあり，それぞれについて事柄 B の起こり方が n 通りある．このとき A と B が<u>ともに</u>起こる場合は mn 通りある．

【例 5.1】 3 種類の統計の教科書と 5 種類の英和辞典からそれぞれ 1 種類ずつ選んで計 2 冊の組をつくる方法は何通りあるか？
解 3 種類の統計の教科書おのおのに対し，5 種類の教科書があるので，積の法則より $3 \times 5 = 15$ となる．よって 15 通りある．

問 5.1 6 本のくじの中に 2 つの当たりくじが入っている．このとき a, b の順で引くとき，a が当たりくじを引き，かつ b がはずれくじを引く場合は

何通りあるか. ただし, くじは全て区別できるものとする.

積の法則は3つ以上の事柄についても同様にして計算できる.
【例 5.2】 コインを3回振る. 起こりうる場合は全部で何通りあるか.
解 $2 \times 2 \times 2 = 8$ 通り.

5.2 順列

A,B,C,D の4個の文字の中から, 異なる3個を取って, 1列に並べると, ABC, BAC, CAD, ⋯ のようなものが考えられる. このように順序をつけて1列に並べることを**順列**という. ここで A,B,C,D の4個の文字の順列は全部で何通りあるかを調べるために, 以下のような樹形図を考えてみる.

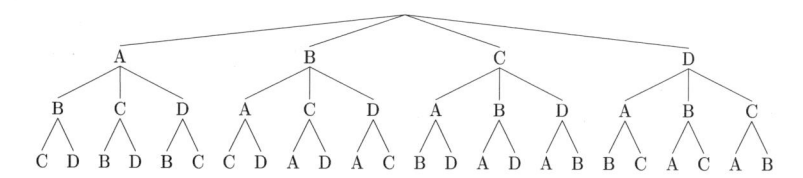

```
         A              B              C              D
      /  |  \        /  |  \        /  |  \        /  |  \
     B   C   D      A   C   D      A   B   D      A   B   C
    /\  /\  /\    /\  /\  /\    /\  /\  /\    /\  /\  /\
   C D B D B C   C D A D A C   B D A D A B   B C A C A B
```

ここで A,B,C,D の文字のうち3つを枠 ○△□ に当てはめることを考える. 第1文字 ○ の取り方は A,B,C,D の4通りある. 第2の文字 △ の取り方は, 第1文字を除いた残りの3文字から1つ取ればよいので, 3通りある. 第3の文字 □ の取り方は, 第1と第2の文字を除いた残りの2つから1つ取ればよいから, 2通りある. よって, 配列の総数は積の法則より

$$4 \times 3 \times 2 = 24$$

となる. 異なる n 個の中から異なる r 個を取り出して1列に並べることを, **n 個から r 個取る順列** といい, その総数を $_n\mathrm{P}_r$ で表す. 上の例では, 4個から3個取る順列で, その総数は

$$_4\mathrm{P}_3 = 4 \times 3 \times 2 = 24$$

となる. 同様にして, n 個から r 個取る順列の総数 $_n\mathrm{P}_r$ を求めてみる.
 1番目のものの取り方は n 通りある.
 2番目のものの取り方は $n-1$ 通りある.
 3番目のものの取り方は $n-2$ 通りある.

以下同様に考えると, r 番目のものの取り方は $n-(r-1)$ 通りある. ということは積の法則より次の事が成り立つ.

$$_n\mathrm{P}_r = \underbrace{n(n-1)(n-2)\cdots(n-r+1)}_{r \text{ 個}}$$

【例 5.3】 6 人から 4 人選んで 1 列に並べる順列の総数は

$$_6\mathrm{P}_4 = 6\cdot 5\cdot 4\cdot 3 = 360$$

異なる n 個のものから n 個取り出してすべて並べる順列を n の**階乗**といい, その総数を $n!$ と表す. すなわち $n! = {}_n\mathrm{P}_n$ となるので

$$n! = n(n-1)(n-2)\cdots 3\cdot 2\cdot 1$$

となる. ただし, 便宜上[*1]$0! = 1$ とする.

【例 5.4】 6 個の文字 a, b, c, d, e, f 全部を 1 列に並べる順列を考えると, その総数は $6! = 6\cdot 5\cdot 4\cdot 3\cdot 2\cdot 1 = 720$

問 5.2 5 個の数字 1, 2, 3, 4, 5 がある.
① 3 個選んで 1 列に並べるとき, 全部で何通りあるか.
② 5 個全てを選んで 1 列に並べるとき, 全部で何通りあるか.

5.3 組み合わせ

4 個の文字 a, b, c, d の中から異なる 3 個の文字を選んで作ることができる組は, 文字の順序を考えないと, 次の 4 通りとなる.

$$\{a,b,c\}, \{a,b,d\}, \{a,c,d\}, \{b,c,d\} \tag{5.1}$$

[*1]便宜上とは, この後の説明で数式が簡単になるように強制的に決めるときに使う言葉である.

5.3. 組み合わせ

一般に n 個のものから異なる r 個のものを取り出し，順序は考慮しないで1組にしたものを，n 個から r 個取る**組み合わせ**といい，その総数を $_n\mathrm{C}_r$ で表す．例えば，上の (5.1) から $_4\mathrm{C}_3 = 4$ となる．

次に $_n\mathrm{C}_r$ に関する公式を紹介する．例えば (5.1) の組の1つ，$\{a, b, c\}$ について，その3文字 a, b, c を並べてできる順列は

$$abc \quad acb \quad bac \quad bca \quad cab \quad cba \tag{5.2}$$

で全部で $3!$ 通りある．これはどの組 $\{\bigcirc, \triangle, \square\}$ についても $3!$ 通りあるので，4個から3個取る順列の総数は $_4\mathrm{C}_3 \times 3!$ と表すことができる．これは4個から3個取る順列の総数 $_4\mathrm{P}_3$ と一致することから

$$_4\mathrm{C}_3 \times 3! = {}_4\mathrm{P}_3$$

となる．これより

$$_4\mathrm{C}_3 = \frac{_4\mathrm{P}_3}{3!} = \frac{4 \cdot 3 \cdot 2}{3 \cdot 2 \cdot 1} = 4$$

となる．n 個から r 個取る組み合わせについても，上記の内容と同様に考えると $_n\mathrm{C}_r \times r! = {}_n\mathrm{P}_r$ となる．これより以下の公式が成り立つ．

$_n\mathrm{C}_r$ に関する公式

- $_n\mathrm{C}_r = \dfrac{_n\mathrm{P}_r}{r!} = \dfrac{n(n-1)(n-2)\cdots(n-r+1)}{r(r-1)\cdots 3 \cdot 2 \cdot 1}$,

  特に $_n\mathrm{C}_n = 1$，$r = 0$ のときは便宜上 $_n\mathrm{C}_0 = 1$ とする．

- $_n\mathrm{C}_r = \dfrac{n!}{r!(n-r)!}$

【例 5.5】 5人の中から清掃係を3人選ぶ方法は何通りあるか？

解 $_5\mathrm{C}_3 = \dfrac{5!}{3!(5-3)!} = \dfrac{5!}{3!2!} = 10$．もしくは $_5\mathrm{C}_3 = \dfrac{5 \cdot 4 \cdot 3}{3 \cdot 2 \cdot 1} = 10$．

問 5.3 1から13までの数字が書かれたカードから5枚選ぶ方法は何通りあるか？

5.4 確率の定義

同じ状態のもとで繰り返すことができて，その結果が偶然によって決まる**実験**や**観測**のことを**試行**という．例えば，"さいころを1回投げる試行をする"というような表現をする．

また試行の結果起こる事柄(ことがら)を**事象**といい，A, B, C などの大文字を用いて表す．起こりうる全ての場合の集まりを**標本空間 (Sample space)**，または全事象といい，S を用いて表す．

また"何も起こらない"という事象を **空事象**（くうじしょう）といい，ϕ（ファイ）を用いて表す．標本空間 S の1個の要素からなる集合で表される事象を **根元事象**（こんげんじしょう）もしくは**単一事象**という．また事象 A の要素の個数を $n(A)$ で表す．

【例5.6】 さいころを1回振るとき，標本空間は $S = \{1, 2, 3, 4, 5, 6\}$ となる．ここで事象 $A = \{1, 3\}$ とおくと，A はさいころを1回振ったときに1の目，または3の目が出るということを意味する．この場合 A の要素は2個あるので $n(A) = 2$ となる．また根元事象は $\{1\}, \{2\}, \{3\}, \{4\}, \{5\}, \{6\}$ となる．

【例5.7】 2枚のコイン a, b を同時に投げる試行を考える．コイン a が裏，コイン b が表のとき，(裏, 表) と書くようにする．このとき，標本空間は $S = \{(表,表), (表,裏), (裏,表), (裏,裏)\}$ となる[*2]．

ここでどの単一事象の起こる確率も同じであると仮定する．これを**同様に確からしい**という[*3]．このとき，事象 A の起こる確率 $P(A)$ を以下のように定義する．

$$P(A) = \frac{n(A)}{n(S)} = \frac{\text{事象 } A \text{ が起こる場合の数}}{\text{起こりうる全ての場合の数}} \tag{5.3}$$

【例5.8】 1個のさいころを投げるとき，奇数の目が出る確率を考える．標本空間を S，奇数の目が出るという事象を A とおくと $S = \{1, 2, 3, 4, 5, 6\}$，

[*2] 標本空間は数値でなくてもよい．

[*3] 実際にサイコロを1回振るときには，1の目が出る確率と6の目が出る確率は微妙に違うかもしれない．しかしサイコロを1回振る試行で，標本空間を $S = \{1, 2, 3, 4, 5, 6\}$ とするときには，1の目が出る確率も 1/6，2の目の出る確率も 1/6 というように，どの目の出る確率も同じであると**仮定**しようということである．この仮定は (5.3) を定義するときに必要となる．

5.4. 確率の定義

$A = \{1, 3, 5\}$ となる．これより $n(S) = 6, n(A) = 3$ となるので

$$P(A) = \frac{n(A)}{n(S)} = \frac{3}{6} = \frac{1}{2}$$

となる．

問 5.4 (1) 3 枚のコインを同時に投げる試行を考える．このとき例 5.7 の表し方に従って，標本空間を求めよ．

(2) 1 から 30 までの番号のついた 30 枚のカードから 1 枚を抜き出すとき，以下の確率を求めよ．
① 2 で割り切れるカードである．
② 3 で割り切れるカードである．

確率について以下の基本性質が成り立つ (ただし証明は省略する)．

― 確率の基本性質 ―
- 任意の事象 A に対して，$0 \leq P(A) \leq 1$
- 標本空間 S の起こる確率は $P(S) = 1$
- $P(\phi) = 0$

標本空間の中の 2 つの事象 A, B がともに起こる事象を A と B の**積事象**といい，$A \cap B$ と表す (図 5-1)．また"A または B が起こる"という事象[*4]を A と B の**和事象**といい $A \cup B$ で表す (図 5-2)．また"A 以外が起こる"という事象を A の**余事象** (Complement) といい，A^c と表す (図 5-3)．

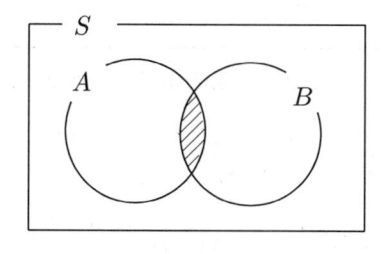

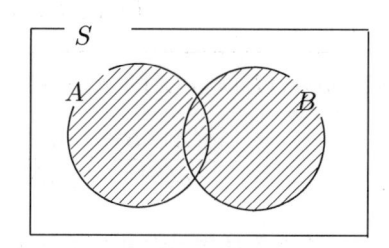

図 5-1 斜線部分が $A \cap B$ 図 5-2 斜線部分が $A \cup B$

[*4] A, B の少なくとも一方が起こる事象という場合もある．

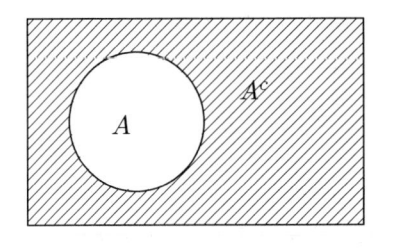

図 5-3 斜線部分が A^c　　図 5-4 例 5.9 のベン図

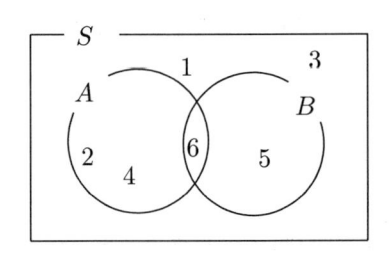

【例 5.9】 1 個のさいころを投げる試行を考える．ここで事象 A を偶数の目が出るとし，事象 B を 5 以上の目が出るとする．このとき図 5-4 からわかるように，$A = \{2,4,6\}$, $B = \{5,6\}$ となるので，$A \cap B = \{6\}$ で $A \cup B = \{2,4,5,6\}$ となる．ちなみにこの図は**ベン図**とよばれる．

また事象 A と B において，$A \cap B = \phi$ のとき，A と B は**排反**であるという．定義からわかるように，A と B が排反であるとは，事象 A と B は同時に起こらないことを意味する．また以下の定理が成り立つ．

加法定理 (Additive rule)

事象 A, B に対して以下の定理が成り立つ．

$$P(A \cup B) = P(A) + P(B) - P(A \cap B)$$

特に A と B が排反，すなわち $A \cap B = \phi$ のとき，

$$P(A \cup B) = P(A) + P(B)$$

証明　$n(A \cup B) = n(A) + n(B) - n(A \cap B)$ より，両辺を $n(S)$ で割ると，

$$\frac{n(A \cup B)}{n(S)} = \frac{n(A)}{n(S)} + \frac{n(B)}{n(S)} - \frac{n(A \cap B)}{n(S)}$$

となる．ここで確率の定義 (5.3) から $\frac{n(A \cup B)}{n(S)} = P(A \cup B)$, $\frac{n(A \cap B)}{n(S)} = P(A \cap B)$ となることより，題意が成り立つ．また A と B が排反のとき，$P(A \cap B) = P(\phi) = 0$ より成り立つ．　□

5.4. 確率の定義

【例 5.10】 ある高校の 120 人の生徒の服装を調べたところ, 以下の結果を得た.

	制服	私服
男子	10	50
女子	40	20

このとき事象 A を「制服である」とし, 事象 B を「女性である」とする. この 120 人から無作為に 1 人取り出したとき, その人が制服を着ている, もしくは女性である確率を求めよ.

解 $P(A) = \dfrac{50}{120}, P(B) = \dfrac{60}{120}, P(A \cap B) = \dfrac{40}{120}$ より

$$P(A \cup B) = P(A) + P(B) - P(A \cap B)$$
$$= \frac{50}{120} + \frac{60}{120} - \frac{40}{120} = \frac{7}{12}.$$

問 5.5 1 から 30 までの番号のついた 30 枚のカードから 1 枚を抜き出すとき, 2 または 3 で割り切れるカードである確率を求めよ.

加法定理を用いることで, 余事象に対して以下の公式が成り立つ.

── 余事象に関する定理 ──

事象 A に対して, $P(A^c) = 1 - P(A)$

証明 図 5-3 より $A \cap A^c = \phi$, $A \cup A^c = S$. よって

$$1 = P(S) = P(A \cup A^c) = P(A) + P(A^c).$$

これより $P(A^c) = 1 - P(A)$ となる. □

【例 5.11】 3 年 Z 組は 20 人学級で, そのうち 8 人は女子である. この中から掃除係を 2 名決める必要があるため, 先生が無作為に 2 人を指名した. この 2 人のうち, 少なくとも 1 人は女子である確率を求めよ.

解 少なくとも $\cdots$ を処理するのに, 余事象の公式を用いると楽になる. 最初に事象 A を「2 人とも男子である」とするとき, $P(A)$ を求めると

$$P(A) = \frac{{}_{12}\mathrm{C}_2}{{}_{20}\mathrm{C}_2}$$

となる．これより余事象の公式を用いると

$$P(A^c) = 1 - \frac{{}_{12}C_2}{{}_{20}C_2} = \frac{62}{95} \tag{5.4}$$

となる．

問 5.6　3つのさいころを同時に投げるとき，6の目が少なくとも1個は出る確率を求めよ．

5.5　条件付き確率

理科が好きかどうかを，100人の中学生にアンケートをとったところ以下の結果を得たとする．

理科＼性別	女子	男子	計
好き	35	30	65
嫌い	20	15	35
計	55	45	100

この100人の中から，意識しないで1人選び出すことを考える．このとき，選び出された人が，理科が好きである確率 p は $p = \dfrac{65}{100} = 0.65$ となる．一方で，選び出された人が女子であることがわかっているとすると，その人は55人の中に1人であることがわかる．このため，選び出された人が女子とわかっているとき，その人が理科が好きである確率 q は

$$q = \frac{35}{55} \fallingdotseq 0.64$$

となる．ここで事象 A を「女子である」とし，事象 B を「理科が好き」とすると，上の q は事象 A が起こったという条件の下で，事象 B が起こる確率と考えることができる．これを事象 A が与えられたときの B の**条件付き確率**といい，$P(B|A)$ と表す[*5]．

次に条件付き確率を定義する．以下の表において，A, B を事象とし，p, q, r, s は各項目に属する要素の個数とする．例えば p であれば，A でありかつ

[*5] 他の教科書では $P_A(B)$ と表すこともあるので注意してほしい．

5.5. 条件付き確率

B である個数を表す. また全体の個数を n とする. すなわち $p+q+r+s = n$ となる.

項目2 \ 項目1	A	A^c	計
B	p	q	$p+q$
B^c	r	s	$r+s$
計	$p+r$	$q+s$	n

このとき条件付き確率 $P(B|A)$ は, A を標本空間 (全事象) とみなしたときの, 事象 $A \cap B$ の起こる確率[*6]と考えられる. よって $P(B|A) = \dfrac{p}{p+r}$ となる. この右辺の分母, 分子を全体の数 n で割ると,

$$P(B|A) = \frac{\dfrac{p}{n}}{\dfrac{p+r}{n}} = \frac{P(A \cap B)}{P(A)}$$

となる. これより条件付き確率 $P(B|A)$ は次の式で定義される.

条件付き確率の定義

$P(A) > 0$ とする. このとき

$$P(B|A) = \frac{P(A \cap B)}{P(A)} \tag{5.5}$$

【例 5.12】 ある地域の 30 代の 100 人において, 15% が花粉症であり, 花粉症であり結膜炎である人が 5% いるとする. 花粉症の人の中から, 無作為に 1 人選び出したとき, その人が結膜炎である確率を求めよ.

解 選び出された人が, 「花粉症である」という事象を A, 「結膜炎である」という事象を B とする. このとき

$$P(A) = \frac{15}{100}, \qquad P(A \cap B) = \frac{5}{100}$$

[*6] 要は起こりうる全ての場合の数は事象 A が起こった場合に限定されるということ.

より，求める確率は

$$P(B|A) = \frac{P(A \cap B)}{P(A)} = \frac{\frac{5}{100}}{\frac{15}{100}} = \frac{1}{3}.$$

問 5.7 (1) (数研出版 [21], p.112 より引用) ある観光バスの乗客のうち，60%が女性で，42%が50歳以上の女性である．女性の中から無作為に1人を選び出したとき，その人が50歳以上である確率を求めよ．

(2) (数研出版 [21], p.113 より引用) ある試行における事象 A, B について

$$P(A) = 0.6, \qquad P(B) = 0.4, \qquad P(A \cap B) = 0.2$$

であるとき，条件付き確率 $P(B|A), P(A|B)$ をそれぞれ求めよ．

(3) インターネットを通じて男女間の友情はあると思うかを調査したところ以下の結果を得た．

	男	女
ある	10	53
ない	27	29

いま，この中から無作為に一人選び出すとする．ここで選んだ1人が男子であるとわかっているとき，その人が男女間の友情はないと答える確率を求めよ．

式 (5.5) の条件付き確率の定義の分母を払うと，次の乗法定理が得られる．

--- 確率の乗法定理 ---
$$P(A \cap B) = P(B|A)P(A) \tag{5.6}$$

実際の確率の問題を解くときには，この公式はよく利用される．

【例 5.13】 6本のくじの中に2本当たりくじがある．a, b の2人が，引いたくじをもとに戻さないで，a, b の順に1本ずつくじを引くことを考える．このとき a, b がともに当たりくじを引く確率を求めよ．

解 a が当たるという事象を A, b が当たるという事象を B とする．このとき $P(A) = \dfrac{2}{6} = \dfrac{1}{3}$ となる．a が当たりくじを引いたという条件の下で，b が当たりくじを引く確率は，5本のくじのなかから1本の当たりくじを引く確率であるので，

$$P(B|A) = \dfrac{1}{5}$$

となる．よって求める確率は

$$P(A \cap B) = P(B|A)P(A) = \dfrac{1}{3} \times \dfrac{1}{5} = \dfrac{1}{15}.$$

問5.8 (1) 白球6個と赤球4個が入っている袋から，取り出した球をもとに戻さないで，球を1個ずつ2回取り出すとき，次の確率を求めよ．
① 2個とも白球である確率
② 1回目に赤球を取り出し，2回目に白球を取り出す確率
③ 2回目に白球を取り出す確率

(2) 9,000人の（小学生男子の）インフルエンザ患者がいるとする．ここで7,000人に対しては治療薬を使い，2,000人に対しては治療薬を使わなかった．この結果，治療薬を服用したグループにおいては $\dfrac{1}{10}$ の確率で異常行動を起こし，服用しなかったグループにおいては $\dfrac{2}{5}$ の確率で異常行動を起こすことを確認した．この 9,000 人から無作為に 1 人の患者を選ぶとき，以下の問に答えよ．
① その患者が異常行動を起こしていた確率を求めよ．
② その患者が異常行動を起こしたとするとき，治療薬を服用していた確率を求めよ．

5.6 事象の独立性

事象 A, B において

$$P(B|A) = P(B) \tag{5.7}$$

を満たすとき, B は A に対して**独立**であるという．これは事象 A が起こるか否かは, 事象 B の起こる確率に影響を与えないことを意味する．また $P(A) > 0$ かつ $P(B) > 0$ とすると, 以下の関係が成り立つ．

$$P(B|A) = P(B) \iff \frac{P(A \cap B)}{P(A)} = P(B)$$
$$\iff P(A \cap B) = P(A)P(B) \qquad (5.8)$$
$$\iff \frac{P(A \cap B)}{P(B)} = P(A) \iff P(A|B) = P(A)$$

つまり B が A に対して独立であるならば, A が B に対して独立であることは自動的に成り立つことがわかる．これより (5.8) 式から

$$A \text{ と } B \text{ は互いに独立} \iff P(A \cap B) = P(A)P(B) \qquad (5.9)$$

と定義する．A と B が独立でないとき, A と B は**従属**であるという．

問 5.9   袋の中に白球が 2 個, 赤球が 4 個入っている．この袋の中から以下の ①, ② の方法で, 球を 1 個ずつ 2 回取り出すとき, 1 回目に白球が出る事象 A と 2 回目に白球が出る事象 B は独立であるか？
① 1 回目に引いた球を元に戻して 2 回目の球を取り出す場合
② 1 回目に引いた球を元に戻さないで 2 回目の球を取り出す場合

また事象 A, B, C が互いに独立のときは

$$P(A \cap B \cap C) = P(A)P(B)P(C)$$

と定義する．また同様にして事象 A, B, C, D が互いに独立のときには

$$P(A \cap B \cap C \cap D) = P(A)P(B)P(C)P(D)$$

と定義する．

問 5.10   m 君は 5 人の女性 a, b, c, d, e に対して手当たり次第告白をしていこうと考えた．それぞれの女性が告白を拒否する確率を $\frac{1}{2}$ とし, 互いに独立であるとする．このとき, 少なくとも一人は告白を受け入れてくれる確率を求めよ．

5.7 章末問題

1. 以下の値を求めよ．
① $_5\mathrm{P}_2$ ② $_{10}\mathrm{C}_2$ ③ $_5\mathrm{C}_0$

2. 腫瘍マーカー CA19-1 は膵臓(すいぞう)癌の患者に対して 85%の確率で高値異常値をとり，大腸癌の患者に対して 35%の確率で高値異常値をとる．また，膵臓癌でも大腸癌でもない人に対しても 1%の確率で高値異常値をとる．膵臓癌の人の割合は 0.0002(0.02%) であり，大腸癌の人の割合は 0.0006(0.06%) であり，膵臓癌でも大腸癌でもない人の割合は 0.9992(99.92%) であるとする．ただし，膵臓癌であり，かつ大腸癌である人はいないと仮定する．
① 無作為に選んだ人の腫瘍マーカー CA19-1 が高値異常値をとる確率を求めよ．
② 無作為に選んだ人の腫瘍マーカー CA19-1 が高値異常値を示したとき，それが膵臓癌である確率を求めよ．

①のヒント： E を「腫瘍マーカー CA19-1 が高値異常値」，C_1 を「膵臓癌」，C_2 を「大腸癌」，C_3 を「膵臓癌でも大腸癌でもない」とする．このとき，右のベン図より $E = (E \cap C_1) \cup (E \cap C_2) \cup (E \cap C_3)$ となることがわかる．これより $P(E) = P(E \cap C_1) + P(E \cap C_2) + P(E \cap C_3)$ となる．

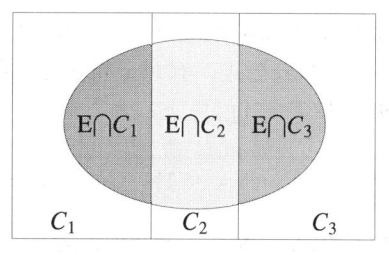

だ円とその内部が事象 E を表す．

3. M 君は K 酒店にある 2000 円のワインが欲しいため，友人の U 君に 2000 円を渡してお願いしたところワインが来なかった．このとき，U 君が K 酒店に行く途中で 2000 円を紛失した確率を求めよ．ただし U 君は，行きは M 君から渡された 2000 円を，帰りはワインを運ぶものとし，**片道**の途中でお金もしくはワインを紛失する確率は 5%とする．また K 酒店にワインがない確率は 20%とする．

4. 袋の中に白球 6 個，赤球 4 個入った袋がある．その中から 3 個球を取り出すとき，白球 2 個，赤球が 1 個である確率を求めよ．

第6章 確率変数と確率分布

6.1 確率変数

次の例を考えてみよう．1枚の硬貨を2回投げるとき，表の出る回数を X とし，X が r という値をとる確率を $P(X=r)$ と表すことにする．このとき起こりうるのは (表, 表), (表, 裏), (裏, 表), (裏, 裏) の4通りあるので，例えば表が0回出る確率であれば $P(X=0) = \dfrac{1}{4}$ となる．他の確率も同様に計算すると，下の表のようにまとめることができる．

X	0	1	2	計
確率	$\dfrac{1}{4}$	$\dfrac{1}{2}$	$\dfrac{1}{4}$	1

(6.1)

このように試行によって，その値が定まる変数 X を**確率変数**といい，(6.1) のような表を X の**確率分布表**もしくは**確率分布**という．

また $P(X \leq 1)$ は，上の表より

$$P(X \leq 1) = P(X=1) + P(X=0) = \dfrac{1}{2} + \dfrac{1}{4} = \dfrac{3}{4}$$

と計算する．$P(\cdots)$ の $\cdots$ の部分は数学的に同じ内容であれば，その確率は等しくなる．例えば $P(X \leq 1) = P(2X - 3 \leq 2 \cdot 1 - 3) = P(2X - 3 \leq -1)$ となる．

確率分布は X のとる値 r に対して，その確率が対応することから $P(X=r) = p(r)$ とおき，この $p(r)$ を**確率関数**という．

上の硬貨を2回投げる例の確率関数は $p(0) = \dfrac{1}{4}, p(1) = \dfrac{1}{2}, p(2) = \dfrac{1}{4}$ とし，$0, 1, 2$ 以外の r に対しては $p(r) = 0$ となる．

なお，一般的に X の確率分布は以下のように与えられる．

X	x_1	x_2	$\cdots$	x_k	計
確率	p_1	p_2	$\cdots$	p_k	1

ここで $x_1, x_2, ..., x_k$ は全て異なる値[*1]，$P(X = x_i) = p_i$ $(i = 1, 2, ..., k)$ となる．また $p_1 + p_2 + \cdots + p_k = 1$ に注意してほしい．

問 6.1　さいころを 2 回振り，出た目の和を X とする．このとき X の確率分布を求めよ．また X が 8 以上の値をとる確率を求めよ．

6.2　期待値

1000 本のくじに，以下のような賞金がついているとしよう．

	賞金	本数
1 等	100000 円	5 本
2 等	10000 円	20 本
はずれ	0 円	975 本
計		1000 本

このとき 1 本のくじを引いて，どれだけの賞金が**期待**できるかを考えてみる．いま，賞金の総額は

$$100000 \times 5 + 10000 \times 20 + 0 \times 975 = 700000$$

となるので，くじ 1 本当りの賞金額を求めると

$$\frac{1}{1000}\left(100000 \times 5 + 10000 \times 20 + 0 \times 975\right) = 700 \qquad (6.2)$$

となる．これはくじ 1 本当り 700 円の金額が期待できるということになる．ここで式 (6.2) は

$$100000 \times \frac{5}{1000} + 10000 \times \frac{20}{1000} + 0 \times \frac{975}{1000} = 700$$

と表すこともできる．ここで 1 本のくじを引いたときの賞金額を X 円とすると，X が $100000, 10000, 0$ である確率はそれぞれ

$$P(X = 100000) = \frac{5}{1000}, \quad P(X = 10000) = \frac{20}{1000}, \quad P(X = 0) = \frac{975}{1000}$$

[*1]例えば x_1, x_2, x_3 が全て異なるとは $x_1 \neq x_2, x_2 \neq x_3, x_3 \neq x_1$．

となる．これより，式 (6.2) は

$$100000 \times P(X=100000) + 10000 \times P(X=10000) + 0 \times P(X=0) = 700$$

のように，X の値とそれに対する確率の積を足し合わせたものが，くじ1本当りの**平均的に期待**される賞金額であることがわかる．このような計算方法のことを**期待値**とよび，一般的には以下のように定義される．

期待値

確率変数 X の確率分布を

X	x_1	x_2	$\cdots$	x_k	計
確率	p_1	p_2	$\cdots$	p_k	1

(6.3)

とするとき

$$E[X] = x_1 p_1 + x_2 p_2 + \cdots + x_k p_k$$

を X の**期待値**という．Σ 記号を用いると $E[X] = \sum_{i=1}^{k} x_i p_i$ と表せる．

X の期待値は，確率分布の**中心**を表す．

【例 6.1】 ある学生が1週間で図書館を利用した日数 X は以下の確率分布を持つとする．

X	0	1	2	3	計
確率	$\frac{1}{10}$	$\frac{4}{10}$	$\frac{4}{10}$	$\frac{1}{10}$	1

このとき X の期待値は

$$E[X] = 0 \cdot \frac{1}{10} + 1 \cdot \frac{4}{10} + 2 \cdot \frac{4}{10} + 3 \cdot \frac{1}{10} = \frac{3}{2}$$

となる．よって平均 1.5 日図書館に通っていることがわかる．

問 6.2   1枚の硬貨を2回投げるとき，表の出る回数を X とする．このとき，X の期待値を求めよ．

問 6.3   袋の中には3本の当たりくじ，7本のはずれくじが入っている．この袋の中から同時に3本くじを取り出すとき，当たりくじの数を X とする．
① 確率変数 X の確率分布を求めよ．
② X の期待値を求めよ．

6.3. 分散

確率変数 X の関数 $g(X)$ に対する期待値は

$$E[g(X)] = g(x_1)p_1 + g(x_2)p_2 + \cdots + g(x_k)p_k \quad (6.4)$$

と定義する．Σ 記号を用いると $E[g(X)] = \sum_{i=1}^{k} g(x_i)p_i$ と表せる．

【例 6.2】 例 6.1 において，例えば $g(x) = x^2$ とすると

$$E[X^2] = 0^2 \cdot \frac{1}{10} + 1^2 \cdot \frac{4}{10} + 2^2 \cdot \frac{4}{10} + 3^2 \cdot \frac{1}{10} = \frac{29}{10}$$

となる．また $g(x) = 2x + 1$ とすると

$$E[2X+1] = (2 \cdot 0 + 1)\frac{1}{10} + (2 \cdot 1 + 1)\frac{4}{10} + (2 \cdot 2 + 1)\frac{4}{10} + (2 \cdot 3 + 1)\frac{1}{10} = 4$$

となる．

6.3 分散

$-2, -1, 0, 1, 2, 3$ という数字が書かれた 6 枚のカードから 1 枚を引いたとき，その数字を X とする．一方で，当たりが 5 本入っている 10 本のくじの中から 1 本くじを引き，当たりが出たときには $Y = 1$，はずれが出たときは $Y = 0$ とする確率変数 Y を考える．このとき，X, Y それぞれの確率分布は以下のようになる．

X	-2	-1	0	1	2	3	計
確率	$\frac{1}{6}$	$\frac{1}{6}$	$\frac{1}{6}$	$\frac{1}{6}$	$\frac{1}{6}$	$\frac{1}{6}$	1

Y	0	1	計
確率	$\frac{1}{2}$	$\frac{1}{2}$	1

ここで X と Y の期待値を計算すると，どちらも $\frac{1}{2}$ となるが，X は -2 から 3 まで広い範囲の値をとるのに対して，Y は 1 か 0 の狭い範囲しかとらない．そこで分布の**散らばり具合**を表す以下の指標を考えてみる．

図 6-1 X の確率分布

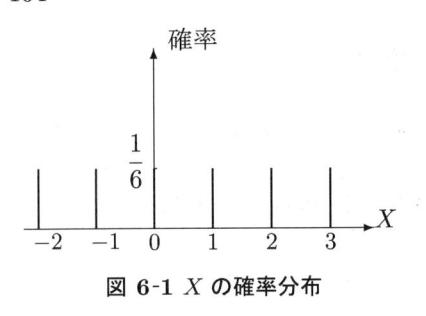

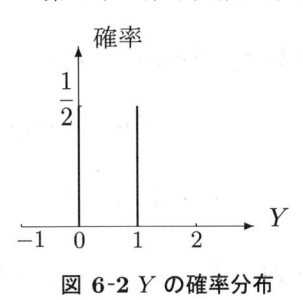

図 6-2 Y の確率分布

分散の定義

確率分布 (6.3) において,

$$V[X] = (x_1 - E[X])^2 p_1 + (x_2 - E[X])^2 p_2 + \cdots + (x_k - E[X])^2 p_k \tag{6.5}$$

を**分散**とよぶ.

- Σ記号を用いると $V[X] = \sum_{i=1}^{k}(x_i - E[X])^2 p_i$ と表せる.
- データの分散 s_x^2 とは異なることに注意.

分散 $V[X]$ は確率分布の**散らばり具合**を表す.また $\sigma(X) = \sqrt{V[X]}$ を X の**標準偏差** (Standard deviation)[*2]といい,これも確率分布の散らばり具合を表す1つの指標である.

(6.5) 式の解釈 ここでは分散がなぜ確率分布の散らばり具合を表すのかを考えてみる.

$$V[X] = \underbrace{(x_1 - E[X])^2}_{①} p_1 + \underbrace{(x_2 - E[X])^2}_{②} p_2 + \cdots + (x_k - E[X])^2 p_k$$

①は,x_1 が期待値 $E[X]$ から離れていればいるほど大きな値をとる.これより ①は x_1 と期待値 $E[X]$ の**離れ具合**を測っていることがわかる.同様に考えると,②は x_2 と期待値 $E[X]$ の離れ具合を測っている.これより (6.4) の表し方を用いると

$$V[X] = E[(X - E[X])^2] \tag{6.6}$$

[*2] σ はシグマとよぶ.これはギリシャ文字 Σ の小文字で,英語の s に相当する.

6.3. 分散

と書けるので,分散は,X が平均的にみてどれくらい期待値 $E[X]$ から離れているかを表していることがわかる.

【例 6.3】 図 6-1 の確率分布

X	-2	-1	0	1	2	3	計
確率	$\frac{1}{6}$	$\frac{1}{6}$	$\frac{1}{6}$	$\frac{1}{6}$	$\frac{1}{6}$	$\frac{1}{6}$	1

に対する分散を求める. $E[X] = \frac{1}{2}$ より

$$V[X] = \left(-2 - \frac{1}{2}\right)^2 \frac{1}{6} + \left(-1 - \frac{1}{2}\right)^2 \frac{1}{6} + \left(0 - \frac{1}{2}\right)^2 \frac{1}{6}$$
$$+ \left(1 - \frac{1}{2}\right)^2 \frac{1}{6} + \left(2 - \frac{1}{2}\right)^2 \frac{1}{6} + \left(3 - \frac{1}{2}\right)^2 \frac{1}{6} = \frac{35}{12}$$

となる.一方で図 6-2 の確率分布の分散 $V[Y] = \frac{1}{4}$ より,$V[X]$ の方が大きいことがわかる.これは X の確率分布の方が,散らばりが大きいことを表している.

問 6.4 以下の確率分布において,X の分散と標準偏差を求めよ.

X	0	1	2	計
確率	$\frac{1}{4}$	$\frac{1}{2}$	$\frac{1}{4}$	1

問 6.5 例 6.1 における確率変数 X の分散,標準偏差を求めよ.

実際の計算では,期待値 $E[X]$ が 1.62 のように小数の値をとるとき,分散 $V[X]$ の計算が大変になる. $E[X]$ が整数値のように簡単な値をとらないときに,分散が比較的楽に計算できる**分散の計算公式**を紹介する.

分散の計算公式

X は (6.3) の確率分布を持つ.このとき,

$$V[X] = E[X^2] - E[X]^2, \qquad (6.7)$$

ここで $E[X^2] = \sum_{i=1}^{k} x_i^2 p_i$.

分散は"X^2 の期待値 $E[X^2]$"から"X の期待値 $E[X]$ の 2 乗"を引いたもので計算できることを意味している．

【例 6.4】 以下の確率分布を持つ X の分散 $V[X]$ を求める．

X	1	2	3	4	5	計
確率	$\frac{1}{10}$	$\frac{3}{10}$	$\frac{3}{10}$	$\frac{2}{10}$	$\frac{1}{10}$	1

$$E[X] = 1 \cdot \frac{1}{10} + 2 \cdot \frac{3}{10} + 3 \cdot \frac{3}{10} + 4 \cdot \frac{2}{10} + 5 \cdot \frac{1}{10} = \frac{29}{10},$$
$$E[X^2] = 1^2 \cdot \frac{1}{10} + 2^2 \cdot \frac{3}{10} + 3^2 \cdot \frac{3}{10} + 4^2 \cdot \frac{2}{10} + 5^2 \cdot \frac{1}{10} = \frac{97}{10}.$$

これより $V[X] = \frac{97}{10} - \left(\frac{29}{10}\right)^2 = \frac{129}{100}$．

問 6.6 ① 確率分布 (6.3) を用いて，分散の計算公式 (6.7) を証明せよ．
② 問 6.3 における確率変数 X の分散を計算公式 (6.7) を利用して求めよ．

6.4 $Y = aX + b$ の分布

ここでは $Y = aX + b$ ($a > 0$, b は定数) の確率分布がどのような形になるのかを説明する．いま，以下の確率分布を考える．

X	1	2	3	4	5
確率	$\frac{1}{10}$	$\frac{3}{10}$	$\frac{3}{10}$	$\frac{2}{10}$	$\frac{1}{10}$

次に $Y = X - 3$ の確率分布を考えてみよう．このとき $Y = 0$ となる確率は $P(Y = 0) = P(X - 3 = 0) = P(X = 3)$ より $X = 3$ となる確率と同じ値をとる．同様にして $Y = 1$ や $Y = -1$ となる確率なども同様にして求めると

6.4. $Y = aX + b$ の分布

Y	-2	-1	0	1	2
確率	$\dfrac{1}{10}$	$\dfrac{3}{10}$	$\dfrac{3}{10}$	$\dfrac{2}{10}$	$\dfrac{1}{10}$

となる．これをグラフで表したのが右図であるが，これより $Y = X - 3$ の確率分布は X の分布を 3 だけ左に移動した分布になることがわかる．

次に $T = \dfrac{1}{2}X$ の確率分布をグラフで表してみよう．これも $P\left(T = \dfrac{1}{2}\right) = P\left(\dfrac{1}{2}X = \dfrac{1}{2}\right) = P(X = 1) = \dfrac{1}{10}$ となる．同様にしてその他の確率を求めると

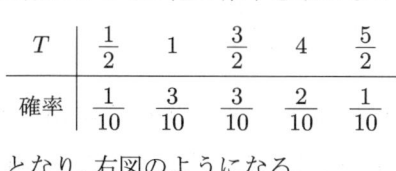

T	$\dfrac{1}{2}$	1	$\dfrac{3}{2}$	4	$\dfrac{5}{2}$
確率	$\dfrac{1}{10}$	$\dfrac{3}{10}$	$\dfrac{3}{10}$	$\dfrac{2}{10}$	$\dfrac{1}{10}$

となり，右図のようになる．

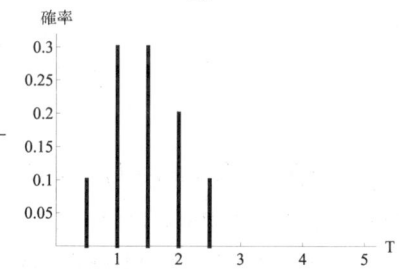

これより $T = \dfrac{1}{2}X$ の確率分布は X の分布の範囲を $\dfrac{1}{2}$ 倍した確率分布，つまり半分に縮めた分布になることがわかる．これをまとめると次のようになる．

- $b > 0$ のとき確率変数 $X - b$ の確率分布は X の確率分布を左に b だけ移動したものになる．$b < 0$ のとき確率変数 $X - b$ の確率分布は X の確率分布を右に b だけ移動したものになる．
- $a > 0$ のとき確率変数 aX の確率分布は X の確率分布の範囲を a 倍した形になる．

このため $Y = aX + b$ は $Y = a\left(X - \left(-\dfrac{b}{a}\right)\right)$ となるので，X の確率分布を $-\dfrac{b}{a}$ だけ移動して，範囲を a 倍したものであることがわかる[*3]．

[*3] $a < 0$ のときも説明できるが，この教科書では使わないので省略する．

次に $Y = aX + b$ の期待値について考える．X の確率分布を

X	x_1	x_2	$\cdots$	x_k	計
確率	p_1	p_2	$\cdots$	p_k	1

とする．ここで $Y = aX + b$ とおくと，Y が $ax_1 + b$ をとる確率は

$$P(Y = ax_1 + b) = P(aX + b = ax_1 + b)$$
$$= P(X = x_1)$$
$$= p_1$$

同様にして，Y が $ax_2 + b, ..., ax_k + b$ をとる確率も求めると，次のようになる．

Y	$ax_1 + b$	$ax_2 + b$	$\cdots$	$ax_k + b$	計
確率	p_1	p_2	$\cdots$	p_k	1

これより $E[Y] = \sum_{i=1}^{n}(ax_i + b)p_i = E[aX + b]$ がわかる．つまり $Y = aX + b$ と変換した Y の確率分布における Y の期待値と，式 (6.4) のように X の確率分布の下での $aX + b$ の期待値は同じことがわかる．

6.5 期待値，分散の性質 その1

a, b を定数とし，X の確率分布は (6.3) であるとする．ここでは $aX + b$ の期待値 $E[aX + b]$，分散 $V[aX + b]$ の性質について説明する．$aX + b$ の分散は (6.6)[*4] より，$V[aX + b] = E[(aX + b - E[aX + b])^2]$ と表すことができる．ただし 6.4 章で説明したように，$Y = aX + b$ と置いたときの，Y の確率分布の分散と考えてよい．このとき，以下の定理が成り立つ．

定理 6.1

① $E[aX + b] = aE[X] + b$
② $V[aX + b] = a^2 V[X]$

[*4] $V[\Box] = E[(\Box - E[\Box])^2]$.

6.6. 同時分布

証明 まず①を示す. X の確率分布 (6.3) において

$$E[aX+b] = \sum_{i=1}^{k}(ax_i+b)p_i$$
$$= \sum_{i=1}^{k}(ax_ip_i+bp_i)$$
$$= a\sum_{i=1}^{k}x_ip_i + b\sum_{i=1}^{k}p_i = aE[X]+b.$$

よって示された. 次に②を示す.

$$V[aX+b] = E[(aX+b-E[aX+b])^2]$$

定理 6.1①より
$$= \sum_{i=1}^{n}(ax_i+b-E[aX+b])^2 p_i$$
$$= \sum_{i=1}^{n}(ax_i+b-aE[X]-b)^2 p_i$$
$$= a^2\sum_{i=1}^{k}(x_i-E[X])^2 p_i = a^2 V[X]. \qquad \Box$$

問 6.7 (1) 表が出る確率が 0.4 の歪んだコインがある. このコインを 1 回投げ, 表がでたら 100 円もらえ, 裏が出たら 40 円支払わなければならないゲームを考える. 確率変数 X を表が出たら 1, 裏が出たら 0 となるように決める. このゲームを 1 回行ったとき, 獲得する金額 Y を X を用いて表すこと. またその獲得金額の期待値, 分散を求めよ.

(2) $E[X]=m, V[X]=\sigma^2$ となる確率変数 X を考える. ここで $Z=\dfrac{X-m}{\sigma}$ とおくとき, $E[Z]=0, V[Z]=1$ となることを証明せよ.

6.6 同時分布

a, b を定数とし, X, Y を確率変数とする. このとき, "$X=a$ かつ $Y=b$" が起こる確率を $P(X=a, Y=b)$ と書くことにする.

右の表を見てみよう．例えば表の内部の右上にある数値 $\frac{3}{8}$ は $P(X=0, Y=5)$ を表す．また表の一番右上（網掛け部分）は $P(X=0, Y=4)$ と $P(X=0, Y=5)$ を足したものなので，網掛けの部分の数 $\frac{5}{8}$ は $P(X=0)$ を意味している．またそ の他の数値も同様の見方をする．このように2つの確率変数の確率分布を同時に表したものを**同時確率分布**という．また X の確率分布は

表 6-1

X \ Y	4	5	計
0	$\frac{2}{8}$	$\frac{3}{8}$	$\frac{5}{8}$
1	$\frac{2}{8}$	$\frac{1}{8}$	$\frac{3}{8}$
計	$\frac{4}{8}$	$\frac{4}{8}$	1

X	0	1	計
確率	$\frac{5}{8}$	$\frac{3}{8}$	1

となる．これを X の**周辺分布**という．よって同時確率分布表から X だけ，もしくは Y だけの確率分布を求めることができる．一般的には2つの確率変数 X, Y について

$$P(X=x_i, Y=y_j) = p_{ij}$$

とおくと，下の表のように，全ての i, j の組み合わせについて，(x_i, y_j) と p_{ij} との対応が得られる．

X \ Y	y_1	y_2	$\cdots$	y_m	計
x_1	p_{11}	p_{12}	$\cdots$	p_{1m}	p_1
x_2	p_{21}	p_{22}	$\cdots$	p_{2m}	p_2
$\vdots$	$\vdots$	$\vdots$	$\ddots$	$\vdots$	$\vdots$
x_k	p_{k1}	p_{k2}	$\cdots$	p_{km}	p_k
計	q_1	q_2	$\cdots$	q_m	1

ここで $p_i = p_{i1} + p_{i2} + \cdots + p_{im} = \sum_{j=1}^{m} p_{ij}, (i=1,...,k)$ となり，$q_l = p_{1l} + p_{2l} + \cdots + p_{kl} = \sum_{j=1}^{k} p_{jl}, (l=1,...,m)$ となる．例えば $p_1 = p_{11} + p_{12} + \cdots + p_{1m}$，$q_1 = p_{11} + p_{21} + \cdots + p_{k1}$ である．

問 6.8　右の同時分布を考える．このとき，Y の期待値 $E[Y]$, 分散 $V[Y]$ を求めよ．

X \ Y	0	1
1	$\frac{2}{9}$	$\frac{3}{9}$
2	$\frac{3}{9}$	$\frac{1}{9}$

6.7　確率変数の独立性

---確率変数における独立性---

X, Y を確率変数とする．X, Y のとりうる全ての a, b に対して

$$P(X=a, Y=b) = P(X=a)P(Y=b) \tag{6.8}$$

を満たすとき X と Y は**独立**であるという．

式 (6.8) は $P(X=a) > 0$ とすると

$$\frac{P(X=a, Y=b)}{P(X=a)} = P(Y=b)$$

となる．これは条件付き確率の定義から $P(Y=b|X=a) = P(Y=b)$ となるので，これは確率変数 X のとった値に，確率変数 Y の確率分布が影響を受けないことを意味している．また，同様にして $P(X=a|Y=b) = P(X=a)$ となることより，確率変数 Y のとった値に，確率変数 X の確率分布が影響を受けないことがわかる．

【例 6.5】 (確率変数が独立である例)
2回さいころを振り，X を1回目に出る目の数とし，Y を2回目に出る目の数とする．ここでは X と Y は独立であることを示す．1回目に出る目を a, 2回目に出る目を b とし，全ての組 (a,b) を書き出すと

$$\begin{array}{llllll}
(1,1), & (1,2), & (1,3), & (1,4), & (1,5), & (1,6) \\
(2,1), & (2,2), & (2,3), & (2,4), & (2,5), & (2,6) \\
(3,1), & (3,2), & (3,3), & (3,4), & (3,5), & (3,6) \\
(4,1), & (4,2), & (4,3), & (4,4), & (4,5), & (4,6) \\
(5,1), & (5,2), & (5,3), & (5,4), & (5,5), & (5,6) \\
(6,1), & (6,2), & (6,3), & (6,4), & (6,5), & (6,6)
\end{array}$$

となる．これより 1 回目に 1 の目が出て，2 回目に 6 の目が出る確率は $P(X=1, Y=6) = \dfrac{1}{36}$ となる．一方で $P(X=1) = \dfrac{6}{36} = \dfrac{1}{6}$，$P(Y=6) = \dfrac{6}{36} = \dfrac{1}{6}$ から $P(X=1)P(Y=6) = \dfrac{1}{6} \times \dfrac{1}{6} = \dfrac{1}{36}$ となり，一致することがわかる．同様にして，全ての $i=1,...,6$，$j=1,...,6$ に対して $P(X=i, Y=j) = P(X=i)P(Y=j)$ となることが確かめることができる．

【例 6.6】 (独立でない例) 5 本のくじの中に 2 本当たりくじがある．最初に a が 1 本くじを引き，その後に b がくじを 2 本引く．X を a の引いた当たりくじの数，Y を b の引いた当たりくじの数とすると，a が当たりくじを引いたかどうかで，b が当たりくじを引く確率が変わるので，独立でない．

イメージとしては，X のとった値によって Y のとる値の確率が影響しない場合，また Y のとった値によって X のとる値の確率が影響しない場合に X と Y は独立であるといえる．例 6.5 において，1 回目に出た目は 2 回目の出る目の確率に影響を与えていないので，X と Y は独立であることが直感的にわかる．

$\boxed{問\ 6.9}$ (1) さいころを 2 回振り，1 回目に出た目の数を X，2 回目に出た目の数を Y とする．このとき，1 回目に偶数，2 回目に 5 以上の目が出る確率を求めよ．また 1 回目と 2 回目に出た目の積が偶数になる確率も求めよ．

(2) 問 6.8 の同時分布を持つ X, Y において，X と Y は独立であるか，従属であるか? 理由も含めて答えよ．

3 つの確率変数 X のとる任意[*5]の値 a，Y のとる任意の値 b，Z のとる任意の値 c に対して

$$P(X=a, Y=b, Z=c) = P(X=a)P(Y=b)P(Z=c) \qquad (6.9)$$

のとき，X, Y, Z は**互いに独立**であるという．

[*5]任意とは，どんなものでもよいということ．

6.7. 確率変数の独立性

また同様にして, 確率変数 X_i のとる任意の値 x_i $(i = 1, ..., n)$ に対して

$$P(X_1 = x_1, X_2 = x_2, ..., X_n = x_n) = P(X_1 = x_1)P(X_2 = x_2)\cdots P(X_n = x_n) \quad (6.10)$$

のとき, $X_1, X_2, ..., X_n$ は**互いに独立**であるという.

* * * * * * * * * Q AND A * * * * * * * * *

X, Y, Z が互いに独立であるとは, どんなことをイメージすればよいのだろう...

3回サイコロを振り, X を1回目に出た目, Y を2回目に出た目, Z を3回目に出た目で考えてください. そうすると1回目に出た目は, 2回目や3回目の出る目に影響を与えていないことは感覚的にわかるよね. 独立というのは, その結果が他に影響を及ぼさないというイメージです.

* * * * * * * * Q AND A 終わり * * * * * * * *

問 6.10 ある射撃の選手は, 的 (まと) に 70%の確率で当てることができる. この選手が3回射撃を行ったときに, i 回目に成功したら $X_i = 1$, 失敗したら $X_i = 0$ とする. ここで X_1, X_2, X_3 は互いに独立であるとする. このとき, $P(X_1 = 1, X_2 = 1, X_3 = 0)$ を求めよ.

確率変数の独立に関して, 以下の定理が知られている.

定理 6.2

$g(x)$ と $h(y)$ を任意の連続関数[*9]とし, X と Y が独立とするならば, $g(X)$ と $h(Y)$ も独立となる.

【例 6.7】 ● X と Y が独立のとき, X^2 と Y^2 も独立.
● X(ただし $X \geq 0$ とする) と Y が独立のとき, $\sqrt{X}$ と $2Y + 1$ も独立.

問 6.11 X は $P(X = x_i) = p_i$, $(i = 1, ..., n)$, Y は $P(Y = y_j) = q_j$, $(j = 1, ..., m)$ を満たす確率変数とする. X と Y が独立のとき, X^2 と Y^2 も独立であることを示せ[*6].

[*9]連続関数 →p.241. x^2, x^3 や $\log x$ など通常使う関数は全て連続関数である.
[*6]ヒント: X^2 のとりうる値は $x_1^2, ..., x_n^2$, Y^2 のとりうる値は $y_1^2, ..., y_m^2$. これより $P(X^2 = x_i^2, Y^2 = y_j^2) = P(X^2 = x_i^2)P(Y^2 = y_j^2)$ を示せばよい.

6.8 同時確率分布における期待値

ここでは確率変数 X, Y の関数 $g(X,Y)$ の期待値について説明する．読者の皆さんは $E[X+Y]$ や $E[XY]$ などを考えてほしい．いま，以下の同時確率分布を考える．

表 6-2

X \ Y	y_1	y_2	計
x_1	p_{11}	p_{12}	p_1
x_2	p_{21}	p_{22}	p_2
計	q_1	q_2	1

このとき，任意の関数 $g(X,Y)$ の期待値は

$$E[g(X,Y)] = g(x_1,y_1)p_{11} + g(x_1,y_2)p_{12} + g(x_2,y_1)p_{21} + g(x_2,y_2)p_{22} \tag{6.11}$$

と定義する．例えば $g(X,Y) = X+Y$ と置くと

$$E[X+Y] = (x_1+y_1)p_{11} + (x_1+y_2)p_{12} + (x_2+y_1)p_{21} + (x_2+y_2)p_{22} \tag{6.12}$$

となる．同様にして，$g(X,Y) = XY$ と置くと

$$E[XY] = x_1y_1p_{11} + x_1y_2p_{12} + x_2y_1p_{21} + x_2y_2p_{22}$$

となる．これは Σ 記号を用いると $E[XY] = \sum_{i=1}^{2}\sum_{j=1}^{2} x_i y_j p_{ij}$ と表せる．一方で $E[X+Y]$ は $Z = X+Y$ の確率分布の期待値，分散と考えてもかまわない．例えば右の同時分布を考える．$Z = X+Y$ と置くと，

X \ Y	0	1
1	$\frac{4}{10}$	$\frac{2}{10}$
2	$\frac{1}{10}$	$\frac{3}{10}$

$$\begin{aligned} P(Z=2) &= P(X+Y=2) \\ &= P(X=1, Y=1) + P(X=2, Y=0) \\ &= \frac{2}{10} + \frac{1}{10} = \frac{3}{10} \end{aligned}$$

となる. 同様に計算すると $Z = X + Y$ の確率分布は

Z	1	2	3
確率	$\frac{4}{10}$	$\frac{3}{10}$	$\frac{3}{10}$

(6.13)

となる. よって $E[X+Y] = E[Z] = 1 \cdot \frac{4}{10} + 2 \cdot \frac{3}{10} + 3 \cdot \frac{3}{10} = \frac{19}{10}$ となる. これは式 (6.12) で計算したものと同じ値をとる.

6.9 期待値, 分散の性質 その2

ここで再び期待値と分散の性質を紹介する. ①, ②, ③は既に示してあるが, まとめの意味で, もう一度書いておく.

定理 6.3

a, b は定数とする.
① $E[aX + b] = aE[X] + b$
② $V[aX + b] = a^2 V[X]$
③ $V[X] = E[X^2] - E[X]^2$
④ $E[X + Y] = E[X] + E[Y]$
⑤ X と Y は互いに独立な確率変数とする. このとき

$$E[XY] = E[X]E[Y], \qquad (6.14)$$
$$V[X + Y] = V[X] + V[Y]$$

が成り立つ.
⑥ (④の一般化)
$X_1, X_2, ..., X_n$ に対して

$$E[X_1 + X_2 + \cdots + X_n] = E[X_1] + E[X_2] + \cdots + E[X_n]$$

⑦ (⑤の一般化)
$X_1, X_2, ..., X_n$ が互いに独立なとき

$$V[X_1 + X_2 + \cdots + X_n] = V[X_1] + V[X_2] + \cdots + V[X_n]$$

証明 表 6-2 の同時確率分布において ④が成り立つことを示す.

$$E[X+Y] = (x_1+y_1)p_{11} + (x_1+y_2)p_{12} + (x_2+y_1)p_{21} + (x_2+y_2)p_{22}$$
$$= x_1(p_{11}+p_{12}) + x_2(p_{21}+p_{22}) + y_1(p_{11}+p_{21}) + y_2(p_{12}+p_{22})$$
$$= x_1p_1 + x_2p_2 + y_1q_1 + y_2q_2 = E[X] + E[Y].$$

次に ⑤を示す. X と Y が独立のとき, 定義から $p_{ij} = p_iq_j$ となるので,

$$E[XY] = x_1y_1p_{11} + x_1y_2p_{12} + x_2y_1p_{21} + x_2y_2p_{22}$$
$$= x_1y_1p_1q_1 + x_1y_2p_1q_2 + x_2y_1p_2q_1 + x_2y_2p_2q_2$$
$$= x_1p_1(y_1q_1 + y_2q_2) + x_2p_2(y_1q_1 + y_2q_2)$$
$$= (x_1p_1 + x_2p_2)(y_1q_1 + y_2q_2) = E[X]E[Y].$$

次に $V[X+Y] = V[X] + V[Y]$ を示す. 定理 6.3 ③より

$$V[X+Y] = E[(X+Y)^2] - \{E[X+Y]\}^2$$
$$= E[X^2 + 2XY + Y^2] - \{E[X]\}^2 - 2E[X]E[Y] - \{E[Y]\}^2$$
$$= \underbrace{E[X^2] - \{E[X]\}^2}_{V[X]} + \underbrace{E[Y^2] - \{E[Y]\}^2}_{V[Y]} + 2\underbrace{(E[XY] - E[X]E[Y])}_{\text{式 (6.14) より}=0}$$
$$= V[X] + V[Y].$$

⑥の証明. $n=3$ の場合を示す. $X_1 + X_2$ を 1 つの確率変数と考えて ④を用いると

$$E[X_1 + X_2 + X_3] = E[X_1 + X_2] + E[X_3] \quad \text{再度 ④を用いて}$$
$$= E[X_1] + E[X_2] + E[X_3].$$

一般の n に対しても同様にして示せるが, 厳密に証明するためには, 数学的帰納法が必要となる[*7]. ⑦も ⑥と同様に示すことができる. □

【例 6.8】 X, Y は $E[X] = -2, E[Y] = 5, V[X] = 1, V[Y] = 3$ を満たす互いに独立な確率変数とする. このとき, $E[1+2X+3Y], V[1+2X+3Y]$ を求めよ.

[*7]数学的帰納法とよばれる証明法があるが, 知らない方は結果だけを認めて, 次に進んでも問題ない.

解 $2X + 3Y$ を一つの確率変数 (ここでは □ とする) だと考えると, 定理 6.3①より $E[1 + □] = 1 + E[□]$ となる. これより

$$E[1 + 2X + 3Y] = 1 + E[2X + 3Y] \quad \text{定理 6.3④より}$$
$$= 1 + E[2X] + E[3Y] \quad \text{定理 6.3①より}$$
$$= 1 + 2E[X] + 3E[Y]$$
$$= 1 + 2 \cdot (-2) + 3 \cdot 5 = 12.$$

一方で, 定理 6.3②より

$$V[1 + 2X + 3Y] = V[2X + 3Y] \quad \text{定理 6.3⑤より}$$
$$= V[2X] + V[3Y] \quad \text{定理 6.3②より}$$
$$= 2^2 V[X] + 3^2 V[Y]$$
$$= 2^2 \cdot 1 + 3^2 \cdot 3 = 31.$$

問 6.12 表が出る確率が 0.6 の歪んだコインを振り, 表が出たら 100 円もらい, 裏が出たら 120 円払うというゲームを 10 回繰り返した. このとき, 得られる金額を X とおくとき, X の期待値と標準偏差を求めよ.

6.10 共分散

ここで話を簡単にするため以下の同時分布を考える.

X \ Y	y_1	y_2	計
x_1	p_{11}	p_{12}	p_1
x_2	p_{21}	p_{22}	p_2
x_3	p_{31}	p_{32}	p_3
計	q_1	q_2	1

このとき, X と Y の関連性を表すために, **共分散**とよばれる指標 $Cov[X, Y]$ を, 以下のように定義する.

$$\begin{aligned} Cov[X, Y] = &(x_1 - E[X])(y_1 - E[Y])p_{11} + (x_1 - E[X])(y_2 - E[Y])p_{12} \\ &+ (x_2 - E[X])(y_1 - E[Y])p_{21} + (x_2 - E[X])(y_2 - E[Y])p_{22} \\ &+ (x_3 - E[X])(y_1 - E[Y])p_{31} + (x_3 - E[X])(y_2 - E[Y])p_{32}. \end{aligned}$$

これはΣ記号を用いると $Cov[X,Y] = \sum_{j=1}^{2}\sum_{i=1}^{3}(x_i - E[X])(y_j - E[Y])p_{ij}$ と書くことができる. 共分散の意味は次の同時分布を用いて説明する.

表 6-3 同時分布その 1

$X\backslash Y$	1	2	3	計
1	0	$\frac{2}{18}$	$\frac{3}{18}$	$\frac{5}{18}$
2	$\frac{2}{18}$	$\frac{4}{18}$	$\frac{2}{18}$	$\frac{8}{18}$
3	$\frac{3}{18}$	$\frac{2}{18}$	0	$\frac{5}{18}$
計	$\frac{5}{18}$	$\frac{8}{18}$	$\frac{5}{18}$	1

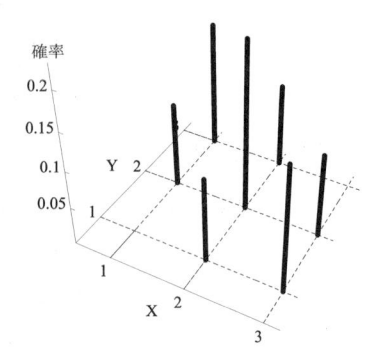

表 6-3 とグラフから X が大きな値をとると, Y は小さな値をとる確率が高くなる. 逆に Y が大きな値をとると, X は小さな値をとる確率が高くなることがわかる. この状態のことを X と Y には**負の相関がある**という. このとき, $E[X] = 1 \cdot \frac{5}{18} + 2 \cdot \frac{8}{18} + 3 \cdot \frac{8}{18} = 2, E[Y] = 1 \cdot \frac{5}{18} + 2 \cdot \frac{8}{18} + 3 \cdot \frac{5}{18} = 2$ より

$$Cov[X,Y] = (1-2)(1-2)0 + (1-2)(2-2)\frac{2}{18} + (1-2)(3-2)\frac{3}{18}$$
$$+ (2-2)(1-2)\frac{2}{18} + (2-2)(2-2)\frac{4}{18} + (2-2)(3-2)\frac{2}{18}$$
$$+ (3-2)(1-2)\frac{3}{18} + (3-2)(2-2)\frac{2}{18} + (3-2)(3-2)0$$
$$= -\frac{1}{3}$$

となり, $Cov[X,Y]$ は負の値をとる. 一方で表 6-4 の同時分布を考えてみよう. これは先ほどの例とは逆に X が大きな値をとると, それに従い Y も大きな値をとる確率が高くなる. この状態のことを X と Y には**正の相関が**

6.10. 共分散

表 6-4 同時分布その 2

$X \backslash Y$	1	2	3	計
1	$\frac{3}{18}$	$\frac{2}{18}$	0	$\frac{5}{18}$
2	$\frac{2}{18}$	$\frac{4}{18}$	$\frac{2}{18}$	$\frac{8}{18}$
3	0	$\frac{2}{18}$	$\frac{3}{18}$	$\frac{5}{18}$
計	$\frac{5}{18}$	$\frac{8}{18}$	$\frac{5}{18}$	1

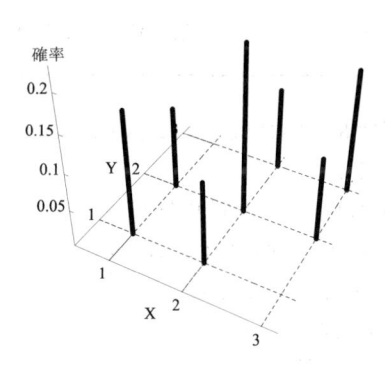

あるという. このとき, $E[X] = 2$, $E[Y] = 2$ より

$$
\begin{aligned}
Cov[X,Y] &= (1-2)(1-2)\frac{3}{18} + (1-2)(2-2)\frac{2}{18} + (1-2)(3-2)0 \\
&+ (2-2)(1-2)\frac{2}{18} + (2-2)(2-2)\frac{4}{18} + (2-2)(3-2)\frac{2}{18} \\
&+ (3-2)(1-2)0 + (3-2)(2-2)\frac{2}{18} + (3-2)(3-2)\frac{3}{18} \\
&= \frac{1}{3}
\end{aligned}
$$

となり, $Cov[X,Y]$ は正の値をとる. 実は共分散には以下の性質がある.

- X と Y には正の相関がある $\iff Cov[X,Y] > 0$
- X と Y には負の相関がある $\iff Cov[X,Y] < 0$

6.10.1 共分散の簡単な計算のしかた

これまでの共分散の例を見てもらうと, 計算が結構面倒なことがわかる. そこで共分散の計算が簡単になる公式を紹介する.

共分散の計算公式

$$Cov[X,Y] = E[XY] - E[X]E[Y] \qquad (6.15)$$

証明は問 6.13 に残しておくので, 各自問いてほしい.

【例 6.9】 右の同時分布において $XY = 0$ となるのは, $X = 1$ かつ $Y = 0$ となるときと, $X = 2$ かつ $Y = 0$ となるときなので

$X \backslash Y$	0	1	計
1	$\frac{4}{10}$	$\frac{2}{10}$	$\frac{6}{10}$
2	$\frac{1}{10}$	$\frac{3}{10}$	$\frac{4}{10}$
計	$\frac{5}{10}$	$\frac{5}{10}$	1

$$P(XY = 0) = P(X = 1, Y = 0) + P(X = 2, Y = 0) = \frac{4}{10} + \frac{1}{10} = \frac{5}{10}$$

となる. 後は同様にして確率を求めると

XY	0	1	2	計
確率	$\frac{5}{10}$	$\frac{2}{10}$	$\frac{3}{10}$	1

となる. これより $E[XY] = 0 \cdot \frac{5}{10} + 1 \cdot \frac{2}{10} + 2 \cdot \frac{3}{10} = \frac{4}{5}$. また $E[X] = 1 \cdot \frac{6}{10} + 2 \cdot \frac{4}{10} = \frac{7}{5}$, $E[Y] = 0 \cdot \frac{5}{10} + 1 \cdot \frac{5}{10} = \frac{1}{2}$ から, 公式 (6.15) を使うと $Cov[X,Y] = \frac{4}{5} - \frac{7}{5} \cdot \frac{1}{2} = \frac{1}{10}$ となる.

|問 6.13| (1) 表 6-2 を用いて $Cov[X,Y] = E[XY] - E[X]E[Y]$ を示すこと.

(2) 右の同時分布を考える.
① ア〜ウの空欄に値を埋めよ.
② $E[X]$ と $E[Y]$ を求めよ.
③ $Cov[X,Y]$ を求めよ.

$X \backslash Y$	2	4	計
1	$\frac{3}{8}$	ア	$\frac{1}{2}$
3	イ	ウ	$\frac{1}{2}$
計	$\frac{5}{8}$	$\frac{3}{8}$	1

6.11 相関係数

確率変数 X, Y の関係を見るのに, 共分散 $Cov[X,Y]$ を用いた. しかし $Cov[X,Y]$ はいくらでも大きな値をとってしまうため, どのくらい相関の強さがあるのかわからない. このため, 確率変数 X, Y の相関の強さを見るために, 以下の指標を紹介する.

相関係数

$$\rho_{XY} = \frac{Cov[X,Y]}{\sqrt{V[X]}\sqrt{V[Y]}}$$

を**相関係数**という. 相関係数においては

$$-1 \leq \rho_{XY} \leq 1$$

が成り立ち, 1 に近いほど正の強い相関を持ち, -1 に近いほど負の強い相関を持つ.

【**例 6.10**】 表 6-3 の同時分布における相関係数 ρ_{XY} を求める. $E[X] = 2$, $E[Y] = 2$ から, 分散の計算公式より $V[X] = \frac{41}{9} - 4 = \frac{5}{9}$, $V[Y] = \frac{5}{9}$ となる. $Cov[X,Y] = -\frac{1}{3}$ より相関係数は

$$\rho_{XY} = \frac{-1/3}{\sqrt{5/9}\sqrt{5/9}} = -\frac{3}{5}$$

となる.

* * * * * * * * * * **Q AND A** * * * * * * * * * *

どんなときに相関係数は 1 になるんですか?

X と Y に直線関係 (つまり $Y = aX + b$)[*8]があるときに相関係数 ρ_{XY} は 1 になる. 特に直線の傾き a においては,

$$a > 0 \implies 相関係数 \rho_{XY} = 1$$
$$a < 0 \implies 相関係数 \rho_{XY} = -1$$

[*8] $Y = aX + b$ となる関係のことを <u>線形関係</u> があるという.

ということが知られています.以下の確率分布を見てください.

X	0	1	2	計
確率	$\frac{1}{6}$	$\frac{2}{3}$	$\frac{1}{6}$	1

Y	0	2	4	計
確率	$\frac{1}{6}$	$\frac{2}{3}$	$\frac{1}{6}$	1

$X\backslash Y$	0	2	4	計
0	$\frac{1}{6}$	0	0	$\frac{1}{6}$
1	0	$\frac{2}{3}$	0	$\frac{2}{3}$
2	0	0	$\frac{1}{6}$	$\frac{1}{6}$
計	$\frac{1}{6}$	$\frac{2}{3}$	$\frac{1}{6}$	1

この場合, X と Y に $Y = 2X$ という関係があります. つまり $X = 1$ となる確率は $Y = 2$ となる確率と同じで, $X = 2$ となる確率は $Y = 4$ となる確率と同じということです. このとき, 相関係数を計算すると $\rho_{XY} = 1$ となります. また相関係数において, X と Y に関連性があったとしても, $Y = X^2$ のように直線的な関係でない場合の相関係数は, 一般的に 1 や −1 にはならないことに注意してください.

* * * * * * * * Q AND A 終わり * * * * * * * *

6.12　章末問題

1. X の確率分布が，以下の形で与えられている．

X	1	2	3	4	5	計
確率	p_1	p_2	p_3	p_2	p_1	1

① X の期待値 $E[X]$ を求めよ．
② $Y = (X - E[X])^2$ と置くとき，Y の確率分布を求めよ．
③ $E[Y] = V[X]$ となることを示すこと．

2. 的を $\dfrac{3}{4}$ の確率で弓を射抜くことができる選手がいるとする．3 回弓を放つとき，的を射抜くことができる回数を X とする．弓を放ったときのそれぞれの結果は互いに独立であるとするとき，以下の問に答えよ．
① X の確率分布を求めよ．
② X の期待値 $E[X]$ を求めよ．
③ X の分散 $V[X]$ を求めよ．

3. 10 本のくじの中に 4 本のあたりくじがある．a がくじを 1 本引き，残りのくじから b が 2 本同時に引くとする．ここで a, b があたりくじを引く本数をそれぞれ X, Y とする．
① X と Y の同時分布を求めよ．
② $E[X], E[Y], V[X], V[Y]$ を求めよ．
③ $E[XY]$ を求めよ．
④ 共分散 $Cov[X, Y]$ を求めよ．
⑤ 相関係数 ρ_{XY} を求めよ．

4. 期待値 0，分散 1 の確率変数 Z から，変換 $X = aZ + b$ によって，期待値 3，分散 25 の確率変数 X をつくりたい．定数 a, b の値を求めよ．ただし $a > 0$ とする．

5. X, Y は $E[X] = 2, E[Y] = -1, V[X] = 4, V[Y] = 3$ を満たす互いに独立な確率変数とする．このとき，$X - 2Y$ の期待値，分散，標準偏差を求めよ．

6. 4 択問題が 20 問ある試験があったが，元木君は勉強をまったくしていなかったため，解答をランダムに選ぶことにした．このとき，確率変数 X_i,

($i=1,2,...,20$) を i 問目に正解したら 1, 不正解であれば 0 となるように定め, $X_1,...,X_{20}$ は互いに独立であるとする. また 20 問の中で正解した数を X で表す.
① X_i の期待値 $E[X_i]$ と分散 $V[X_i]$ を求めよ.
② X を X_i, ($i=1,2,...,20$) を用いて表すこと.
③ X の期待値 $E[X]$, 分散 $V[X]$ を求めよ.

7. 以下の X と Y の同時分布を考える.

$X \backslash Y$	0	1	2	計
0	$\frac{1}{10}$	$\frac{1}{10}$	ア	$\frac{2}{10}$
1	$\frac{1}{10}$	イ	$\frac{1}{10}$	カ
2	ウ	$\frac{1}{10}$	$\frac{2}{10}$	オ
計	$\frac{2}{10}$	$\frac{5}{10}$	エ	1

① 上の表のア〜カに当てはまる数値を答えよ.
② $E[X]$ を求めよ.
③ $V[X]$ を求めよ.
④ X と Y は独立であるか? 答えとその理由を述べよ.
⑤ $E[XY]$ の値を求めよ.

第7章　重要な確率分布

7.1　反復試行の確率 (二項分布の予備知識)

硬貨を続けて投げる場合のように，同じ条件のもとで同じ試行を何回か繰り返し行うことを**反復試行**という．
例えば，1個のさいころを3回続けて投げる反復試行において，1の目がちょうど2回出る確率を求めることを考える．このとき，2回目と3回目に1の目が出て，1回目には1以外の目が出る確率は，各回の試行は互いに独立であるから

$$\frac{5}{6} \times \frac{1}{6} \times \frac{1}{6} = \left(\frac{1}{6}\right)^2 \left(\frac{5}{6}\right)^1 \tag{7.1}$$

となる．3回続けてさいころを投げるとき，ちょうど2回1の目が出る場合の数は，1の目が出ることを○，1の目が出ないことを×で表すと，3個の場所□□□に2個の○を置く場所を選ぶ方法の総数 $_3C_2$ に等しいことがわかる．

1回目	2回目	3回目	確率
○	○	×	$\left(\frac{1}{6}\right)^2\left(\frac{5}{6}\right)^1$
×	○	○	$\left(\frac{1}{6}\right)^2\left(\frac{5}{6}\right)^1$
○	×	○	$\left(\frac{1}{6}\right)^2\left(\frac{5}{6}\right)^1$

(7.1) の場合と同様の計算により，それぞれの事象の起こる確率は $\left(\frac{1}{6}\right)^2 \left(\frac{5}{6}\right)^1$ となり，この確率が $_3C_2$ 個あるので，求める確率は

$$_3C_2 \left(\frac{1}{6}\right)^2 \left(\frac{5}{6}\right)^1 = \frac{5}{72}$$

となる．

$\boxed{問 7.1}$　1個のさいころを4回続けて投げる反復試行において，5の目がちょうど2回出る確率を求めよ．

7.2 二項分布

Excel による計算 ⋯p.289, A.11 章

さいころを 3 回投げるとき，1 の目の出る回数 X の確率分布は 7.1 章の反復試行の確率から以下のようになる．

X	0	1	2	3	計
確率	${}_3C_0 \left(\frac{1}{6}\right)^0 \left(\frac{5}{6}\right)^3$	${}_3C_1 \left(\frac{1}{6}\right)^1 \left(\frac{5}{6}\right)^2$	${}_3C_2 \left(\frac{1}{6}\right)^2 \left(\frac{5}{6}\right)^1$	${}_3C_3 \left(\frac{1}{6}\right)^3 \left(\frac{5}{6}\right)^0$	1

次により一般的な X の確率分布を考える．1 回の試行で事象 A の起こる確率を p とする．ここで，この試行を n 回繰り返すとき，事象 A の起こる回数 X の確率分布は以下のようになる．ただし $q = 1-p$ とする．

X	0	1	$\cdots$	r	$\cdots$	n	計
確率	${}_nC_0 p^0 q^n$	${}_nC_1 p q^{n-1}$	$\cdots$	${}_nC_r p^r q^{n-r}$	$\cdots$	${}_nC_n p^n q^0$	1

この確率分布は**二項分布**とよばれ，$B(n,p)$ という記号で略記される．またこれまでの結果をまとめると，以下のようになる．

二項分布

確率変数 X が，$0, 1, ..., n$ の値をとる確率が

$$P(X=r) = {}_nC_r p^r (1-p)^{n-r} \quad (r=0,1,...,n) \tag{7.2}$$

という規則で計算できるとき，X は二項分布 $B(n,p)$ に従うという．これは $X \sim B(n,p)$ と略記する．

すなわち，ある事柄が起こる確率が p の実験を n 回繰り返したとき，その事柄がおこる回数 X が二項分布に従うということである．

7.2. 二項分布

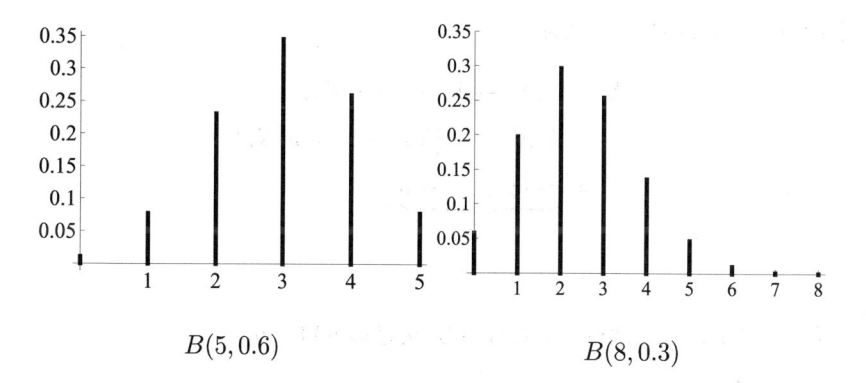

$B(5, 0.6)$

$B(8, 0.3)$

また二項分布の期待値, 分散においては以下の結果が知られている.

$B(n, p)$ の期待値, 分散

$X \sim B(n, p)$ のとき,
- X の期待値は $E[X] = np$,
- X の分散は $V[X] = np(1-p)$.

証明 ごく素直に期待値と分散の定義に従って, 計算する方法もあるが, こ こでは二項分布の特徴を生かした形で証明を与える. 1 回の試行で事象 A の起こる確率が p である試行を n 回行うとき, 確率変数 $X_1, X_2, ..., X_n$ を第 i 回目の試行において A が起これば $X_i = 1$, 起こらなければ $X_i = 0$ と定める.

このとき n 回の反復試行で A の起こる回数 X は

$$X = X_1 + X_2 + \cdots + X_n \tag{7.3}$$

と表され, これは二項分布 $B(n, p)$ に従う確率変数であることがわかる. こ こで X_i, $(i = 1, ..., n)$ それぞれの確率分布は

X_i	1	0	計
確率	p	$1-p$	1

となるので, その期待値, 分散は

$$E[X_i] = 1 \cdot p + 0 \cdot (1-p) = p,$$
$$E[X_i^2] = 1^2 \cdot p + 0^2 \cdot (1-p) = p,$$
$$V[X_i] = E[X_i^2] - E[X_i]^2 = p - p^2 = p(1-p)$$

となる．よって期待値の性質より

$$\begin{aligned} E[X] &= E[X_1 + X_2 + \cdots + X_n] \\ &= E[X_1] + E[X_2] + \cdots + E[X_n] \\ &= \underbrace{p + p + \cdots + p}_{n \text{ 個}} \\ &= np \end{aligned}$$

また $X_1, X_2, ..., X_n$ は独立であるから，分散の性質より

$$\begin{aligned} V[X] &= V[X_1 + X_2 + \cdots + X_n] \\ &= V[X_1] + V[X_2] + \cdots + V[X_n] \\ &= \underbrace{p(1-p) + p(1-p) + \cdots + p(1-p)}_{n \text{ 個}} \quad (7.4) \\ &= np(1-p) \qquad \square \end{aligned}$$

【例 7.1】 さいころを 10 回投げたとき，6 の目が出るのは平均何回になるのか？

解 6 の目が出る回数を X とすると，X は二項分布 $B(10, 1/6)$ に従う．これより $E[X] = 10 \cdot \dfrac{1}{6} \fallingdotseq 1.7$．よって 1.7 回．

問 7.2　2005 年日本では，5 人に 1 人が花粉症であるといわれている．いま，6 人を意識することなく選んだとき，花粉症である人の数を X とする．
① X の期待値，分散を求めよ．
② 2 人が花粉症である確率を求めよ．
③ 花粉症である人が 2 人以下である確率を求めよ．

7.3 連続型確率変数と確率密度関数

これまでは確率変数がサイコロの出た目 1, 2,...,6 のようにとびとびの値をとるものを学んだ．一方で，ある地点での気温などは，26 度のときもあれば，26.1 度のときもあり，さらに 26.11 度のときもある．すなわち 26 度と

7.3. 連続型確率変数と確率密度関数

27 度の間にも切れ目なく数字がある. これを**連続的である**という. このように連続的な値をとる確率変数のことを**連続型確率変数**という.

一方で, さいころの出た目 1, 2,...,6 のように X がとびとびの値をとるものを**離散型確率変数**という.

確率変数 $\begin{cases} 連続的確率変数 \cdots & 気温, 身長, 測定誤差 \\ 離散的確率変数 \cdots & さいころを振って出た目 \end{cases}$

【例 7.2】 △△ 駅から ○○ 病院まで歩いたときにかかる時間 (秒) を X とする. このとき, X は連続型確率変数となる.

例 7.2 において, $P(900 \leq X < 960)$(900 秒以上 960 秒未満でこの病院に着く確率) を求めたいとしよう. ただし X は連続型で, 900 と 960 の間にも無数にとる値があるので, 離散型確率分布で表すのは難しい. このような確率変数には, 以下の**確率密度関数**とよばれるものを考える.

確率密度関数

確率変数 X のとることのできる範囲は a から b までとする. このとき, $a < x < b$ において $f(x) > 0$, そして $P(c \leq X \leq d)$ が下図のような面積となるように関数 $y = f(x)$ を定める.

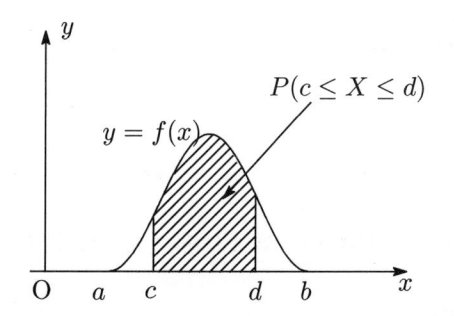

この $f(x)$ を**確率密度関数** (probability density function) とよぶ.

ここでは**面積 = 確率**のイメージが重要なので, 是非理解してほしい. また確率密度関数は英語名を略して **p.d.f.** もしくは **pdf** と書くこともある.

【例 7.3】 確率変数 X のとる値は $0 \leq X \leq 2$ とし,その確率密度関数を

$$f(x) = \begin{cases} \frac{1}{2} & (0 \leq x \leq 2) \\ 0 & (x < 0, \text{または} x > 2) \end{cases}$$

とする.このとき
$P\left(1 \leq X \leq \frac{3}{2}\right) = \frac{1}{2} \times \frac{1}{2} = \frac{1}{4}$.

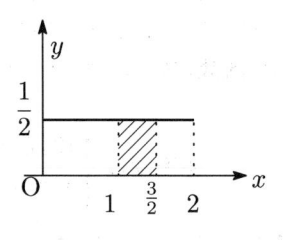

7.3.1 確率密度関数の性質

確率密度関数については,以下の性質が成り立つ.
(1) $f(x)$ に囲まれた全ての面積は 1 である.
(2) 連続型確率変数が 1 点をとる確率は 0 である.

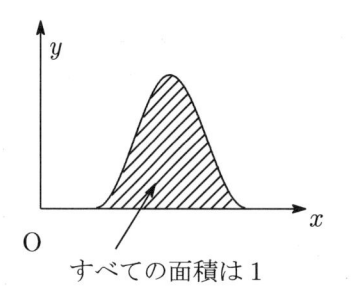

図 7-1 (1) のイメージ

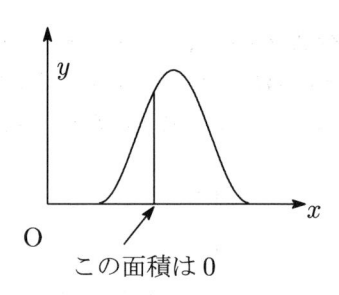

図 7-2 (2) のイメージ

問 7.3　確率密度関数を $f(x) = 2x \ (0 \leq x \leq 1)$ とする.このとき,$P\left(0 \leq X \leq \frac{1}{2}\right)$ を求めよ.

7.4 確率密度関数はどのようにしてできたのか

ここでは確率密度関数がどのようにしてできたのかを簡単な例を使って説明する．ただしこの章は興味がない場合は飛ばしてもかまわない．330mℓ と表示された缶飲料 40 本の内容量を計ったところ，以下の度数分布表を得られたとする．

階 級 (mℓ)	階級値	度数	相対度数
323〜325	324	2	0.050
325〜327	326	5	0.125
327〜329	328	9	0.225
329〜331	330	11	0.275
331〜333	332	8	0.200
333〜335	334	4	0.100
335〜337	336	1	0.025
計		40	1.00

この度数分布表をその階級の相対度数が，長方形の面積と等しくなるようにヒストグラムを書く (右図)．ここでこの 40 本の缶から 1 本を選ぶとき，その内容量を X とする．そうすると X がある範囲の値をとる確率は，その範囲の相対度数と考えることができる．例えば $327 \leq X \leq 333$ となる確率は右上の図の斜線部分の面積に相当する．ここで

- 測定する缶の個数を増やす
- 階級の幅を狭くする

という操作を加える．そうするとヒストグラムの形は次第に 1 つの曲線 $y = f(x)$ に近くなっていくと考えられる (右図)．これより連続型確率変数 X の確率分布は，$327 \leq X \leq 333$ となる確率が，
右の図の斜線部分の面積に等しくなるような曲線 $y = f(x)$ で表される．この曲線が X の**確率密度関数**となる．

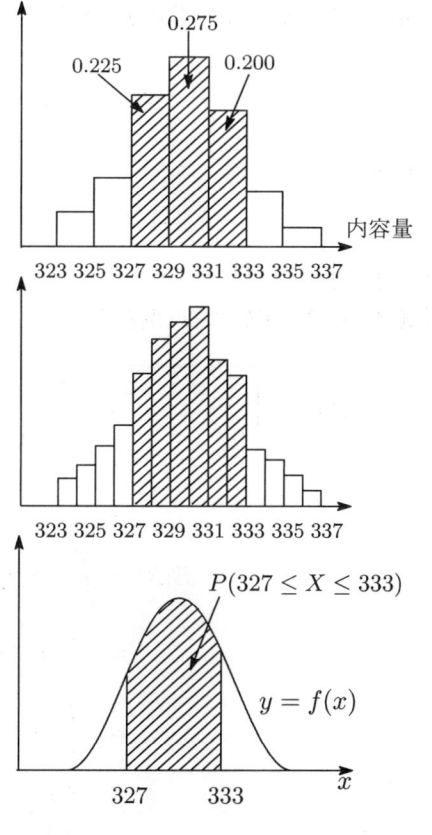

7.4.1 連続型確率変数の期待値と分散 (積分知っている人用)

〚注意〛 定積分を知らない人はこの章は飛ばして, 7.4.2 章を見てほしい.

連続型確率変数 X は 1 点 c をとる確率 $P(X=c)$ は 0 であるので, 離散型のような期待値を定義できない. その代わりに以下のように X の期待値 $E[X]$ を定義する.

$$E[X] = \int_a^b x f(x) dx,$$

ここで $f(x) \geq 0$ $(a \leq x \leq b)$ は X の確率密度関数とする. x に $f(x)$ をかけて, それを積分するという考え方は, 離散型確率変数に対する期待値の定義に似ている. また関数 $g(X)$ の期待値は

$$E[g(X)] = \int_a^b g(x) f(x) dx, \tag{7.5}$$

分散は

$$V[X] = \int_a^b (x - E[X])^2 f(x) dx. \tag{7.6}$$

と定義する.

【例 7.4】 X の確率密度関数を

$$f(x) = \begin{cases} -\dfrac{3}{4} x(x-2) & (0 \leq x \leq 2) \\ 0 & (x < 0, \text{もしくは } x > 2) \end{cases}$$

とする. このとき

$$\begin{aligned} E[X] &= \int_0^2 x f(x) dx \\ &= -\frac{3}{4} \int_0^2 (x^3 - 2x^2) dx \\ &= -\frac{3}{4} \left[\frac{1}{4} x^4 - \frac{2}{3} x^3 \right]_0^2 \\ &= -\frac{3}{4} \left(4 - \frac{16}{3} \right) = 1 \end{aligned}$$

7.4. 確率密度関数はどのようにしてできたのか

となる．また分散は

$$V[X] = \int_0^2 (x - E[X])^2 f(x)dx$$
$$= \int_0^2 (x-1)^2 \left(-\frac{3}{4}\right) x(x-2)dx$$
$$= -\frac{3}{4}\int_0^2 (x^4 - 4x^3 + 5x^2 - 2x)dx$$
$$= -\frac{3}{4}\left[\frac{1}{5}x^5 - x^4 + \frac{5}{3}x^3 - x^2\right]_0^2$$
$$= -\frac{3}{4}\left(\frac{32}{5} - 16 + \frac{40}{3} - 4\right) = \frac{1}{5}$$

となる．

期待値と分散のまとめ

$$E[X] = \begin{cases} \sum_{i=1}^k x_i p_i & \text{確率変数 } X \text{ が離散型} \\ \int_a^b x f(x)dx & \text{確率変数 } X \text{ が連続型} \end{cases}$$

$$V[X] = \begin{cases} \sum_{i=1}^k (x_i - E[X])^2 p_i & \text{確率変数 } X \text{ が離散型} \\ \int_a^b (x - E[X])^2 f(x)dx & \text{確率変数 } X \text{ が連続型} \end{cases}$$

問 7.4 (積分がわからない方は飛ばしてほしい)

(1) X の確率密度関数を $f(x) = \dfrac{1}{2}$ $(0 \leq x \leq 2)$ とするとき, $E[X]$ と $V[X]$ を求めよ．

(2) 確率変数 X の確率密度関数を $f(x) = ax$ $(0 \leq x \leq 1)$ とする．
① 定数 a の値を求めよ．
② $E[X]$ と $V[X]$ を求めよ．

(3) 確率変数 X の確率密度関数を $f(x) = a(2 - |x|)$ $(-2 \leq x \leq 2)$ とする．
① a の値を求めよ．
② $E[X]$ と $V[X]$ を求めよ．

7.4.2 連続型確率変数の期待値と分散 (積分を知らない人用)

積分を知らない方は，連続型確率変数 X の期待値 $E[X]$, 分散 $V[X]$ を次のように考えるとよい．

例えば，右のグラフの確率密度関数 $f(x) = \frac{3}{4}x(2-x), (0 < x < 2)$ を持つ確率変数 X の期待値について考えてみよう．まず最初にこの密度関数を x 軸の 0 から 2 までを 4 等分し，そこを底辺とする長方形で近似する．次にその長方形の底辺の中心に目盛り $\frac{1}{4}, \frac{3}{4}, \frac{5}{4}, \frac{7}{4}$ を入れる．そして確率変数 X がその目盛り上の値をとる確率は，その長方形の面積となるとみなす．

例えば X が $\frac{3}{4}$ となる確率であれば，長方形の高さが

$$f\left(\frac{3}{4}\right) = \frac{3}{4} \cdot \frac{3}{4}\left(2 - \frac{3}{4}\right) = \frac{45}{64}$$

となり，底辺の長さは $\frac{1}{2}$ より，その長方形の面積は $\frac{45}{128}$ となる．すなわち $P\left(X = \frac{3}{4}\right) = \frac{45}{128}$ とみなすということである．同様にして $P\left(X = \frac{1}{4}\right), P\left(X = \frac{5}{4}\right), P\left(X = \frac{7}{4}\right)$ を求めると

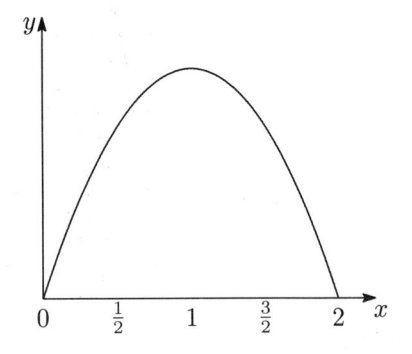

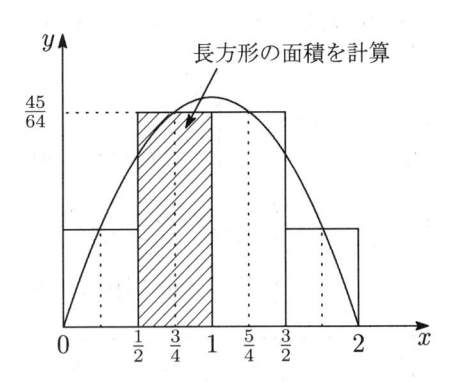

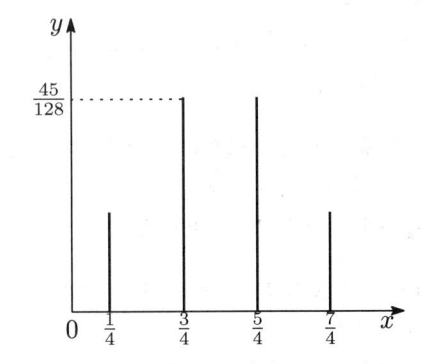

以下のような離散型の確率分布表ができる.

X	1/4	3/4	5/4	7/4	計
確率	$\dfrac{21}{128}$	$\dfrac{45}{128}$	$\dfrac{45}{128}$	$\dfrac{21}{128}$	?

この分布の期待値は

$$E[X] = \frac{1}{4}\cdot\frac{21}{128} + \frac{3}{4}\cdot\frac{45}{128} + \frac{5}{4}\cdot\frac{45}{128} + \frac{7}{4}\cdot\frac{21}{128} = 1$$

となり, 分散は

$$V[X] = \left(-\frac{3}{4}\right)^2\frac{21}{128} + \left(-\frac{1}{4}\right)^2\frac{45}{128} + \left(\frac{1}{4}\right)^2\frac{45}{128} + \left(\frac{1}{4}\right)^2\frac{21}{128} = \frac{234}{1024}$$

となる. この $E[X]$, $V[X]$ を連続形確率変数 X の期待値, 分散と考えてもらえればよい. これより連続型確率変数においても, 期待値 $E[X]$ は確率分布の中心, 分散 $V[X]$ は確率分布の散らばり具合を表す指標であることがわかる. ただし確率密度関数を長方形で近似したときに誤差がでてくるので, 上の離散確率分布表のように, 確率を全て足しあわせても 1 にならないことがある. これは連続型確率変数の厳密な定義ではなく, あくまでもイメージなので注意していただきたい. ただしイメージがわかっていれば, 入門レベルの本書では大丈夫である.

7.5 同時確率密度関数と独立性

離散型と同様に, 連続型確率変数 X, Y に対する同時分布も考えることができる. 任意の a, b, c, d に対して, 確率 $P(a \leq X \leq b, c \leq Y \leq d)$ が図 7-4 の $a \leq x \leq b, c \leq y \leq d$ である領域 D と曲面で囲まれた立体の**体積**として求められるとき, 曲面 $f_{XY}(x,y)$ を X と Y の**同時確率密度関数**という.

同様にして, $X_1, ..., X_n$ に対しても同時確率密度関数 $f_{X_1,...,X_n}(x_1, x_2, ..., x_n)$ を考えることができる. ただし確率変数が 3 個以上ある場合は, 図で表すことはできないので, 数式による表現だけとなる.

ここで $f_X(x)$, $f_Y(y)$ を X, Y それぞれの確率密度関数とする. このとき, 離散型と同様に,

$$f_{XY}(x,y) = f_X(x) f_Y(y) \tag{7.7}$$

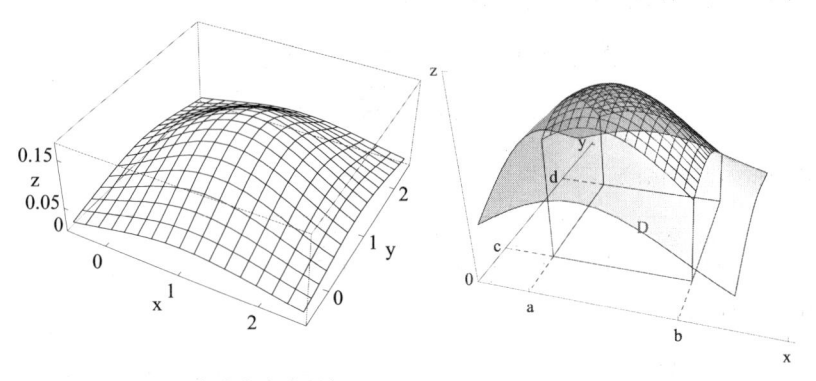

図 7-3 同時確率密度関数

図 7-4 体積 = 確率

のとき, X と Y は**独立**であるという. 連続型確率変数の独立も離散型と同じイメージである. 例えば, LED 電球を作っている工場から 2 つの電球を取り出し, 電球が切れるまでの時間をそれぞれ X, Y とすると, 感覚的には独立であることがわかる. 統計学では, 確率変数 X, Y が独立であることを仮定してしまって, 式 (7.7) を計算に利用することがしばしばある.

さらに一般化させて, $f_{X_i}(x_i)$ を X_i $(i = 1, ..., n)$ の確率密度関数とする. ここで

$$f_{X_1,...,X_n}(x_1, x_2, ..., x_n) = f_{X_1}(x_1)f_{X_2}(x_2) \cdots f_{X_n}(x_n) \qquad (7.8)$$

のとき, $X_1, ..., X_n$ は**互いに独立**であるという. ちなみに 9.3 章の最尤推定量の箇所を読まないのであれば, 独立のイメージだけでも十分である.

7.6 連続型確率変数の期待値と分散の性質

連続型確率変数 X の期待値, 分散についても離散型と同様の性質が成り立つ. ただし定積分がわからない方は結果だけを認めて, 証明は飛ばしてほしい.

7.7. 正規分布 (Normal Distribution)

定理 7.1

a,b は定数とし, X, Y は確率変数とする.
① $E[aX + b] = aE[X] + b$
② $V[aX + b] = a^2 V[X]$
③ $V[X] = E[X^2] - E[X]^2$
④ $E[X + Y] = E[X] + E[Y]$
⑤ X と Y は互いに独立な確率変数とする. このとき

$$E[XY] = E[X]E[Y],$$
$$V[X + Y] = V[X] + V[Y]$$

が成り立つ.
⑥ (④の一般化) $X_1, X_2, ..., X_n$ に対して

$$E[X_1 + X_2 + \cdots + X_n] = E[X_1] + E[X_2] + \cdots + E[X_n]$$

⑦ (⑤の一般化) $X_1, X_2, ..., X_n$ が互いに独立なとき

$$V[X_1 + X_2 + \cdots + X_n] = V[X_1] + V[X_2] + \cdots + V[X_n]$$

証明 X の確率密度関数を $f(x) > 0, (c_1 < x < c_2)$ とする.
①の証明.

$$\begin{aligned}
E[aX + b] &= \int_{c_1}^{c_2} (ax + b) f(x) dx \\
&= a \underbrace{\int_{c_1}^{c_2} x f(x) dx}_{E[X]} + b \underbrace{\int_{c_1}^{c_2} f(x) dx}_{1} \\
&= aE[X] + b. \qquad \square
\end{aligned}$$

②〜⑦の証明については省略する. 詳しくは鈴木, 山田 [8] 参照のこと.

7.7 正規分布 (Normal Distribution)

この章は, 確率密度関数として最も重要なものである正規分布について説明する. 確率変数 X が次の確率密度関数 $f(x)$ を持つとき, X は期待値 m,

分散 σ^2 の正規分布 $N(m,\sigma^2)$ に従うといい, $X \sim N(m,\sigma^2)$ と書く.

$$f(x) = \frac{1}{\sqrt{2\pi}\sigma}e^{-\frac{1}{2\sigma^2}(x-m)^2} \tag{7.9}$$

ここで π は円周率で $\pi = 3.1416\cdots$, e は自然対数の底とよばれる定数で $e = 2.71828\cdots$ となる[*1]. また m, σ には具体的な数字が入ることに注意してほしい.

例えば $N(1, 2^2)$ であれば (7.9) は $f(x) = \dfrac{1}{2\sqrt{2\pi}}e^{-\frac{1}{8}(x-1)^2}$ となる.

正規分布の m, σ にある数を代入したものが, 以下のグラフである.

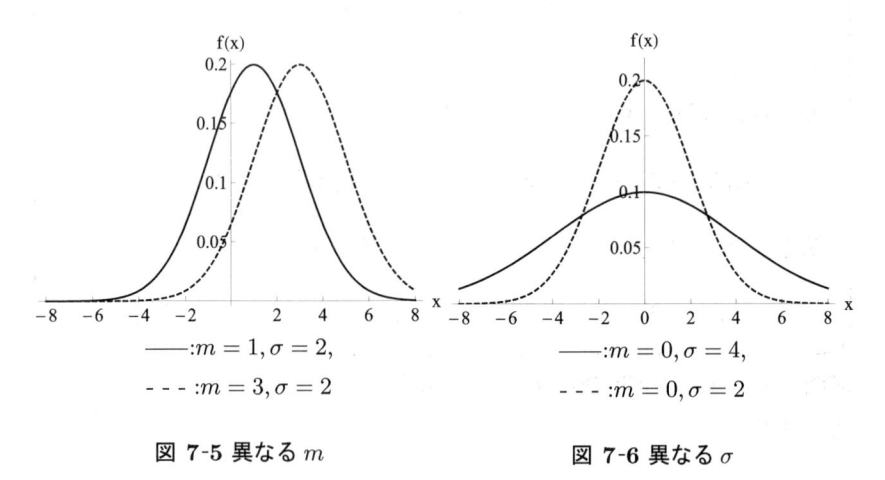

図 7-5 異なる m 　　　　図 7-6 異なる σ

正規分布は身長, 体重の分布であったり, 株が 1 ヶ月後に何パーセント変化するかなどを表すために, 様々な分野で用いられている. さて正規分布に関しては以下の性質が知られている.

[*1] 12 章参照.

7.7. 正規分布 (Normal Distribution)

定理 7.2 (正規分布の性質)

① 期待値 m を中心にした**左右対称**な形の分布である (図 7-5 参照).

② σ が大きくなると, 分布の散らばりが大きくなる (図 7-6 参照).

③ 期待値 $E[X] = m$, 分散 $V[X] = \sigma^2$.

④ a, b は定数とする. X が正規分布 $N(m, \sigma^2)$ に従うとき, $Y = aX + b$ は正規分布 $N(am + b, a^2\sigma^2)$ に従う.

⑤ $X_1 \sim N(m_1, \sigma_1^2)$, $X_2 \sim N(m_2, \sigma_2^2)$ とする. X_1 と X_2 が独立のとき, $Y = X_1 + X_2$ は正規分布 $N(m_1 + m_2, \sigma_1^2 + \sigma_2^2)$ に従う.

⑥ (④, ⑤を一般化させたもの) $a_1, ..., a_n$ は定数とする. 確率変数 $X_1, ..., X_n$ は互いに独立で, $X_1 \sim N(m_1, \sigma_1^2)$, $X_2 \sim N(m_2, \sigma_2^2)$, $\cdots$, $X_n \sim N(m_n, \sigma_n^2)$ とする.
$Y = a_1X_1 + a_2X_2 + \cdots + a_nX_n$ とおくと, Y は正規分布

$$N\left(a_1m_1 + a_2m_2 + \cdots + a_nm_n, a_1^2\sigma_1^2 + a_2^2\sigma_2^2 + \cdots + a_n^2\sigma_n^2\right)$$

に従う. $\sum$ 記号を用いると $N\left(\sum_{i=1}^{n} a_i m_i, \sum_{i=1}^{n} a_i^2 \sigma_i^2\right)$ と書ける.

説明 ③の証明は積分の計算が必要なので, ここでは省略する[*2].
次に④について説明する. $X \sim N(m, \sigma^2)$ ならば $E[X] = m$, $V[X] = \sigma^2$ に注意してほしい. ここで $Y = aX + b$ とおくと, 定理 7.1 の ①, ②から

$$E[Y] = E[aX + b] = aE[X] + b = am + b,$$
$$V[Y] = V[aX + b] = a^2V[X] = a^2\sigma^2$$

がわかる. ただし Y も正規分布に従うことを示さなければならないが, これも追加的な数学のテクニックが必要なので, ここでは省略する[*3].
⑤の証明. X_1 と X_2 は独立より, 定理 7.1 の ④, ⑤から

$$E[Y] = E[X_1 + X_2] = E[X_1] + E[X_2] = m_1 + m_2,$$
$$V[Y] = V[X_1 + X_2] = V[X_1] + V[X_2] = \sigma_1^2 + \sigma_2^2.$$

[*2]興味のある読者は鈴木, 山田 [8] p.105 参照.
[*3]興味のある読者は鈴木, 山田 [8] p.103 参照.

よって⑤がいえる. これも Y が正規分布に従うことも示す必要があるので, 厳密な証明ではない. また⑥の証明については省略する.

【例7.5】 X_1, X_2 は独立な確率変数で, $X_1 \sim N(3,1), X_2 \sim N(-2,2)$ とする[*4]. このとき, $Y = 2X_1 - X_2$ に対して,

$$E[Y] = E[2X_1 - X_2] = 2E[X_1] - E[X_2] = 2 \cdot 3 - (-2) = 8$$
$$V[Y] = V[2X_1 - X_2] = 2^2 V[X_1] + (-1)^2 V[X_2] = 4 + 2 = 6$$

となる. これより $Y \sim N(8, 6)$ となる.

〚注意〛 この例からもわかるが, もし確率変数 Y が正規分布に従うことがわかっているときは, Y の期待値と分散がわかれば具体的な分布の形が定まる.

問7.5 $X \sim N(5, 2^2)$ とする. $Z = \dfrac{X-5}{2}, Y = -2X + 1$ とおくとき, Z と Y の従う確率分布を求めよ.

7.8 正規分布における確率の求め方

7.8.1 標準正規分布

$X \sim N(m, \sigma^2)$ のとき, $Z = \dfrac{X-m}{\sigma}$ とおくと, $E[Z] = 0, V[Z] = 1$ となるので, 定理7.2④より $Z \sim N(0, 1^2)$ がわかる. このとき, Z の確率密度関数を $\phi(z)$ とすると,

$$\phi(z) = \frac{1}{\sqrt{2\pi}} e^{-\frac{z^2}{2}} \qquad (7.10)$$

となる. ここで正規分布 $N(0, 1^2)$ のことを**標準正規分布**という. 標準正規分布における確率を計算するときには, 手計算では無理なので標準正規分布表という表を用いて計算する. 例えば $Z \sim N(0, 1^2)$ で $P(0 \leq Z < 1.23)$ を求めたいとしよう.

[*4]記号 $\sim$ は 7.7 章参照.

7.8. 正規分布における確率の求め方

このとき，巻末の付録 B の標準正規分布表において縦軸では 1.2 のある行を選択し，横軸では 0.03 のある列を選択し，その行と列が重なる部分が求める確率となる．すなわち $P(0 \leq Z < 1.23) = 0.3907$ となる．

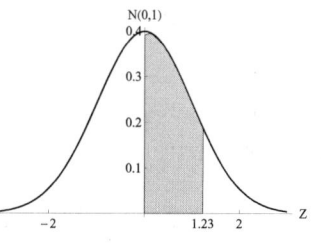

z	0.00	0.01	0.02	0.03	0.04	0.05
0.0	0.0000	0.0040	0.0080	0.0120	0.0160	0.0199
0.1	0.0398	0.0438	0.0478	0.0517	0.0557	0.0596
0.2	0.0793	0.0832	0.0871	0.0910	0.0948	0.0987
0.3	0.1179	0.1217	0.1255	0.1293	0.1331	0.1368
0.4	0.1554	0.1591	0.1628	0.1664	0.1700	0.1736
0.5	0.1915	0.1950	0.1985	0.2019	0.2054	0.2088
0.6	0.2258	0.2291	0.2324	0.2357	0.2389	0.2422
0.7	0.2580	0.2612	0.2642	0.2673	0.2704	0.2734
0.8	0.2881	0.2910	0.2939	0.2967	0.2996	0.3023
0.9	0.3159	0.3186	0.3212	0.3238	0.3264	0.3289
1.0	0.3413	0.3438	0.3461	0.3485	0.3508	0.3531
1.1	0.3643	0.3665	0.3686	0.3708	0.3729	0.3749
1.2	0.3849	0.3869	0.3888	0.3907	0.3925	0.3944
1.3	0.4032	0.4049	0.4066	0.4082	0.4099	0.4115
1.4	0.4192	0.4207	0.4222	0.4236	0.4251	0.4265
1.5	0.4332	0.4345	0.4357	0.4370	0.4382	0.4394

【例 7.6】 $P(-1 \leq Z < 1.23)$ を求めよ．

解 正規分布の確率密度関数は左右対称なので $P(-1 \leq Z < 0) = P(0 \leq Z < 1)$ になることを利用すると

$$P(-1 \leq Z < 1.23) = P(-1 \leq Z < 0) + P(0 \leq Z < 1.23)$$
$$= P(0 \leq Z < 1) + P(0 \leq Z < 1.23)$$
$$= 0.3413 + 0.3907$$
$$= 0.732.$$

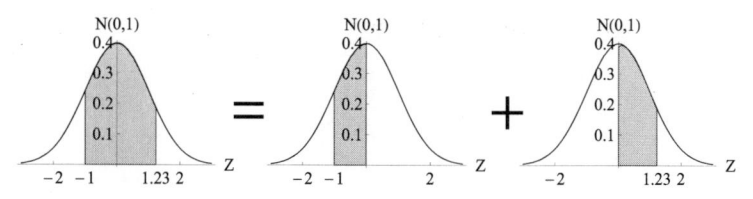

$P(-1 \leq Z < 1.23) = P(-1 \leq Z < 0) + P(0 \leq Z < 1.23)$ のイメージ

問 7.6　Z が $N(0, 1^2)$ に従うとき, 以下の確率を求めよ.
① $P(Z < 1.2)$
② $P(Z > 2.1)$
③ $P(-0.5 < Z < 1.12)$

問 7.7　Z が $N(0, 1^2)$ に従うとき, 以下の確率を求めよ.
① $P(Z < c) = 0.975$ を満たす定数 c を求めよ.
② $P(-c < Z < c) = 0.95$ を満たす定数 $c > 0$ を求めよ.

＊＊＊＊＊＊＊＊＊＊　Q AND A　＊＊＊＊＊＊＊＊＊＊

標準正規分布における確率の求め方はわかりましたが, 例えば X が $N(1, 4)$ に従うときに $P(X < 1.23)$ となるような確率はどうやって求めればいいのですか?

この場合は, 以下の標準化とよばれる以下の手法を用います.

＊＊＊＊＊＊＊＊＊　Q AND A 終わり　＊＊＊＊＊＊＊＊

─ 正規分布における標準化 ─────────────

X が $N(\square, \triangle)$ に従うとき, $Z = \dfrac{X - \square}{\sqrt{\triangle}}$ とおくと, Z は標準正規分布 $N(0, 1^2)$ に従う.

【例 7.7】　$X \sim N(1, 4)$ のとき, $P(X < 1.23)$ と $P(-1 \leq X \leq 3.46)$ を標準化を用いて求める.

$$P(X < 1.23) = P\left(\frac{X-1}{2} < \frac{1.23-1}{2}\right) \quad Z = \frac{X-1}{2} \sim N(0, 1^2) \text{ より}$$

$$\doteqdot P(Z < 0.12)$$
$$= P(Z < 0) + P(0 \leq Z < 0.12)$$
$$= 0.5 + 0.0478 = 0.5478.$$

$$P(-1 \leq X \leq 3.46) = P\left(\frac{-1-1}{2} \leq \frac{X-1}{2} \leq \frac{3.46-1}{2}\right)$$
$$= P(-1 \leq Z \leq 1.23)$$
$$= 0.732$$

となる.

問 7.8 X が $N(2, 3^2)$ に従うとき, 以下の確率を求めよ.
① $P(X \geq 3)$
② $P(0 < X < 4)$
③ $P(X < -0.5)$

> ※コラム※
> 正規分布はガウス分布 (Gaussian distribution) とよぶことがある. これは正規分布の原型となる形が, ドイツの数学者 C. F. ガウス (1777-1855) により与えられたことによる. ガウスは数学者であると同時に天文学者でもあり, 天文学者ピアツァが見失った小惑星を, 過去のデータからその惑星の軌道を推定し, その惑星が再び出現する日と場所を的中させたという話がある. その他にも様々な業績を上げたガウスの肖像画は, 正規分布のグラフとその確率密度関数も含めて, ドイツの旧紙幣である 10 マルク紙幣に印刷されている. この 10 マルク紙幣は間瀬, 神保, 鎌倉, 金藤 [13] で見ることができる.

7.9 章末問題

1. $Z \sim N(0, 1^2)$ のとき, $P(-c < Z < c) = 0.99$ を満たす定数 $c > 0$ を求めよ.

2. (地方上級　栃木県 II 種)　A は通勤にバスを利用しているが, 通勤時間は平均 30 分, 標準偏差は 15 分である. 95%の確率で A が 8 時 30 分までに会社に到着するには, 約何時何分のバスに乗ればよいか. ただし確率分布は正規分布に従うとする.

3. (ファイナンスへの応用)
① $Z \sim N(0, 1^2)$ とする.このとき,$P(Z > a) = 0.99$ を満たす a を求めよ.
② $R \sim N(0.03, (0.1)^2)$ とする.このとき,$P(R > b) = 0.99$ を満たす b を求めよ.
③ 7月31日の時点で,A社の株価が1000円であるとし,8月31日の株価を確率変数 V で表し,その収益率を R とする[*5].7月31日から8月31日までの株価の変動の大きさを $\Delta V = V - 1000$ と置く.$R \sim N(0.03, (0.1)^2)$ とするとき,$P(\Delta V > c) = 0.99$ を満たす c を求めよ.

〚注意〛 実はこの c にマイナスを乗じた $-c$ は,株式におけるリスクを表す一つの指標であり,**バリューアットリスク** (Value at Risk) とよばれ,VaR と略記される.すなわち,VaR$= -c$.この場合,VaR が大きいほどリスクが高いと考える.ここでは簡単な例にとどめておくが,興味のある読者は三浦 [17] を参照してほしい.

4. K駅からH高校に行く途中には,通過しなければならない交通信号が5箇所あって,それらは独立に作動しているとする.またそれぞれの信号は,その場に到着したとき,信号が赤である確率は $\dfrac{2}{3}$ であるとする.H高校に着くまでに,3回信号で停止させられる確率を求めよ.

5. $X_1, X_2, ..., X_n$ は互いに独立に正規分布 $N(\mu, \sigma^2)$ に従うとする.このとき,標本平均 $\bar{X} = \dfrac{1}{n}\sum\limits_{i=1}^{n} X_i$ が従う確率分布を求めよ.

[*5]すなわち $R = \dfrac{V}{1000} - 1$ となるので,収益率は,株価が1000円から何パーセント増えたか,もしくは減ったかを表す.

第8章　無作為標本と標本分布

8.1　無作為標本と母集団

　統計的な調査には，学校の身体測定や国勢調査のように，対象とする集団の要素全てについてもれなく調べる**全数調査**と，視聴率や工場の製品抜き取り検査のように，集団の要素から一部分だけを抜き出して調べ，その結果から全体の状況を推測しようとする**標本調査**がある．標本調査では，本来調べたい対象全体の集まりを**母集団**，調査のために母集団から抜き出された要素の集合を**標本**(データ) といい，母集団から標本を抜き出すことを，標本の**抽出**という．

　またこのように一部分の標本から母集団全体の性質を推測することを**統計的推測**という．私たちがよく知っている例としては，選挙における政党支持率の調査がある．これは一部の人を調査をして，それに基づいて日本全体の支持率を推測している．このため少しではあるが，テレビ局によって政党支持率が変わっていることがわかる．

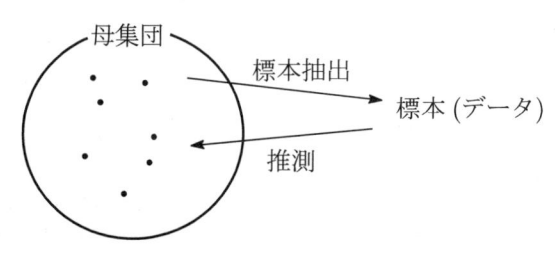

* * * * * * * * * * *　Q AND A　* * * * * * * * * * *

　無作為な標本とは何でしょうか?

　例えば東京都の C 党の支持率を調査するときに，C 党を支持している地域だけから調査して，公平なデータがとれるのでしょうか? 答えは NO です．すなわち東京都の C 党の支持率が知りたければ，東京都のなかから

まんべんなくデータをとる必要があります．このように調査したい対象全体から，意識することなくとったデータのことを**無作為な標本**といいます．
＊＊＊＊＊＊＊＊＊ Q AND A 終わり ＊＊＊＊＊＊＊＊＊

問 8.1 以下の調査は全数調査と標本調査どちらに相当するか．
(1) 中学校で行う身体検査での体重測定
(2) 新薬が効果があるかの測定
(3) ある会社の日本におけるブランド力のアンケート調査

8.2 無作為標本と確率変数との関係

ここでは無作為標本と確率変数との関係を例を用いて説明する．ある地域 A の中学生の体重は 3 人が 55kg，4 人が 60kg，2 人が 65kg，1 人が 70kg であるとする．この 10 人の中から無作為に 1 人取り出し，その人の体重を X とする．このとき，10 人のうち 3 人が 55kg より $P(X=55) = \dfrac{3}{10}$ と考えることができる．その他も同様にすると X は以下の確率分布を持つことがわかる．

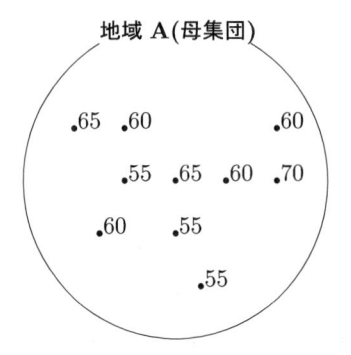

地域 A (母集団)

・65 ・60   ・60
 ・55 ・65 ・60 ・70
・60 ・55
    ・55

表 8-1 母集団分布

X	55	60	65	70	計
確率	$\dfrac{3}{10}$	$\dfrac{4}{10}$	$\dfrac{2}{10}$	$\dfrac{1}{10}$	1

↑
55kg の人は 10 人のうち 3 人いるということ

すなわち，確率変数 X は**母集団からの無作為標本**と考えることができる．また表 8-1 のように母集団を表す確率分布のことを**母集団分布**という．

次に母集団全体の平均値，分散と確率変数の期待値，分散の関係を見てみ

8.3. 大きさ n の無作為標本

よう．母集団にいる 10 人全員の平均値をとると

$$\frac{55+55+55+60+60+60+60+65+65+70}{10}$$
$$=\frac{55\cdot 3+60\cdot 4+65\cdot 2+70\cdot 1}{10}$$
$$=55\cdot\frac{3}{10}+60\cdot\frac{4}{10}+65\cdot\frac{2}{10}+70\cdot\frac{1}{10} \tag{8.1}$$
$$=60.5$$

となる．これは式 (8.1) の形より母集団全体の平均は，X の期待値 $E[X]$ と一致することがわかる．このため $E[X]$ を **母平均** ということがある．また母集団 10 人の分散は

$$\frac{1}{10}\Big\{(55-60.5)^2+(55-60.5)^2+(55-60.5)^2+(60-60.5)^2+(60-60.5)^2$$
$$+(60-60.5)^2+(60-60.5)^2+(65-60.5)^2+(65-60.5)^2+(70-60.5)^2\Big\}$$
$$=\frac{(55-60.5)^2\cdot 3+(60-60.5)^2\cdot 4+(65-60.5)^2\cdot 2+(70-60.5)^2\cdot 1}{10}$$
$$=(55-60.5)^2\cdot\frac{3}{10}+(60-60.5)^2\cdot\frac{4}{10}$$
$$\qquad +(65-60.5)^2\cdot\frac{2}{10}+(70-60.5)^2\cdot\frac{1}{10} \tag{8.2}$$
$$=22.25$$

となる．これも式 (8.2) より母集団全員の分散は X の分散 $V[X]$ と一致することがわかる．このため $V[X]$ を **母分散** といい，$\sigma=\sqrt{V[X]}$ を **母標準偏差** という．このことをまとめると以下のようになる．

- 確率変数 X は母集団からの無作為標本を表す．
- 確率変数 X の期待値 $E[X]$ は 母集団全体の平均 を表す．
- 確率変数 X の分散 $V[X]$ は 母集団全体の分散 を表す．
- 確率変数 X の標準偏差 σ は 母集団全体の標準偏差 を表す

8.3 大きさ n の無作為標本

母集団から n 個の無作為標本を取ることを，**大きさ n の無作為標本を抽出する**という．さてこのとき，標本の抽出の仕方には，大きく分けて 2 つの

方法がある．1つは取り出した標本を母集団に戻してから次のものを取り出す方法で，**復元抽出**とよばれている．一方で，取り出した標本を元に戻さないで次のものを取り出す方法もあり，これは**非復元抽出**とよばれている．このデータの取り方の違いを以下の例を通して考えてみよう．

【例 8.1】 壺の中にカード$\boxed{0}$, $\boxed{1}$がそれぞれ2枚入っており，大きさ2の無作為標本を行う．ここでX_1を1回目に引いたカードの数字とし，X_2を2回目に引いたカードの数字とする．ここで以下のそれぞれの場合について$P(X_1 = 1, X_2 = 1)$を求める．

復元抽出の場合 1回目に$\boxed{1}$を引く確率は$P(X_1 = 1) = \dfrac{2}{4}$. 1回目に引いた$\boxed{1}$は壺に戻すので，2回目に$\boxed{1}$を引く確率も$P(X_2 = 1) = \dfrac{2}{4}$. X_1とX_2は独立より$P(X_1 = 1, X_2 = 1) = \dfrac{1}{2} \times \dfrac{1}{2} = \dfrac{1}{4}$となる．

非復元抽出の場合 1回目に$\boxed{1}$を引く確率は$P(X_1 = 1) = \dfrac{2}{4}$. 1回目に$\boxed{1}$を引いた条件の下で2回目に$\boxed{1}$を引く条件付き確率は$P(X_2 = 1 | X_1 = 1) = \dfrac{1}{3}$. これより$P(X_1 = 1, X_2 = 1) = \dfrac{1}{2} \times \dfrac{1}{3} = \dfrac{1}{6}$.

$\boxed{問 8.2}$ 袋の中に$\boxed{1}$と書かれたカードが2枚，$\boxed{2}$と書かれたカードが5枚，$\boxed{3}$と書かれたカードが3枚入っている．ここでX_1を1回目に引いたカードの数字とし，X_2を2回目に引いたカードの数字とする．ここで以下のそれぞれの場合について$P(X_1 = 1, X_2 = 1)$を求めよ．
① 復元抽出
② 非復元抽出

さて<u>大きさnの無作為標本</u>を確率変数で表すことを考える．まず以下の母集団に対して，復元抽出による大きさnの無作為標本を抽出する．

8.3. 大きさ n の無作為標本

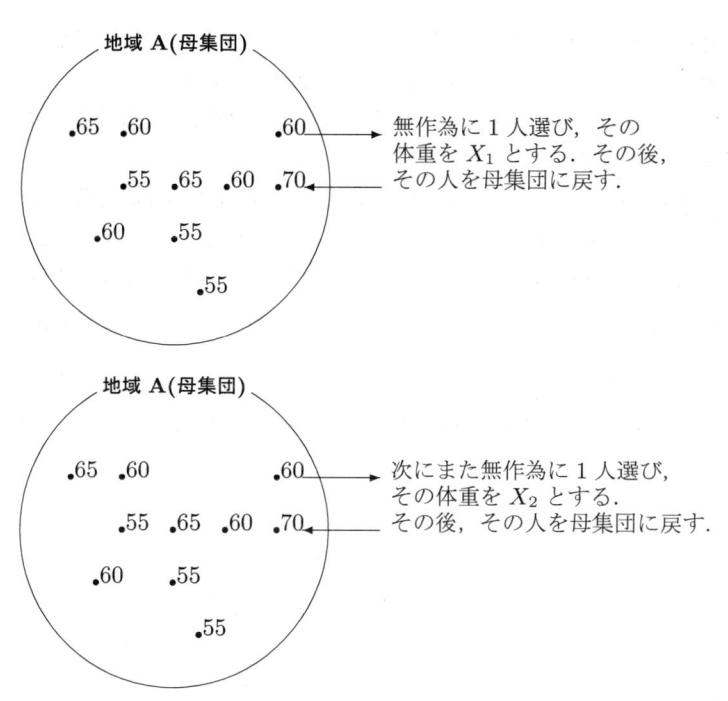

地域 A(母集団)
・65 ・60 ・60
・55 ・65 ・60 ・70
・60 ・55
・55

→ 無作為に 1 人選び，その体重を X_1 とする．その後，その人を母集団に戻す．

地域 A(母集団)
・65 ・60 ・60
・55 ・65 ・60 ・70
・60 ・55
・55

→ 次にまた無作為に 1 人選び，その体重を X_2 とする．その後，その人を母集団に戻す．

この操作を n 回繰り返し，その体重を確率変数で $X_1, X_2, ..., X_n$ と表すことにする．そうすると体重を測るたびにその人を母集団に戻しているので，1 回目に選んだ人の体重 X_1 と 2 回目に選んだ人の体重 X_2 は独立であることがわかる．同様にして考えると $X_1, X_2, ..., X_n$ は互いに独立であり，それぞれが表 8-1 の確率分布に従うと考えられる．このことをまとめると，以下のようになる．

大きさ n の無作為標本 $\iff$ 同一の確率分布に従いかつ，互いに独立な確率変数 $X_1, X_2, ..., X_n$.

例 8.1 のように母集団の要素の個数が有限個しかないものを**有限母集団**という．

一方で母集団の要素の個数が無限個あるものを**無限母集団**という．例えば，コインを n 回投げることを考える．この場合，コインを無限回投げることが概念上（想像上）は可能なので無限母集団となる．また工場で生産さ

れる製品の重さなども,想像上は無限回調べることが可能なので無限母集団と考えることができる.つまり標本を戻さずに抽出を続けていけばいつかは全体を調査できるのが有限母集団で,標本を戻さずに抽出しても母集団全体を調査できないのが無限母集団となる.

ここで 0 と 1 のカードがそれぞれ2枚入った壺から大きさ2の無作為標本を非復元抽出することを考える.X_1 を1回目に引いたカードの数字とし,X_2 を2回目に引いたカードの数字とする.このとき,1回目に 1 を引いた条件の下で,2回目に 1 を引く条件付き確率は $P(X_2 = 1 | X_1 = 1) = \dfrac{1}{3} \fallingdotseq 0.33$ となる.一方で,2回目に 1 を引く確率は $P(X_2 = 1) = \dfrac{1}{2} = 0.5$ となる(詳しい計算は問8.3にまわす).これより X_1 と X_2 は独立でないことがわかる.

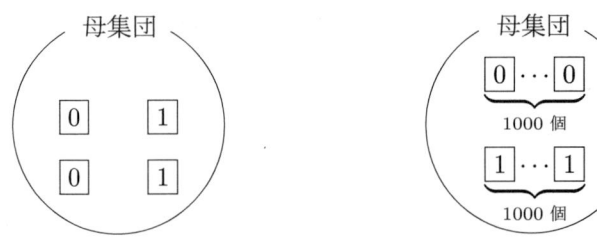

図 8-1 有限母集団

図 8-2 要素がたくさんある母集団

次に**無限母集団**の場合を考えてみる.といっても最初から要素が無限個あるとわかりにくいので,0 と 1 のカードがたくさんある場合を考える.具体的には,壺の中にカード 0, 1 がそれぞれ1000枚入っているとする.ここから大きさ2の無作為標本を抽出し,X_1 を1回目に引いたカードの数字とし,X_2 を2回目に引いたカードの数字とする.

1回目に 1 を引く確率は $P(X_1 = 1) = \dfrac{1000}{2000} = \dfrac{1}{2}$ となり,1回目に 1 を引いた条件の下で2回目に 1 を引く条件付き確率は $P(X_2 = 1 | X_1 = 1) =$

8.3. 大きさ n の無作為標本

$\dfrac{999}{1999} = 0.4997 \fallingdotseq P(X_2 = 1)$ となる．その他も同様にすると

$$P(X_2 = 0 | X_1 = 1) = \frac{1000}{1999} = 0.5002 \fallingdotseq P(X_2 = 0),$$

$$P(X_2 = 1 | X_1 = 0) = \frac{1000}{1999} = 0.5002 \fallingdotseq P(X_2 = 1),$$

$$P(X_2 = 0 | X_1 = 0) = \frac{999}{1999} = 0.4997 \fallingdotseq P(X_2 = 0)$$

となる．つまりこれは $\boxed{0}$ と $\boxed{1}$ のカードがものすごくたくさんあれば，"X_1 と X_2 は独立で同じ確率分布に従うとみなすことができる"ということである．

これより，無限母集団から非復元抽出された標本 $X_1, X_2, \ldots, X_n$ は互いに独立で，同一の確率分布に従うことがわかる[*1]．一般的には，有限母集団の要素の個数 N が標本の数 n よりとても大きなときには，これは無限母集団として扱うことが多い．例えば，関東地方においてテレビの視聴率の調査を行う場合，標本の大きさは $n = 600$ 程度となるが，関東に住んでいる世帯数 N はとても大きな値になる．このような場合，厳密には有限母集団であるが，無限母集団とみなしてよいということになる．

* * * * * * * * * Q AND A * * * * * * * * * *

有限母集団からの復元抽出だけわかっていればいいんじゃない？

イメージとしては，それがわかっていれば十分です．ただし無限母集団を用いると有限母集団では表すことができない確率分布も扱うことができるので，より理論的に便利なことが多いことに注意してください．特に正規分布など，確率密度関数を母集団分布に用いる場合は無限母集団を仮定しています．

* * * * * * * * Q AND A 終わり * * * * * * *

問 8.3　図 8-1 の母集団において $P(X_2 = 1) = \dfrac{1}{2}$ となることを条件付き確率を用いて確かめよ．

[*1] 詳しい説明としては刈屋，勝浦 [5]pp.224-228 を参照のこと．

問 8.4 以下の場合は有限母集団,無限母集団どちらにするのが適当か. 判定せよ.
① 大阪府民におけるタイガースファンの数を調べたいとき
② ある太陽光パネルの 1 時間当りの発電量を調べたいとき
③ 東京都の 8 月の気温を調べたいとき
④ ある高校の 2 年生の英語の試験の成績を調べたいとき

8.4 無作為標本の性質

さいころを 5 回振って出た目を記録したところ $1, 5, 2, 2, 3$ であったとする. これは

X_i	1	2	3	4	5	6	計
確率	$\frac{1}{6}$	$\frac{1}{6}$	$\frac{1}{6}$	$\frac{1}{6}$	$\frac{1}{6}$	$\frac{1}{6}$	1

に従う確率変数 X_1, X_2, X_3, X_4, X_5 が実験の結果,

$$X_1 = 1, X_2 = 5, X_3 = 2, X_4 = 2, X_5 = 3$$

という値をとったと考えられる. このとき $1, 5, 2, 2, 3$ のことを **実現値**(じつげんち) という. この言葉は重要であるので, 覚えておいてほしい.

ところで無作為標本には重要な性質がある. もし $1, 2, 3, 4, 5, 6$ の目が出る確率が全て $\frac{1}{6}$ であるさいころを何度も振ったとき, そのデータの $1, 2, 3, 4, 5, 6$ の目の相対度数はそれぞれ $\frac{1}{6}$ に近づくことが想定される.

これは正しいことで, さいころを振る回数を増やしていけばいくほど, それぞれの目が出る割合は $\frac{1}{6}$ に近づいていく.

試しに 20 回さいころを振ったときの実現値を相対度数ヒストグラム (図 8-3) で表してみる. この場合, まだ $1 \sim 6$ の目が出る割合はばらつきがある.

次にさいころを 500 回振ったときの出た目を相対度数ヒストグラムで表すと図 8-4 のようになる. グラフからわかるように, 全ての目が $\frac{1}{6} = 0.166\cdots$ に近い値をとることがわかる.

つまり, 母集団からたくさんデータを取って作ったヒストグラムは, 母集団分布と**同じ形になる**ことがいえる.

8.5. 標本分布

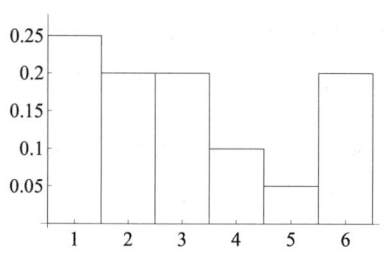

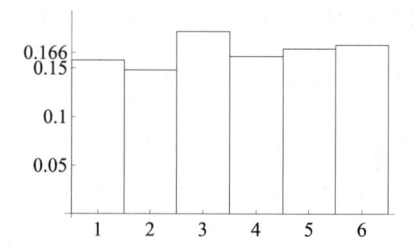

図 8-3 20 回振ったときの相対度数

図 8-4 500 回振ったときの相対度数

これより, もし母集団分布が正規分布 (これを**正規母集団**という) であり, そこから多くの標本が得られたとき, 7.4 章で説明した"棒の面積 = その階級の相対度数"となるような棒の高さを持つヒストグラムは正規分布に近い形になる. 例えば 50 人の学生が英語の試験を受けたとき, その点数を上記のヒストグラムで表すと以下のようになり, **だいたい** $N(60, 9^2)$ の確率密度関数で近似できたとする.

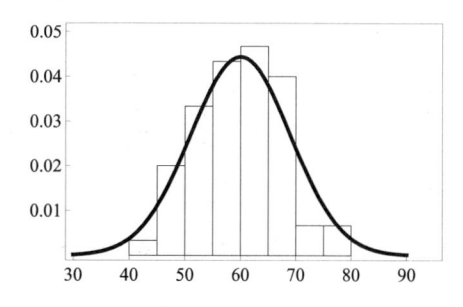

その場合, この 50 人の中から無作為に 1 人選んだときの点数 X は正規分布 $N(60, 9^2)$ に従うとみなすことができる.

8.5 標本分布

8.3 章では, 無作為標本は確率変数で表せることがわかった. このことから考えると, 例えば標本平均 $\bar{X} = \dfrac{X_1 + \cdots + X_n}{n}$ のように標本 $X_1, ..., X_n$ から作られるものも確率変数と考えられる. ここで $\bar{X}$ のように標本から作られた関数を**統計量**といい, その分布を統計量の**標本分布**という. 一つ例を示す.

【例 8.2】 サイコロを 2 回振り, X_1 を 1 回目に出た目, X_2 を 2 回目に出た目とするとき, $\bar{X} = \dfrac{X_1 + X_2}{2}$ の確率分布を求める. $\bar{X} = 2$ となる確率は $\dfrac{X_1 + X_2}{2} = 2$ より $X_1 + X_2 = 4$ となる確率を求めればよいことになる. ここで X_1 と X_2 の出た目と, その和は以下の表のようになる.

2回目 \ 1回目	1	2	3	4	5	6
1	2	3	4	5	6	7
2	3	4	5	6	7	8
3	4	5	6	7	8	9
4	5	6	7	8	9	10
5	6	7	8	9	10	11
6	7	8	9	10	11	12

これより $X_1 + X_2 = 4$ となるのは, 36 通りのうち $(X_1 = 1, X_2 = 3), (X_1 = 2, X_2 = 2), (X_1 = 3, X_2 = 1)$ の 3 通りあることから, $P(\bar{X} = 2) = \dfrac{3}{36} = \dfrac{1}{12}$ となる. 他も同様にして計算すると

$\bar{X}$	1	1.5	2	2.5	3	3.5	4	4.5	5	5.5	6
確率	$\dfrac{1}{36}$	$\dfrac{2}{36}$	$\dfrac{3}{36}$	$\dfrac{4}{36}$	$\dfrac{5}{36}$	$\dfrac{6}{36}$	$\dfrac{5}{36}$	$\dfrac{4}{36}$	$\dfrac{3}{36}$	$\dfrac{2}{36}$	$\dfrac{1}{36}$

となり, $\bar{X}$ が確率変数となることがわかる.

********** **Q AND A** **********

標本平均 $\bar{X}$ と期待値 m はどう違うのですか？

さいころを 1 回振ったときに出る目 X の確率分布は

X	1	2	3	4	5	6	計
確率	$\dfrac{1}{6}$	$\dfrac{1}{6}$	$\dfrac{1}{6}$	$\dfrac{1}{6}$	$\dfrac{1}{6}$	$\dfrac{1}{6}$	1

で, X の期待値は $E[X] = \dfrac{7}{2}$ となります. 一方でさいころを 2 回振ったときに出る目は, どの目が出るかわからないので, 確率変数を用いて X_1, X_2 で表されます. X の期待値 $m = E[X_1]$ は定数ですが, $\bar{X}$ は定数ではなく確率変数ですので, さいころを 2 回振るたびに異なる値をとります.

******** **Q AND A** 終わり *********

問 8.5 歪んでいないコインを 2 回振る．確率変数 X_1 を 1 回目に表が出たら 1, 裏が出たら 0 とし, X_2 を 2 回目に表が出たら 1, 裏が出たら 0 と定める．ここで表の出た回数は $X = X_1 + X_2$ と表すことができる．このとき, X の標本分布を求めよ．

8.6 中心極限定理

この章では, 標本平均と標本分散の確率分布が持つ特徴について説明する．

定理 8.1 (標本平均の期待値, 分散)

$X_1, X_2, ..., X_n$ は互いに独立な確率変数とし

$$E[X_1] = E[X_2] = \cdots = E[X_n] = m,$$
$$V[X_1] = V[X_2] = \cdots = V[X_n] = \sigma^2$$

とする．このとき, 標本平均 $\bar{X} = \dfrac{X_1 + \cdots + X_n}{n}$ に対して

$$E[\bar{X}] = m, \qquad V[\bar{X}] = \frac{\sigma^2}{n} \tag{8.3}$$

が成り立つ．

証明 定理 6.3⑥より

$$E[\bar{X}] = E\left[\frac{1}{n}(X_1 + \cdots + X_n)\right] = \frac{1}{n}E[X_1 + \cdots + X_n]$$
$$= \frac{1}{n}(E[X_1] + \cdots + E[X_n])$$
$$= \frac{1}{n}\underbrace{(m + \cdots + m)}_{n \text{ 個}} = \frac{1}{n}nm = m$$

定理 6.3③より

$$V[\bar{X}] = V\left[\frac{1}{n}(X_1 + \cdots + X_n)\right] = \frac{1}{n^2}V[X_1 + \cdots + X_n] \text{ 定理 6.3⑦より}$$

$$= \frac{1}{n^2}(V[X_1] + \cdots + V[X_n])$$

$$= \frac{1}{n^2}\underbrace{(\sigma^2 + \sigma^2 + \cdots + \sigma^2)}_{n \text{ 個}}$$

$$= \frac{1}{n^2}n\sigma^2 = \frac{\sigma^2}{n}$$

これより式 (8.3) は示された. □

定理 8.1 のイメージ 標本 $X_1, X_2, ..., X_n$ の数 n を大きくすると $\bar{X}$ の分散 $V[\bar{X}] = \frac{\sigma^2}{n}$ は 0 に近づくので，$\bar{X}$ の標本分布の散らばり具合が小さくなることを意味している．つまり標本がたくさんあるときには $\bar{X}$ の分布の中心 m は変わらないが，分布の散らばりは小さくなるので，$\bar{X}$ は m に近い値をとる確率分布になっていることを意味している．このように，n を大きくすると，ある統計量がある値 (ここでは期待値 m) に限りなく近い値をとる確率分布になることを**大数の法則**という．

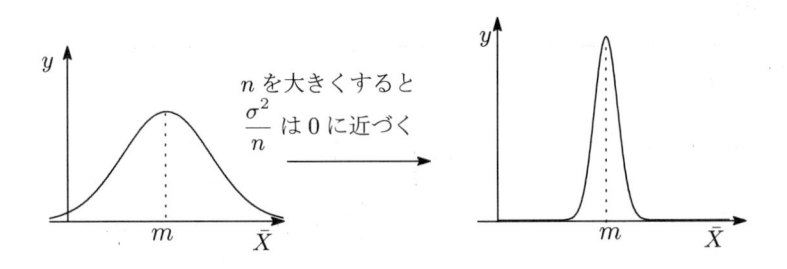

さらに標本平均 $\bar{X}$ については，以下の重要な定理が知られている．これは n が大きくなるにつれ，$\bar{X}$ が m に集中した確率分布になるだけではなく，その近づく確率分布の形も決まることを意味している．

8.6. 中心極限定理

定理 8.2 (中心極限定理)

$X_1, X_2, ..., X_n$ が互いに独立で同一の確率分布に従うとし、$m = E[X_i]$, $\sigma^2 = V[X_i]$, $(i = 1, ..., n)$ とする. ここで n が大きなとき, 標本平均

$$\bar{X} = \frac{X_1 + X_2 + \cdots + X_n}{n}$$

の確率分布は近似的に正規分布 $N\left(m, \frac{\sigma^2}{n}\right)$ になる.[*1] これを $\bar{X} \approx N\left(m, \frac{\sigma^2}{n}\right)$ と略記する.

$N\left(m, \frac{\sigma^2}{n}\right)$ のように, n を大きくしたときに, 近似的に従う確率分布のことを <ruby>漸近分布<rt>ぜんきんぶんぷ</rt></ruby> という. またこの証明は入門者にとっては結構複雑なので省略する. 興味のある方は鈴木, 山田 [8] を参照してほしい.

ここで中心極限定理のイメージを 1 つ紹介する. いま, サイコロを 1 回振ることを考える. このとき出た目 X の確率分布は

X	1	2	3	4	5	6	計
確率	$\frac{1}{6}$	$\frac{1}{6}$	$\frac{1}{6}$	$\frac{1}{6}$	$\frac{1}{6}$	$\frac{1}{6}$	1

となり, 期待値 $E[X] = \frac{7}{2}$, 分散 $\sigma^2 = \frac{35}{12}$ となる.

次にサイコロを 2 回振ることを考える. X_1 を 1 回目に出た目, X_2 を 2 回目に出た目とし, $\bar{X}^{(2)} = \frac{X_1 + X_2}{2}$ とする. このとき, $\bar{X}^{(2)}$ の確率分布は, 8.5 章で説明した内容から

$\bar{X}^{(2)}$	1	1.5	2	2.5	3	3.5	4	4.5	5	5.5	6
確率	$\frac{1}{36}$	$\frac{2}{36}$	$\frac{3}{36}$	$\frac{4}{36}$	$\frac{5}{36}$	$\frac{6}{36}$	$\frac{5}{36}$	$\frac{4}{36}$	$\frac{3}{36}$	$\frac{2}{36}$	$\frac{1}{36}$

となる. ここで $P(\bar{X}^{(2)} = k)$ の値を, k を中心とする幅が 0.5, 面積が $P(\bar{X}^{(2)} = k)$ の値になる長方形 (棒) を用いて表すことにする[*2].

[*1] 数学的に厳密に書くと, $\phi(x)$ を標準正規分布 $N(0, 1^2)$ の確率密度関数とするとき, 全ての実数 t に対して, $\lim_{n \to \infty} P\left(\frac{\bar{X} - \mu}{\sigma/\sqrt{n}} \leq t\right) = \int_{-\infty}^{t} \phi(x) dx$ となるのだが, 最初の段階ではまったく気にする必要はない.

[*2] $\bar{X}^{(2)}$ のとる値が 0.5 きざみなので, 幅も 0.5 となる. これより例えば, $P(\bar{X}^{(2)} = 1)$ に対応するヒストグラムの棒は, 幅が $1 - 0.25 = 0.75$ から $1 + 0.25 = 1.25$ までとなり, 高さが $\frac{1}{36} \div 0.5 = \frac{1}{18}$ となる.

このようにしてできたグラフを**確率ヒストグラム**という. 離散型確率分布を図6-1のように縦の伸びた棒で表すと, 縦軸の高さが確率密度関数とは意味が異なるので比較ができないが, 確率ヒストグラムのように, 離散型確率分布も**面積**を使って表すと, 確率密度関数との比較が可能になる. さてこのとき, $\bar{X}^{(2)}$ の確率分布を確率ヒストグラムは右上のようになる.

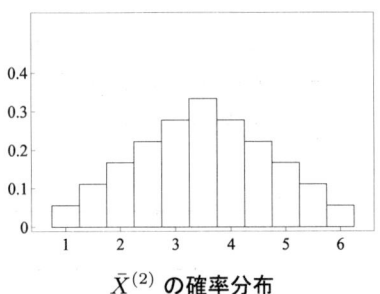

次にサイコロを3回振ることを考える. このときも X_1 を1回目に出た目, X_2 を2回目に出た目, X_3 を3回目に出た目とし, $\bar{X}^{(3)} = \dfrac{X_1 + X_2 + X_3}{3}$ の確率分布を求め, 確率ヒストグラムを描くと右のようになる.

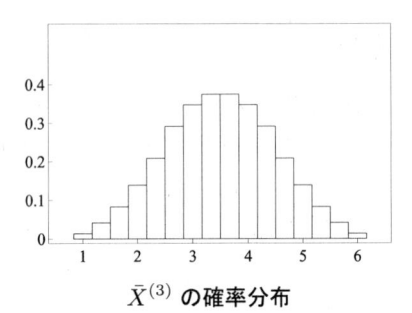

サイコロを4回振る場合も同様にして $\bar{X}^{(4)} = \dfrac{X_1 + X_2 + X_3 + X_4}{4}$ の確率分布を求め, 確率ヒストグラムを描くと右のようになる. ただし $\bar{X}^{(3)}$, $\bar{X}^{(4)}$ の確率分布は手計算で求めるのは大変なので, コンピューターを用いた. $n = 8$ のときの $\bar{X}^{(8)}$ の確率分布は, 正規分布 $N\left(\dfrac{7}{2}, \dfrac{35}{96}\right)$ とほとんど一致していることがわかる.

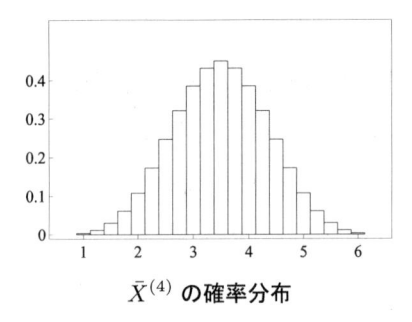

これより $\bar{X} = \dfrac{X_1 + X_2 + \cdots + X_n}{n}$ は n が大きくなればなるほど, $m = \dfrac{7}{2}$ の集中した正規分布になることがわかる.

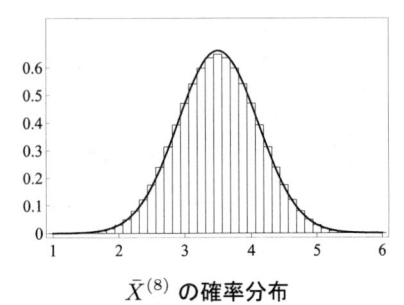

$\bar{X}^{(2)}$ の確率分布

$\bar{X}^{(3)}$ の確率分布

$\bar{X}^{(4)}$ の確率分布

$\bar{X}^{(8)}$ の確率分布

8.6. 中心極限定理

【例 8.3】 ある会社における社員が 1 日につきメールをしている時間を調査したところ, 平均が 40 分, 標準偏差が 21 であった. この社員の中から無作為に 49 人選んで, そのメール時間の平均を求めたとき, その平均が 46 分以上である確率を求めよ.

解 $X_1, ..., X_{49}$ は互いに独立に平均 40, 標準偏差 21 の確率分布に従っていると考えられるので, 中心極限定理より $\bar{X} \approx N\left(40, \dfrac{21^2}{49}\right)$ となる. これより, $\bar{X}$ の標準偏差は $\sigma(\bar{X}) = \dfrac{21}{7} = 3$ となることから

$$P(\bar{X} \geq 46) = P\left(\frac{\bar{X} - 40}{3} \geq \frac{46 - 40}{3}\right)$$
$$= P(Z \geq 2)$$
$$= 0.5 - P(0 \leq Z < 2) = 0.0227.$$

これより約 2% となる.

問 8.6 ある町の酸性雨の酸性度 (ph) は, 母平均 5.7, 母標準偏差 0.5 となることが知られている. この町の 49 日分の雨の酸性度 (ph) を測定したものを $X_1, ..., X_{49}$ とする. このとき, $\bar{X}$ が近似的に従う標本分布を求めよ. また標本平均 $\bar{X}$ が酸性雨の基準でもある 5.6(ph) を下回る確率も求めよ.

さらに標本分散についても以下の定理が知られている.

定理 8.3

$X_1, X_2, ..., X_n$ は互いに独立な確率変数とし,

$$E[X_i] = m, \quad V[X_i] = \sigma^2 \quad (i = 1, ..., n)$$

とする. ここで $S^2 = \dfrac{1}{n}\sum_{i=1}^{n}(X_i - \bar{X})^2$ に対して, 以下のことが成り立つ.

$$E[S^2] = \frac{n-1}{n}\sigma^2, \quad V[S^2] = \frac{(n-1)^2}{n^3}\left(\mu_4 - \frac{n-3}{n-1}\sigma^4\right), \quad (8.4)$$

ここで $\mu_4 = E[(X - m)^4]$ とする.

$E[S^2]$ は以下の問を解くことで導出できる．$V[S^2]$ は省略するが，興味のある読者は野田，宮岡 [15]p.168 を参考にしてほしい．

$\boxed{問 8.7}$ 定理 8.3 の条件を仮定する．このとき，以下の手順で $E[S^2]$ を求めよ．
① $E\left[\dfrac{1}{n}\sum_{i=1}^{n}X_i^2\right]$ を計算せよ
② $E[(\bar{X})^2]$ を計算せよ．
③ $E[S^2]$ を求めよ．(ヒント：標本分散の計算公式を用いる)

8.7 標本比率

$p=0.6$ の確率で表が出る歪んだコインを n 回振ったとする．このとき i 回目に投げたコインの結果を，表が出たら $X_i=1$，裏が出たら $X_i=0$ となるように確率変数 X_i を決めると，$X_1,...,X_n$ それぞれの確率分布は

X_i	1(表)	0(裏)	計
確率	$0.6(=p)$	0.4	1

となる．この歪んだコインを 10 回振ったとき，その実現値は $1,0,0,1,0,1,0,1,0,1,0$ であったとしよう．そのとき，平均値は

$$\bar{x} = \frac{1+0+\cdots+1+0}{10} = \frac{表の出た回数}{観測値（データ）の数}$$

と解釈できる．これより標本平均 $\bar{X}=\dfrac{X_1+\cdots+X_n}{n}$ は，標本の総数の中で表の出た**割合**を表す確率変数ということになる．

このため，この場合の標本平均 $\bar{X}$ を**標本比率** (Sample Proportion) とよび，$\hat{p}$ と書く[*3]．特に $X=X_1+\cdots+X_n$ とおき，$\hat{p}=\dfrac{X}{n}$ という表現がよく使われる[*4]．標本比率に関しては，以下の性質が知られている．

[*3] つまり $\hat{p}=\bar{X}$．
[*4] 式 (7.3) より，X は二項分布 $B(n,p)$ に従う確率変数となる．

8.7. 標本比率

定理 8.4 (標本比率の標本分布)

ある試行を n 回繰り返したとき, 事象 A が起こる回数を X とする. このとき, 標本比率 $\hat{p} = \dfrac{X}{n}$ において, 以下のことが成り立つ.

① $E[\hat{p}] = p$

② $V[\hat{p}] = \dfrac{p(1-p)}{n}$

③ 標本の数 n が大きいとき, $\hat{p}$ は近似的に正規分布 $N\left(p, \dfrac{p(1-p)}{n}\right)$ に従う. これは
$$\hat{p} \approx N\left(p, \dfrac{p(1-p)}{n}\right)$$
と略記する. ただし, この近似がうまくいくのは $np > 5$ かつ $n(1-p) > 5$ のときである.

証明 ③を示す. 確率変数 X_i, $(i = 1, 2, ..., n)$ の確率分布を

X_i	1(事象 A が起こる)	0(A が起こらない)	計
確率	p	$1-p$	1

とおくと, $\hat{p} = \dfrac{X_1 + X_2 + \cdots + X_n}{n}$ と表すことができる. ここで $E[X_i] = p$, $V[X_i] = p(1-p)$ より, 中心極限定理を用いると, 大きい n に対して $\hat{p} \approx N\left(p, \dfrac{p(1-p)}{n}\right)$ となる. ①, ②は問題として残しておくので, 読者自身で解いていただきたい. □

【例 8.4】 M 大学 4 年生で運動不足である割合は 70% であるということが, 最近のアンケートでわかっているものとする. ここで M 大学 4 年生 30 人を無作為に取り出したとき, 8 割以上が運動不足である確率を求めよ.

解 30 人中運動不足である数を X とする. 定理 8.4 を利用すると, $p = 0.7$, $p(1-p) = 0.7 \cdot 0.3 = 0.21$ より標本比率は $\hat{p} \approx N\left(0.7, \dfrac{0.21}{30}\right)$ となる. よって $\sqrt{\dfrac{0.21}{30}} \fallingdotseq 0.0837$ より

$$P(\hat{p} \geq 0.8) = P\left(\frac{\hat{p} - 0.7}{0.0837} \geq \frac{0.8 - 0.7}{0.0837}\right) \quad Z = \frac{\hat{p} - 0.7}{0.0837} \approx N(0, 1^2) \text{ より}$$
$$= P(Z \geq 1.19)$$
$$= 1 - P(Z < 1.19)$$
$$= 1 - 0.8830 = 0.117$$

となる.

問 8.8　$20 \times \times$ 年 ◯ 月のイチローの打率は 3 割 2 分 (すなわち $p = 0.32$) であるとする. このときイチローが 40 回打球したときに 20 本以上ヒットを打つ確率を求めよ[*5].

問 8.9　定理 8.4 の ①, ② を示すこと.

8.8　二項分布の正規近似

二項分布 $B(40, 0.4)$ の確率ヒストグラムと正規分布 $N(16, 48/5)$ の密度関数のグラフを見てみよう.

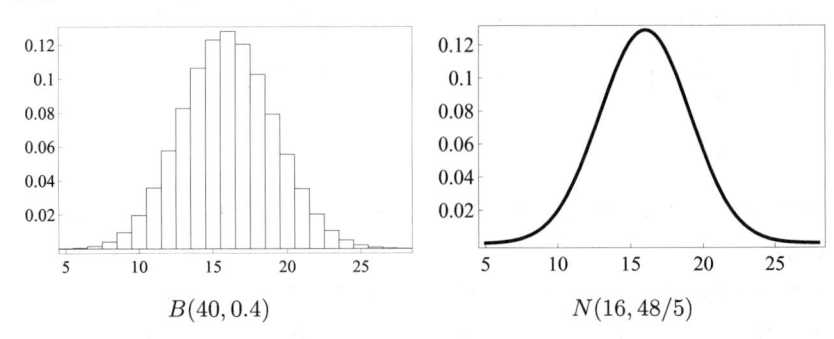

$B(40, 0.4)$　　　　　　　　　$N(16, 48/5)$

左のグラフと右のグラフは確率変数が離散型, 連続型の違いはあるが, 形は似ていることがわかる. 実は以下のことが知られている.

[*5]ヒント：$X_1, X_2, ..., X_{40}$ の確率分布を

X_i	1(ヒット)	0(アウト)
確率	0.32	0.68

とし, $P\left(\hat{p} \geq \dfrac{20}{40}\right)$ を求めればよい.

8.8. 二項分布の正規近似

X が二項分布 $B(n,p)$ に従うとする.n が大きなとき,X は近似的に $N(np, np(1-p))$ に従う.

これは理論的には以下の結果として知られている.

二項分布の正規近似 (Normal approximation)

$X \sim B(n,p)$ とする.n が大きなとき,
$$Z = \frac{X - np}{\sqrt{np(1-p)}}$$
は近似的に $N(0, 1^2)$ に従う.

証明 X は二項分布 $B(n,p)$ に従う確率変数とすると,8.7 章より,標本比率は $\hat{p} = \dfrac{X}{n}$ となる.よって定理 8.4 から $\dfrac{\hat{p} - p}{\sqrt{p(1-p)/n}} \approx N(0, 1^2)$ が成り立つ.ここで

$$\frac{\hat{p} - p}{\sqrt{p(1-p)/n}} = \frac{n(\hat{p} - p)}{\sqrt{np(1-p)}} = \frac{X - np}{\sqrt{np(1-p)}} \tag{8.5}$$

より,$\dfrac{X - np}{\sqrt{np(1-p)}} \approx N(0, 1^2)$ となる. □

【例 8.5】 確率変数 X は二項分布 $B(40, 0.4)$ に従うとする.このとき $P(10 \leq X \leq 12)$ を正規近似で求める.二項分布の性質より,X の期待値,標準偏差は

$$E[X] = np = 40 \cdot 0.4 = 16, \quad \sigma(X) = \sqrt{40 \cdot 0.4 \cdot 0.6} = 3.1$$

となるので,$X \approx N(16, (3.1)^2)$ と近似できる.これより

$$\begin{aligned} P(10 \leq X \leq 12) &= P\left(\frac{10 - 16}{3.1} \leq \frac{X - 16}{3.1} \leq \frac{12 - 16}{3.1}\right) \\ &= P(-1.94 \leq Z \leq -1.29) = 0.0723 \end{aligned} \tag{8.6}$$

となる.

実は n が非常に大きな場合はこの方法でも十分に正確な近似ができるが,この例のように n の大きさが中くらいであるとあまり正確ではない.実際,

確率 $P(10 \leq X \leq 12)$ を二項分布の下で Excel を用いて直接計算すると

$$P(10 \leq X \leq 12) = P(X = 10) + P(X = 11) + P(X = 12)$$
$$= 0.1129 \tag{8.7}$$

となる．このときは**連続補正** (continuity correction) とよばれる方法を用いる．

8.9 連続補正

下図は，二項分布 $B(40, 0.4)$ の確率ヒストグラムと正規分布の確率密度関数 $N(16, (3.1)^2)$ を重ねたものである．

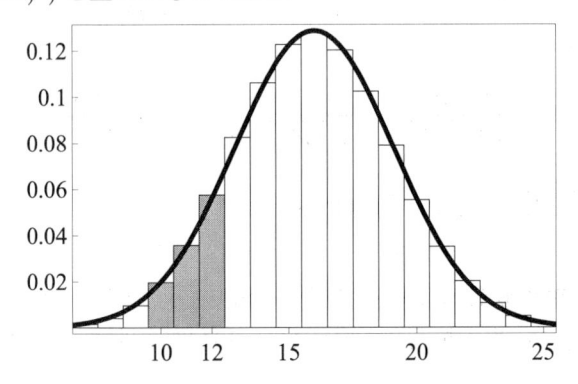

ここで二項分布における確率 $P(10 \leq X \leq 12) = P(X = 10) + P(X = 11) + P(X = 12)$ を P_0 とすると，これは図におけるグレーの部分の面積であるので，P_0 は正規分布で $P(10 \leq X \leq 12)$ と近似するより，$P(9.5 \leq X \leq 12.5)$ と近似した方[*6]が正確であることがわかる．これより

$$P_0 \doteqdot P\left(\frac{9.5 - 16}{3.1} \leq \frac{X - 16}{3.1} \leq \frac{12.5 - 16}{3.1}\right)$$
$$= P(-2.1 \leq Z \leq -1.13) = 0.1114 \tag{8.8}$$

となる．このように <u>0.5 だけ端の方にずらして確率を求める</u> 方法を**連続補正**という．実際，確率 (8.7) に対して (8.8) の方が (8.6) よりも正確な値をとっていることがわかる．

[*6] 二項分布における確率も正規分布における確率も同じ $P(\cdots)$ という記号を使うことに注意してほしい．

【例 8.6】 ある野球選手は，これまでの実績から 0.3 の確率で安打 (ヒット) を打てるものと仮定する．この選手が今後 100 回打席に入ったときに，20 本以下のヒットを打つ確率を求めよ．

解 1 打席でヒットを打つ確率が 0.3 であるものを 100 回繰り返すので，そのときのヒット数 X は二項分布 $B(100, 0.3)$ に従う．このときの X の期待値，分散，標準偏差はそれぞれ

$$E[X] = 100 \cdot 0.3 = 30, \quad V[X] = 100 \cdot 0.3 \cdot 0.7 = 21, \quad \sigma(X) = \sqrt{21} \doteqdot 4.58.$$

となる．これより X は近似的に $N(30, 21)$ に従うので二項分布における確率 $P(X \leq 20)$ は連続補正付きの正規近似を行うと

$$P(X \leq 20.5) = P\left(\frac{X - 30}{4.58} \leq \frac{20.5 - 30}{4.58}\right) = P(Z \leq -2.07) = 0.0192.$$

問 8.10　ホテル業界は，キャンセルにより空く部屋数を少なくするために，ホテルの部屋数以上の予約を受け付けている．過去のデータから予約客の 8% がキャンセルすると仮定する．もし 90 部屋あるホテルに 100 人の予約があったときに，全ての予約客が宿泊できる確率を連続補正付きの正規近似を用いて求めよ．

8.10　章末問題

1. インターネット投票における問題点を挙げよ．

2. 表が出る確率が $\frac{1}{2}$ のコインを 20 回振ったとする．このとき，標本比率 $\hat{p}$ が 0.7 以上となる確率を求めよ．

3. $X_1, X_2, ..., X_n$ は定理 8.3 の仮定を満たす確率変数とする．$\bar{X}$ を標本平均とし，**不偏分散**とよばれている統計量 $U^2 = \dfrac{1}{n-1} \sum_{i=1}^{n}(X_i - \bar{X})^2$ を考える．ここで (8.4) の結果を用いて $E[U^2]$，$V[U^2]$ を求めよ．

4. ある病院の医師は 1 人の患者を診る時間 (分) は，平均 6 分，標準偏差 2 の正規分布に従うとする．このとき，30 人の患者を 9:00 から診療を始めたときに 12:00 には診療が終わる確率を求めよ．ただし患者それぞれの診療時間は独立であるとし，患者が入れ替わる時間は考えないものとする．

第9章 統計的推定

この章では,与えられた標本から母集団の特徴を推定する方法,および推定方法が妥当であるかどうかの評価の仕方を説明する.巻頭の ix ページでも述べたが,日本の高校,大学1,2年で通常行われている統計学の進め方で読みたい方は,9.2章,9.3章,9.4章は飛ばしてほしい.

9.1 点推定

母集団全体の平均を θ とするが,わからない(今後は**未知である**という)値であるとする.ここで8.1章の統計的推測を思い出してほしい.これは母集団の特徴がわからないので,一部分の標本を抜き出して,そこから母集団全体の特徴を推測するということであった.これは母集団全体の平均を θ としたとき

$$\text{無作為標本 } X_1, ..., X_n \text{ から } \theta \text{ を推定する}$$

と言い換えることができる.ちなみにこの θ を**パラメーター**という.一般にパラメーターは母集団の平均を表すだけではなく,母集団の分散,割合など母集団分布の特徴を表すものになっている.

ここで"母集団の持つパラメーター θ の値は 〇〇 である"と推定する手法を**点推定**という.

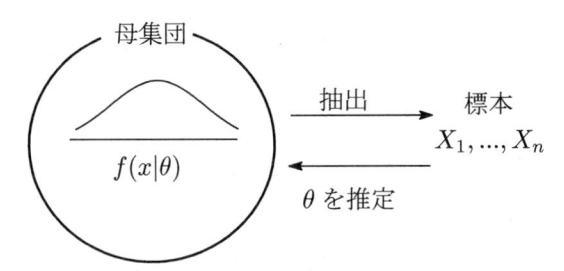

また θ を推定するためには $X_1, ..., X_n$ の関数 $\hat{\theta}(X_1, ..., X_n)$(しばしば $\hat{\theta}$,もしくは $\hat{\theta}(\mathbf{X})$ と略記する)を用いるわけであるが,これを**推定量**といい,

9.1. 点推定

$\hat{\theta}(X_1, ..., X_n)$ の実現値を**推定値**という．通常，推定量は $\hat{\theta}$ のように，パラメーターにハット記号 ^ が付いた形で書く．

母集団に未知のパラメーター θ がある場合，一般的にはその母集団分布，母集団全体の平均，分散なども θ を含む形になる．このため，母集団分布[*1]を $f(x|\theta)$，母集団分布に従う確率変数 X の期待値を $E_\theta[X]$，その分散を $V_\theta[X]$ といったように θ の添え字が入った記号で書くことにする．例えば，X が二項分布 $B(10, \theta)$ に従う場合，$E_\theta[X] = 10\theta$，$V_\theta[X] = 10\theta(1-\theta)$ となる．

【例 9.1】 1000000 個のある製品の中で故障している割合 p（**母比率**という）を調べるために，30 個の標本を無作為に抽出することを考える．いま，以下の実現値（データ）が与えられたとする．

0, 0, 0, 0, 0, 0, 0, 0, 1, 0, 1, 0, 0, 0, 0, 0, 0, 0, 0, 0, 0, 0, 0, 0, 0, 0, 0, 0, 0, 0

ここで 1 は故障，0 は正常を意味する．X を 30 個の無作為標本のなか故障している製品の個数とし，その標本比率を $\hat{p} = \dfrac{X}{30}$ とすると，$\hat{p}$ は p の**推定量**となり，その推定値は $\dfrac{2}{30} = 0.067$ となる．

ちなみに，標本比率は $\hat{p} = \dfrac{2}{30} = \dfrac{\text{故障している数}}{\text{抜き出した製品の数}}$ と解釈できるので，p を推定していることが直観的にわかる．

********* Q AND A *********

なるほど．でもこれまで勉強してきた確率分布は一切使ってないような…

統計学において重要なのは，本当に標本比率 $\hat{p}$ で p を推定してよいのかということを確かめることなのです．

例 9.1 の場合だと，1 個の製品を抜き出したとき，不良品である確率を p ($0 < p < 1$) とすると，大きさ n の無作為標本 $X_1, ..., X_n$ それぞれの確率分布は以下のようになります．

X_i	1(不良品)	0(正常)	計
確率	p	$1-p$	1

$(i = 1, ..., n)$.

[*1] $f(x|\theta)$ は正規分布のような確率密度関数や，二項分布のような確率関数を想定してもらえればよい．

X_i の期待値と分散は $E_p[X_i] = p$, $V_p[X_i] = p(1-p)$ となります．このとき，定理 8.4 より $\hat{p}$ の期待値，分散は

$$E_p[\hat{p}] = p, \qquad V_p[\hat{p}] = \frac{p(1-p)}{n}$$

となるので，$V_p[\hat{p}]$ はデータ数 n を大きくすると，ちらばり具合が小さくなることがわかります．

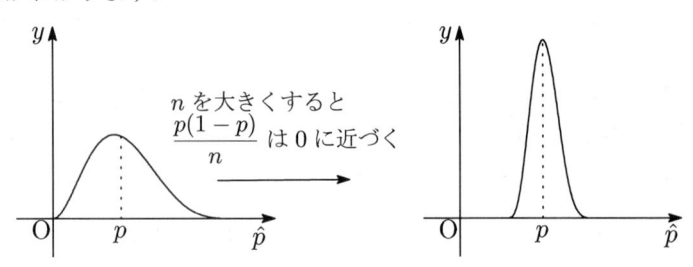

n を大きくすると $\dfrac{p(1-p)}{n}$ は 0 に近づく

これは製品を取り出して検査する回数を増やせば増やすほど，$\hat{p}$ は p に近い値をとる可能性が高くなることを意味してます．

つまりこの推定方法が，取り出すたびに標本 $X_1, ..., X_n$ の実現値は変わるけれど，それでもパラメーターの推定として妥当であることがわかります．

ふむふむ．つまり $X_1 = 1$, $X_2 = 1$, $X_3 = 0$ のようなある特定の場合にしか成り立たないような推定方法ではまずいということですね．

そういうことです．同様の考え方から
- 母平均 m の推定量として，標本平均 $\bar{X}$ (定理 8.1)
- 母分散 σ^2 の推定量として，標本分散 S^2 (定理 8.3)

を用いてよいことがわかります．

* * * * * * * * *　Q AND A 終わり　* * * * * * * * *

9.2　モーメント法

ここでは未知のパラメーターに対する推定方法を紹介する．$X_1, ..., X_n$ は期待値 $m = E[X_i]$，分散 $\sigma^2 = V[X_i]$, $(i = 1, 2, ..., n)$ を持つ互いに独立な

9.2. モーメント法

確率変数とする. このとき, 定理 8.1 より

$$E[\bar{X}] = m, \qquad V[\bar{X}] = \frac{\sigma^2}{n} \qquad (9.1)$$

が成り立っていたことを思い出してほしい. これより標本の数 n がある程度大きいときには, $\bar{X} \approx m$, すなわち標本平均 $\bar{X}$ は m に近い値をとるため, 母平均 m は未知であったとしても, $\bar{X}$ で点推定できることがわかる.

一般的には, 未知のパラメーター θ を持つ確率分布 $f(x|\theta)$ に従う互いに独立な確率変数 $X_1, ..., X_n$ に対して

$$E_\theta\left[\frac{1}{n}\sum_{i=1}^n X_i^k\right] = E_\theta[X_1^k], \qquad (k=1,2,....) \qquad (9.2)$$

$$V_\theta\left[\frac{1}{n}\sum_{i=1}^n X_i^k\right] = \frac{V_\theta[X_1^k]}{n} \longrightarrow 0 \quad (n \to \infty), \qquad (k=1,2,....) \qquad (9.3)$$

が成り立つので, $E_\theta[X_1^k] \approx \frac{1}{n}\sum_{i=1}^n X_i^k$, $(k=1,2,...)$ がわかる. いま, 話を簡単にするため, パラメーターが 2 つの場合 $\theta = (\theta_1, \theta_2)$ を考える. ここで関数 $h(x,y), k(x,y)$ を用いて

$$\theta_1 = h(E_\theta[X_1], E_\theta[X_1^2])$$
$$\theta_2 = k(E_\theta[X_1], E_\theta[X_1^2])$$

と表すことができるとする. ここで $E_\theta[X_1]$ を標本平均 $\bar{X}$ で, $E_\theta[X_1^2]$ を $\overline{X^2} = \frac{1}{n}\sum_{i=1}^n X_i^2$ で置き換えたもの $\hat{\theta}_1 = h(\bar{X}, \overline{X^2})$, $\hat{\theta}_2 = k(\bar{X}, \overline{X^2})$ を**モーメント推定量**という. 理解を深めるため, 以下の例を参考にしてほしい.

【例 9.2】 表が出る確率が p $(0 < p < 1)$ の歪んだコインを n 回投げたとき, i 回目に表が出たら $X_i = 1$, i 回目に裏が出たら $X_i = 0$ とする. ここで得られた無作為標本 $X_1, X_2, ..., X_n$ から未知の p に対するモーメント推定量を求める.
$P(X_1 = 1) = p$, $P(X_1 = 0) = 1 - p$ より $E_p[X_1] = p$ となる. ここで式 (9.1) から $E_p[X_1] \approx \bar{X}$ となるので, p のモーメント推定量 $\hat{p}$ は $\hat{p} = \bar{X}$ となる.

【例 9.3】 $X_1, X_2, ..., X_n$ は, 母平均 μ, 母分散 σ^2 を持つ母集団からの大きさ n の無作為標本とする. ここで未知のパラメーターは $\theta = (\mu, \sigma^2)$ とする. このとき, (9.2), (9.3) より $\bar{X} \approx E_\theta[X_1] = \mu$, $\overline{X^2} = \frac{1}{n}\sum_{i=1}^{n} X_i^2 \approx E_\theta[X_1^2]$ となる. ここで

$$\sigma^2 = E_\theta[X_1^2] - E_\theta[X_1]^2, \quad \overline{X^2} \approx E_\theta[X_1^2], \quad \bar{X} \approx E_\theta[X_1] \text{ より}$$

$$\approx \frac{1}{n}\sum_{i=1}^{n} X_i^2 - (\bar{X})^2 \quad \text{標本分散の計算公式 (1.4) より}$$

$$= \frac{1}{n}\sum_{i=1}^{n}(X_i - \bar{X})^2$$

となる. よって μ, σ^2 のモーメント推定量 $\hat{\mu}, \hat{\sigma}^2$ は

$$\hat{\mu} = \frac{1}{n}\sum_{i=1}^{n} X_i, \quad \hat{\sigma}^2 = \frac{1}{n}\sum_{i=1}^{n}(X_i - \bar{X})^2 \quad (9.4)$$

となる. この例からもわかるように, モーメント推定量は, 母集団分布を仮定しなくても用いることができる長所を持つ.

問 9.1 (1) ① $X_1, X_2, ..., X_n$ は, 二項分布 $B(4, p)$ を母集団分布とする母集団からの大きさ n の無作為標本とする. $0 < p < 1$ を未知のパラメーターとするとき, p に対するモーメント推定量を求めよ.
② 母集団分布 $B(4, p)$ から以下の実現値が得られた.

$$0, 1, 4, 3, 3, 2, 0, 2, 1, 2$$

このとき, p の推定値を求めよ.

(2) 確率変数 $X_1, X_2, ..., X_n$ は互いに独立に, 以下の確率密度関数 $f(x|\theta)$ に従っている.

$$f(x|\theta) = \frac{1}{\theta}, \quad (0 \le x \le \theta)$$

ここで $\theta > 0$ を未知のパラメーターとする. このとき θ に対するモーメント推定量を求めよ. ただし $E[X] = \theta/2$ がわかっているものとする. (積分が使える人はこの結果も確かめるとよい)

(3) (式 (9.2), (9.3) の一部の証明) $X_1, X_2, ..., X_n$ は互いに独立で, 同一分布に従う確率変数とする. $\overline{X^2} = \frac{1}{n}\sum_{i=1}^{n} X_i^2$ とおくとき, $E[\overline{X^2}] = E[X_1^2]$, $V[\overline{X^2}] = \frac{1}{n}V[X_1^2]$ を示すこと.

母集団分布が X, Y の 2 次元確率分布で, その相関係数を

$$\rho_{XY} = \frac{Cov[X,Y]}{\sqrt{V[X]}\sqrt{V[Y]}}$$

とする. この母集団から無作為標本 $(X_1, Y_1), ..., (X_n, Y_n)$ が与えられたとき, 以下の結果が知られている.

相関係数のモーメント推定

ρ_{XY} のモーメント推定量は標本による相関係数になる, すなわち

$$r = \frac{\sum_{i=1}^{n}(X_i - \bar{X})(Y_i - \bar{Y})}{\sqrt{\sum_{i=1}^{n}(X_i - \bar{X})^2}\sqrt{\sum_{i=1}^{n}(Y_i - \bar{Y})^2}}$$

証明

$$\rho_{XY} = \frac{E[X_1 Y_1] - E[X_1]E[Y_1]}{\sqrt{E[X_1^2] - E[X_1]^2}\sqrt{E[Y_1^2] - E[Y_1]^2}}$$

であり, $E[X_1 Y_1] \approx \frac{1}{n}\sum_{i=1}^{n} X_i Y_i$, $E[X_1^2] \approx \frac{1}{n}\sum_{i=1}^{n} X_i^2$, $E[Y_1^2] \approx \frac{1}{n}\sum_{i=1}^{n} Y_i^2$, $E[X_1] \approx \frac{1}{n}\sum_{i=1}^{n} X_i$, $E[Y_1] \approx \frac{1}{n}\sum_{i=1}^{n} Y_i$ より成り立つ. □

9.3 最尤推定量

袋の中に白球と赤球が合計で 100 個入っていて, $p(0 \leq p \leq 1)$ の割合で赤球が入っているとする[*2]. しかし赤球が入ってる割合 p はわからないので, 袋の中から何回か球を取り出して, その赤球の数から p を**推測**することを考える. 10 個の球を復元抽出で取り出したとき, 確率変数 X_i を, i 回目

[*2] 例えば $p = 0.6$ であれば, 60 個赤球が入っていると考える.

に赤球を取りだせば $X_i = 1$, i 回目に白球を取りだせば $X_i = 0$ となるように定める．いま，3 回目，4 回目，9 回目に赤球が出たとしよう．すなわち

$$X_1 = 0, X_2 = 0, X_3 = 1, X_4 = 1, X_5 = 0,$$
$$X_6 = 0, X_7 = 0, X_8 = 0, X_9 = 1, X_{10} = 0 \qquad (9.5)$$

となる．このとき，(9.5) となる確率は

$$P(X_1 = 0, \cdots, X_9 = 1, X_{10} = 0) = p^3(1-p)^7 \qquad (9.6)$$

となる．ここで確率 (9.6) が最も大きくなるには，どのような p の値であるかを考える．例えば $p = 0.2, 0.25, 0.3, 0.35, 0.4$ を式 (9.6) に代入してみると，以下の表になる．

p	$P(X_1 = 0, \cdots, X_9 = 1, X_{10} = 0)$
0.2	0.001677722
0.25	0.002085686
0.3	0.002223566
0.35	0.002101830
0.4	0.001791590
0.45	0.001387319
0.5	0.000976563

もし $p = 0.5$ であれば赤球が 3 個出る確率は低いが，$p = 0.3$ であれば赤球が 3 個出る確率 (9.6) が最も大きくなることがわかる．これより式 (9.5) となるためには，$p = 0.3$ の場合が最も妥当であると考えられる．つまり p の値は 0.3 と推定しようということである．このようにして推定された値を最も尤もらしい値ということで**最尤推定量**という．

次に一般的な最尤推定量の求め方を定式化する．$X_1, X_2, ..., X_n$ の確率関数，もしくは確率密度関数を $f(\tilde{x}_1, \tilde{x}_2, ..., \tilde{x}_n|\boldsymbol{\theta})$ とする．例えば，確率関数であれば $P(X_1 = \tilde{x}_1, ..., X_n = \tilde{x}_n) = f(\tilde{x}_1, \tilde{x}_2, ..., \tilde{x}_n|\boldsymbol{\theta})$ ということである．$f(\tilde{x}_1, \tilde{x}_2, ..., \tilde{x}_n|\boldsymbol{\theta})$ の $\tilde{x}_1, \tilde{x}_2, ..., \tilde{x}_n$ の部分に実現値 $X_1 = x_1, X_2 = x_2, ..., X_n = x_n$ を代入した

$$L(\boldsymbol{\theta}) = f(x_1, x_2, ..., x_n|\boldsymbol{\theta}) \qquad (9.7)$$

を尤度関数 (Likelihood Function) といい

$$l(\boldsymbol{\theta}) = \log f(x_1, x_2, ..., x_n|\boldsymbol{\theta}) \qquad (9.8)$$

9.3. 最尤推定量

を**対数尤度**という．このとき，$l(\boldsymbol{\theta})$ を最大[*3]にする $\boldsymbol{\theta}$ を最尤推定量 (Maximum Likelihood Estimator) といい，$\hat{\boldsymbol{\theta}}_{ML}$ と書く．
なお，$\mathbf{x} = (x_1, x_2, ..., x_n)$ と置くことで，$f(x_1, x_2, ..., x_n|\boldsymbol{\theta}) = f(\mathbf{x}|\boldsymbol{\theta})$ と省略して書くことがあるので注意してほしい．

さてこの章の最初の話を一般化して，$X_1, X_2, ..., X_n$ は互いに独立に確率分布

$$P(X_i = 1) = p, \quad P(X_i = 0) = 1 - p, \quad (i = 1, 2, ..., n)$$

に従う場合の，p に対する最尤推定量を導出する．このとき，X_1 の確率関数は

$$P(X_1 = \tilde{x}_1) = p^{\tilde{x}_1}(1-p)^{1-\tilde{x}_1}, \quad (\tilde{x}_1 = 0, 1)$$

となる．$X_2, ..., X_n$ も同様の確率関数を持つので，

$$\begin{aligned}P(X_1 = \tilde{x}_1, ..., X_n = \tilde{x}_n) &= P(X_1 = \tilde{x}_1)P(X_2 = \tilde{x}_2) \cdots P(X_n = \tilde{x}_n) \\ &= p^{\tilde{x}_1}(1-p)^{1-\tilde{x}_1} p^{\tilde{x}_2}(1-p)^{1-\tilde{x}_2} \cdots p^{\tilde{x}_n}(1-p)^{1-\tilde{x}_n} \\ &= p^{\tilde{x}_1+\tilde{x}_2+\cdots+\tilde{x}_n}(1-p)^{n-(\tilde{x}_1+\tilde{x}_2+\cdots+\tilde{x}_n)}\end{aligned}$$

となる．これより $X_1 = x_1, X_2 = x_2, ..., X_n = x_n$ という実現値が与えられたとき，その対数尤度は

$$\begin{aligned}l(p) &= \log p^{x_1+x_2+\cdots+x_n}(1-p)^{n-(x_1+x_2+\cdots+x_n)} \\ &= \left(\sum_{i=1}^{n} x_i\right)\log p + \left(n - \sum_{i=1}^{n} x_i\right)\log(1-p)\end{aligned}$$

となる．ここで $l(p)$ の最大値を見つけるために，p で微分すると

$$0 = \frac{d}{dp}l(p) = \frac{\sum_{i=1}^{n} x_i}{p} - \frac{n - \sum_{i=1}^{n} x_i}{1-p} = \frac{\sum_{i=1}^{n} x_i - np}{p(1-p)}$$

となり，これを解くと $p = \dfrac{1}{n}\sum_{i=1}^{n} x_i$ となる．つまり p の最尤推定量は $\hat{p}_{ML} = \dfrac{1}{n}\sum_{i=1}^{n} x_i$ となり，8.7 章で説明した標本比率 $\hat{p}$ と同じ式になることがわかる．

[*3] $L(\boldsymbol{\theta})$ を最大にする $\boldsymbol{\theta}$ と，$l(\boldsymbol{\theta})$ を最大にする $\boldsymbol{\theta}$ は同じ値となるが，対数尤度の方が計算が簡単になる場合が多い

【例 9.4】 $X_1, X_2, ..., X_n$ は互いに独立に正規分布 $N(\mu, \sigma^2)$ に従うとする. ここで未知のパラメーター $\theta = (\mu, \sigma^2)$ に対する最尤推定量 $\hat{\mu}_{ML}, \hat{\sigma}^2_{ML}$ を求める. このとき, 尤度は

$$f(\mathbf{x}|\theta) = f(x_1|\theta) \times \cdots \times f(x_n|\theta)$$
$$= \left(\frac{1}{\sqrt{2\pi\sigma^2}}\right)^n exp\left\{-\frac{1}{2\sigma^2}\sum_{i=1}^n (x_i - \mu)^2\right\} \quad \text{注} \quad exp(\Box) = e^{\Box}$$

で, 対数尤度は $\log f(\mathbf{x}|\theta) = -\frac{n}{2}\log 2\pi\sigma^2 - \frac{1}{2\sigma^2}\sum_{i=1}^n (x_i - \mu)^2$ となる[*4]. これを μ, σ^2 で偏微分[*5]すると

$$\begin{cases} \dfrac{\partial}{\partial \mu}\log f(\mathbf{x}|\theta) &= 0 \\ \dfrac{\partial}{\partial \sigma^2}\log f(\mathbf{x}|\theta) &= 0 \end{cases} \quad (9.9)$$

となり,

$$\begin{cases} \dfrac{1}{\sigma^2}\sum_{i=1}^n (x_i - \mu) &= 0 \\ -\dfrac{n}{2\sigma^2} + \dfrac{1}{2\sigma^4}\sum_{i=1}^n (x_i - \mu)^2 &= 0, \end{cases} \quad (9.10)$$

$$\begin{cases} \sum_{i=1}^n x_i - n\mu &= 0 \\ -\sigma^2 + \dfrac{1}{n}\sum_{i=1}^n (x_i - \mu)^2 &= 0 \end{cases}$$

となる. よって μ, σ^2 の最尤推定量は $\hat{\mu}_{ML} = \dfrac{1}{n}\sum_{i=1}^n x_i, \hat{\sigma}^2_{ML} = \dfrac{1}{n}\sum_{i=1}^n (x_i - \bar{x})^2$ となる.

最尤推定量は尤度さえ決まれば, その最大値を求めればよいだけなので, 最も統計学で用いられている手法といっても過言ではない.

【例 9.5】 確率変数 $X_1, X_2, ..., X_n$ は互いに独立に確率密度関数 $f(\tilde{x}|\theta) = \dfrac{1}{\theta}, (0 \leq \tilde{x} \leq \theta)$ に従うとする. ここで未知のパラメーター $\theta > 0$ に対する最尤推定量を求める.

[*4]指数の計算 →12.8 章, 対数の計算 →12.9 章
[*5]σ^2 を一つの変数と考えて偏微分する.

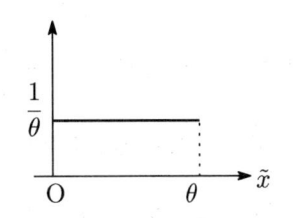

9.3. 最尤推定量

X_1 と X_2 の同時確率密度関数は

$$f(\tilde{x}_1, \tilde{x}_2|\theta) = f(\tilde{x}_1|\theta)f(\tilde{x}_2|\theta) = \begin{cases} \dfrac{1}{\theta^2} & (0 \leq \tilde{x}_1 \leq \theta, \text{かつ } 0 \leq \tilde{x}_2 \leq \theta) \\ 0 & \text{それ以外の } \tilde{x}_1, \tilde{x}_2 \text{ の値} \end{cases}$$

同様にして $X_1, X_2, ..., X_n$ の同時確率密度関数は

$$f(\tilde{x}_1, \tilde{x}_2, ..., \tilde{x}_n|\theta) = \begin{cases} \dfrac{1}{\theta^n} & (0 \leq \tilde{x}_1 \leq \theta, \text{かつ } 0 \leq \tilde{x}_2 \leq \theta, \cdots, \text{かつ } 0 \leq \tilde{x}_n \leq \theta) \\ 0 & \text{それ以外の } \tilde{x}_1, ..., \tilde{x}_n \text{ の値} \end{cases}$$

となる. これより $X_1 = x_1, ..., X_n = x_n$ という実現値を得たときの尤度は

$$L(\theta) = \begin{cases} \dfrac{1}{\theta^n} & (0 \leq x_1 \leq \theta, \text{かつ } 0 \leq x_2 \leq \theta, \cdots, \text{かつ } 0 \leq x_n \leq \theta) \\ 0 & \text{それ以外の } \theta \text{ の値} \end{cases}$$

となる. ここで $L(\theta)$ を最大にするためには, 領域 $(0 \leq x_1 \leq \theta$, かつ $0 \leq x_2 \leq \theta, \cdots$ かつ $0 \leq x_n \leq \theta)$ の中で, $1/(\theta^n)$ を最大にする θ を選べばよいことがわかる. いま $\theta = \max(x_1, x_2, .., x_n)$ のとき, $L(\theta)$ は最大になることがわかる. ここで記号 $\max(x_1, x_2, .., x_n)$ は要素 $x_1, x_2, .., x_n$ の中で, 最大のものを意味する. 例えば $\max(-1, 5, 3, 0) = 5$ となる.

よって最尤推定量は $\hat{\theta}_{ML} = \max(x_1, x_2, .., x_n)$ となる. これは問 9.1 からわかるように, モーメント推定量とは異なる形となっている.

問 9.2 (1) $X_1, X_2, ..., X_n$ は連続型母集団分布

$$f(x|\theta) = \theta e^{-\theta x}, \quad (x > 0) \tag{9.11}$$

からの大きさ n の無作為標本とする. $\theta > 0$ を未知のパラメーターとするとき, θ に対する最尤推定量を求めよ.

(2) ある製品が故障している確率を $\theta(0 < \theta < 1)$ とする. この製品が大量に入った箱 (ロット) から 1 個の不良品を発見するまでに検査した正常な製品の個数を確率変数 X で表す. このとき, X の確率分布は

$$P(X = k) = \theta(1-\theta)^k, \quad (k = 0, 1, 2, ...) \tag{9.12}$$

となることが知られている[*6]. いま, $X = x$(個) という観測をしたとき, θ の最尤推定量を求めよ.

[*6] この確率分布は**幾何** (きか) **分布**とよばれている.

9.4 推定量の妥当性について

これまでモーメント法，最尤推定法を紹介したが，ここではパラメーター θ の推定量 $\hat{\theta}(\mathbf{X})$ が理論的にどのようなよい性質を持っているのかを紹介する．

9.4.1 不偏性

$$E_\theta[\hat{\theta}(\mathbf{X})] = \theta$$

を満たす推定量 $\hat{\theta}(\mathbf{X})$ を **不偏**(ふへん) もしくは**不偏推定量**という．これは推定量 $\hat{\theta}(\mathbf{X})$ の標本分布の中心と推定したいパラメーター θ との"ずれ"がないことを意味する．

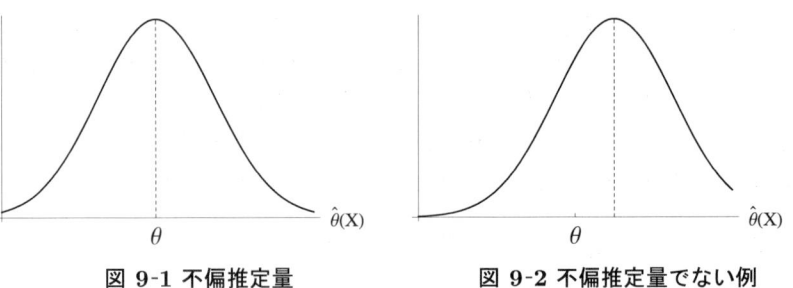

図 9-1 不偏推定量　　　　　**図 9-2 不偏推定量でない例**

図9-2は，推定量 $\hat{\theta}(\mathbf{X})$ が θ よりも大きな値を推定してしまう可能性が高いことを示している．このように偏りのある推定量は望ましくない場合が多い．

例9.3では母平均 μ は標本平均 $\bar{X}$ で，母分散 σ^2 は標本分散 S^2 で推定できるということであった．定理8.1から $E_\theta[\bar{X}] = \mu$ となるので，$\bar{X}$ は μ の不偏推定量となる．一方で S^2 は定理8.3から $E_\theta[S^2] = \dfrac{n-1}{n}\sigma^2$ となるので，標本分散 S^2 は σ^2 の不偏推定量ではない．

9.4.2 平均二乗収束

さて, よい推定量というのは, データの個数を増やせば, 未知のパラメーターに近づくものだと想像できる. まず推定量 $\hat{\theta}(\mathbf{X})$ と θ の"誤差"を表すために, $E_\theta[(\hat{\theta}(\mathbf{X}) - \theta)^2]$ というものを考える. これは**平均2乗誤差**とよばれている.

次に"どのような意味"で推定量 $\hat{\theta}(\mathbf{X})$ が θ に近づくかを定義する.

定義

推定量 $\hat{\theta}(\mathbf{X})$ が

$$E_\theta[(\hat{\theta}(\mathbf{X}) - \theta)^2] \longrightarrow 0 \qquad (n \to \infty) \qquad (9.13)$$

を満たすとき, $\hat{\theta}(\mathbf{X})$ は θ に**平均2乗収束**するといい, $\hat{\theta}(\mathbf{X}) \xrightarrow{L^2} \theta \ (n \to \infty)$ と書く.

---

* * * * * * * * * Q AND A * * * * * * * * *

$\hat{\theta}(\mathbf{X})$ が θ に近づくのを, 普通に $\lim_{n\to\infty}(\hat{\theta}(\mathbf{X}) - \theta)^2 = 0$ と定義しちゃダメ?

はい. というのは $\hat{\theta}(\mathbf{X})$ は**確率変数**で, $\frac{1}{10}, \frac{1}{100}, \frac{1}{1000}, \cdots$ のようにある特定の規則を持つ数列ではないので, 単純に極限をとることはできません. ところで推定量が式 (9.13) を満たすかどうかの判定は, 以下の便利な定理があるので紹介します.

* * * * * * * * Q AND A 終わり * * * * * * * *

定理 9.1

θ の推定量 $\hat{\theta}(\mathbf{X})$ が以下の仮定を満たすとする.
[B1] $E_\theta[\hat{\theta}(\mathbf{X})] \longrightarrow \theta \ (n \to \infty)$
[B2] $V_\theta[\hat{\theta}(\mathbf{X})] \longrightarrow 0 \ (n \to \infty)$
このとき, $\hat{\theta}(\mathbf{X}) \xrightarrow{L^2} \theta \ (n \to \infty)$

証明 記号を簡単にするため, $\hat{\theta}(\mathbf{X}) = \hat{\theta}$ とする. なお, $\hat{\theta}$ は確率変数, $E_\theta[\hat{\theta}]$

は定数であることに注意すると

$$\begin{aligned}
E_\theta[(\hat{\theta}-\theta)^2] &= E_\theta\big[\{\hat{\theta}-E_\theta[\hat{\theta}]+E_\theta[\hat{\theta}]-\theta\}^2\big] \\
&= E_\theta\big[\{\hat{\theta}-E_\theta[\hat{\theta}]\}^2 + 2\{\hat{\theta}-E_\theta[\hat{\theta}]\}\{E_\theta[\hat{\theta}]-\theta\} \\
&\qquad + \{E_\theta[\hat{\theta}]-\theta\}^2\big] \\
&= E_\theta[\{\hat{\theta}-E_\theta[\hat{\theta}]\}^2] + (E_\theta[\hat{\theta}]-\theta)^2 \\
&= V_\theta[\hat{\theta}] + (E_\theta[\hat{\theta}]-\theta)^2
\end{aligned}$$

となる.よって題意は示された. □

【例 9.6】 未知の母平均 μ と未知の母分散 σ^2 の母集団から,大きさ n の無作為標本 $X_1, X_2, ..., X_n$ が得られたとする.このとき,$E[\bar{X}] = \mu$, $V[\bar{X}] = \dfrac{\sigma^2}{n} \to 0 \; (n \to \infty)$ より $\bar{X} \xrightarrow{L^2} \mu$.
一方で標本分散 $S^2 = \dfrac{1}{n}\sum_{i=1}^{n}(X_i - \bar{X})^2$ において,定理 8.3 より

$$E[S^2] = \frac{n-1}{n}\sigma^2 \to \sigma^2 \quad (n \to \infty),$$

$$V[S^2] = \frac{(n-1)^2}{n^3}\left(\mu_4 - \frac{n-3}{n-1}\sigma^4\right) \to 0 \quad (n \to \infty) \qquad (9.14)$$

となることがわかる[*7]ので,$S^2 \xrightarrow{L^2} \sigma^2$.これより $\bar{X}$ は μ に,S^2 は σ^2 に平均2乗収束する.

やや高度な話になるが,例 9.6 において [B1], [B2] が成り立つときには,

$\epsilon > 0$ がどんな定数であったとしても,

$$P(|\bar{X} - \mu| < \epsilon) \to 1 \quad (n \to \infty) \qquad (9.15)$$

が成り立つことが知られている[*8].これは $\bar{X}$ と μ との誤差が ϵ の範囲内におさまる確率が,標本の数 n を増やすと,1 に近づくことを意味している.

[*7] $n \to \infty$ のときの極限値の計算 →12.3 章を参照.$n \to \infty$ のとき,$\dfrac{(n-1)^2}{n^3} \to 0$, $\mu_4 - \dfrac{n-3}{n-1}\sigma^4 \to \mu_4 - \sigma^4$ となることより,式 (9.14) が成り立つことがわかる.

[*8] ϵ はギリシャ文字でイプシロンとよぶ.

別の言葉で表すと, 標本の数 n が大きいとき, $\bar{X}$ は μ に近い値をとる可能性が高いということになる. 式 (9.15) が成り立つとき, $\bar{X}$ は μ に**確率収束**するといい, $\plim_{n\to\infty} \bar{X} = \mu$ と書く. すでに気づいている読者もいるかもしれないが, p.156 の大数の法則を数式で表したのが式 (9.15) 式となる. しかし本書では, これ以上深入りはしない. また関連する問題を, 章末問題 **8.** においてあるので解いてみてほしい.

9.5　区間推定

これまでは "母平均 μ は □□ だ" という形の推定法を紹介してきた. それに対して

$$\mu \text{ は } \bigcirc\bigcirc \text{ より大きく, かつ } \triangle\triangle \text{ より小さい}$$

というように μ を区間で推定する方法がある. これは**区間推定**とよばれている手法である. これは数式で表すと $\bigcirc\bigcirc < \mu < \triangle\triangle$ となるが, しばしば $(\bigcirc\bigcirc, \triangle\triangle)$ という記号で省略して書く.

9.5.1　区間推定 (μ:未知, σ:既知, n が大きいとき)

定理 9.2 (区間推定)

$X_1, \ldots, X_n$ は母平均 μ, 母標準偏差 σ の母集団からの大きさ n の無作為標本とする. n が大きなとき

$$P\left(\bar{X} - 1.96\frac{\sigma}{\sqrt{n}} < \mu < \bar{X} + 1.96\frac{\sigma}{\sqrt{n}}\right) \fallingdotseq 0.95 \tag{9.16}$$

が成り立つ.

式 (9.16) を導出するために, 以下の予備知識[*9]を準備する.

♦ 予備知識 ♦ 確率変数 Z は標準正規分布 $N(0, 1^2)$ に従うとき, $P(-1.96 < Z < 1.96) = 0.95$.

[*9] 証明は問 7.7 の ② の解答を参照のこと.

式 (9.16) の証明 $X_1, X_2, ..., X_n$ は互いに独立で，同一分布に従う確率変数で，期待値 $E[X_i] = \mu$, 分散 $V[X_i] = \sigma^2$, $(i = 1, 2, ..., n)$ とする．なお，ここでは ≒ は = とみなして扱う．これは数学的に厳密ではないが，厳密に証明しようとすると多くの数学的予備知識が必要となるので，最初はこのくらいの理解で大丈夫である．さて，証明を始める．

中心極限定理より，n が大きなとき，$\bar{X} \approx N\left(\mu, \dfrac{\sigma^2}{n}\right)$ となるので

$$Z = \frac{\bar{X} - \mu}{\frac{\sigma}{\sqrt{n}}}$$

は近似的に $N(0, 1^2)$ に従う．上の ◆**予備知識**◆ より

$$P\left(-1.96 < \frac{\bar{X} - \mu}{\frac{\sigma}{\sqrt{n}}} < 1.96\right) \doteqdot 0.95$$

となり，

$$P\left(-1.96\frac{\sigma}{\sqrt{n}} < \bar{X} - \mu < 1.96\frac{\sigma}{\sqrt{n}}\right) \doteqdot 0.95 \qquad (9.17)$$

を得る．ここで $P(\cdots)$ の中身は $-1.96\dfrac{\sigma}{\sqrt{n}} < \bar{X} - \mu$ かつ $\bar{X} - \mu < 1.96\dfrac{\sigma}{\sqrt{n}}$ で，これらを式変形を行うと $\mu < \bar{X} + 1.96\dfrac{\sigma}{\sqrt{n}}$ かつ $\bar{X} - 1.96\dfrac{\sigma}{\sqrt{n}} < \mu$ となる．これらをまとめると $\bar{X} - 1.96\dfrac{\sigma}{\sqrt{n}} < \mu < \bar{X} + 1.96\dfrac{\sigma}{\sqrt{n}}$ となるので，(9.17) から式 (9.16) を得る． □

$X_1, ..., X_n$ は未知 (値がわからないもの) の母平均 μ, 既知 (前もってわかっているもの) の母標準偏差 σ を持つ母集団からの無作為標本とすると，式 (9.16) は，"μ は 95% の確率で $\bar{X} - 1.96\dfrac{\sigma}{\sqrt{n}} < \mu < \bar{X} + 1.96\dfrac{\sigma}{\sqrt{n}}$" となることを意味している．

これより，n が大きいものとし，無作為標本の実現値を $x_1, ..., x_n$, 標本平均を $\bar{x} = \dfrac{1}{n}\sum_{i=1}^{n} x_i$ とするとき，μ に対する**信頼度 95% の信頼区間**とよばれるものが以下の形で与えられる．

$$\left(\bar{x} - 1.96\frac{\sigma}{\sqrt{n}}, \quad \bar{x} + 1.96\frac{\sigma}{\sqrt{n}}\right),$$

9.5. 区間推定

ここで記号 (a, b) は $a < \mu < b$ を表す.

また μ に対する**信頼度** 99%の**信頼区間** $\left(\bar{x} - 2.58\dfrac{\sigma}{\sqrt{n}},\ \bar{x} + 2.58\dfrac{\sigma}{\sqrt{n}}\right)$ もよく使用される.

標本の数 n が大きいとは, 多くの研究者[*10]が $n \geq 30$ としている. ただし $X_1, ..., X_n$ が**正規**母集団からの無作為標本であると仮定した場合は, $n \geq 1$ であれば, 式 (9.16) が成り立つので, 上記の 95%, 99%信頼区間を用いることができる.

【例 9.7】 大量生産されたボールの入った箱から 64 個取り出して重さを量ったところ $\bar{x} = 2.705$g であった. このときボール全ての平均の重さ μ を信頼度 95%の信頼区間を求めよ. ただし母標準偏差 σ の値は $\sigma = 0.06$ ということがわかっているものとする.

解 $\left(2.705 - 1.96 \times \dfrac{0.06}{\sqrt{64}},\ 2.705 + 1.96 \times \dfrac{0.06}{\sqrt{64}}\right) = (2.6903, 2.7197)$.

標準正規分布 $N(0, 1^2)$ においてその点より上側の確率が 100α%$(0 \leq \alpha \leq 1)$ となる点を α**パーセント点**といい z_α と書く (下図参照). ここでよく使われるパーセント点の値を以下の表にまとめておく. 例えば5%点は $z_{0.05} = 1.645$ となり, 2.5%点は $z_{0.025} = 1.96$ となる. また左右対称なので $-z_\alpha = z_{1-\alpha}$ であることに注意してほしい.

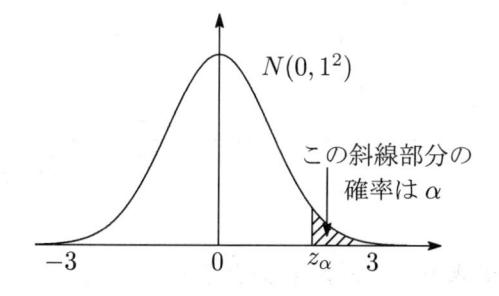

表 9-1 パーセント点

α	$\alpha/2$	$z_{\alpha/2}$
0.1	0.05	1.645
0.05	0.025	1.96
0.02	0.01	2.33
0.01	0.005	2.58

これより, 式 (9.16) の証明と同様にすると, 信頼度 $100 \times (1-\alpha)$% の μ の信頼区間は, 以下の形で与えられる.

$$P\left(\bar{X} - z_{\alpha/2}\dfrac{\sigma}{\sqrt{n}} < \mu < \bar{X} + z_{\alpha/2}\dfrac{\sigma}{\sqrt{n}}\right) \fallingdotseq 1 - \alpha,$$

[*10]例えば Mendenhall, 他 [30]p.266, 山本 [28] p.88. しかし母集団が正規分布に近い形をしているときには, より少ない標本で十分であることが多い.

すなわち $\left(\bar{x} - z_{\alpha/2}\dfrac{\sigma}{\sqrt{n}},\quad \bar{x} + z_{\alpha/2}\dfrac{\sigma}{\sqrt{n}}\right)$ となる.

問9.3 (1) 例9.7の μ に対して, 信頼度90%の信頼区間を求めよ.
(2) $z_{0.1}$ を求めよ.
(3) 例9.7の μ に対して, 信頼度80%の信頼区間を求めよ.

9.5.2 信頼度の意味

$\bar{X}$ は母集団から無作為に取り出したデータの平均であるので, 実際に得られる値は, 実験を行うたびに変わる. 例9.7において64個のボールを取り出して信頼区間を求める実験を100回繰り返すとしよう. ここで100回の実験より100個の95%信頼区間を作る. そうすると信頼度95%というのは, 100個の信頼区間のうち大体95個は μ を含んでいることを意味する. 以下の図では, 99回目の実験により計算した信頼区間は μ を含んでいない, つまり失敗であることがわかる. 言い換えると, 推定に失敗する信頼区間が100回中5回程度は出てきてしまうことを意味する.

$\bar{x}_1$ は1回目の実験で得られたデータの標本平均. $\bar{x}_2$ は2回目の実験で得られたデータの標本平均とする. $\bar{x}_3$ 以降も同様に定義する.

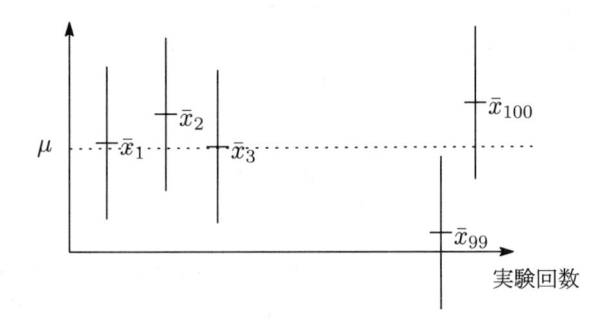

9.5.3 区間推定 (μ, σ が未知, n が大きいとき)

これまでは母標準偏差 σ は知っているものとして, 区間推定の話をした. それでは σ もわからないときにはどうすればよいのであろうか? 標本の数 n が大きいときは, 標本分散 s^2 は σ^2 に近い値をとるので, σ を標本による標準偏差 $s = \sqrt{\dfrac{1}{n}\sum_{i=1}^{n}(x_i - \bar{x})^2}$ に置き換えて区間推定を行えばよいことが知ら

9.5. 区間推定

れている．すなわち信頼度 95% の信頼区間は $\left(\bar{x}-1.96\dfrac{s}{\sqrt{n}},\ \bar{x}+1.96\dfrac{s}{\sqrt{n}}\right)$
となる．90% や 99% の信頼区間についても同様に標準偏差 s で置き換えることができる．

【例 9.8】 またたび高校のホームページには，猫駅からまたたび高校まではバスで 16 分かかると記載されている．実際にまたたび高校までのバスの所要時間を計測したところ，下記の 30 個のデータを得ることができた．

標本平均 $\bar{x} = 16.5$, 標本分散 $s^2 \fallingdotseq 12.32$

17	28	23	13	11	21	14	15	20	18	15	18	15	17	14
16	16	15	12	15	12	16	14	15	14	17	18	22	18	16

ここで，μ に対する 95% 信頼区間は $16.5 \pm 1.96\sqrt{\dfrac{12.32}{30}}$ より

$$(15.24, 17.76)$$

となる．これより，16 分はこの信頼区間に含まれているので，95% の信頼度においてホームページの記載は間違っているとはいえない．

〈 区間推定を用いた主張の検証 〉

母集団全体の平均 (母平均) を μ とするとき，"$\mu = \mu_0$ である"といった主張を検証するために，信頼区間 $(\bigcirc\bigcirc, \triangle\triangle)$ が使われることがある．例えば例 9.8 では，"バスの平均到達時間は 16 分かかる"という主張は，$\mu = 16$ という主張になる．このとき，

① μ_0 が $(\bigcirc\bigcirc, \triangle\triangle)$ に含まれない $\iff$ 母平均は μ_0 でない
② μ_0 が $(\bigcirc\bigcirc, \triangle\triangle)$ に含まれる $\iff$ 母平均は μ_0 でない
　　　　　　　　　　　　　　　　　　　　　という根拠はない

と判断することにより検証を行うことになる．

* * * * * * * * * **Q AND A** * * * * * * * * *

②において，なぜ"母集団全体の平均は μ_0 である"といわないのですか？

ざっくりいいますと, 95%信頼区間とか, 99%信頼区間というのは, 統計学においては"μ がとりうるほとんど全ての範囲" と考えることができます. ということは, その"ほとんど全ての範囲" にも入らない μ_0 というのは, 母集団全体の平均じゃない！と考えます. 逆にいうと, 母集団全体の平均が μ_0 でないもの, 例えば $\mu_0 + 1$ というのも, "ほとんど全ての範囲" には入る可能性があるので, これは"母集団全体の平均は μ_0 である"という主張を検証したことにはなりません.

なんとなくはわかりましたが....

まあ, これは後の 10.5 章で説明しますので, ここではそういうものだとと認めておいてください. それでも大丈夫です.

* * * * * * * * **Q AND A** 終わり * * * * * * * *

問 9.4 ある工場の 500ml の牛乳パックにおいて, 200ml 当りのカルシウムの量 (mg) を調査したいと考えている. 1 日に 1 個の牛乳パックを無作為に取り出し, 200ml 当りのカルシウムの量を調べる検査を 30 日行ったところ, 平均 226mg, 標準偏差 4 という結果を得た. このとき, 母平均 μ に対する 95%信頼区間を求めよ. また 90%信頼区間も求めよ.

問 9.5 △△ 市には, つけ麺をウリにしている人気のラーメン店 A, B がある. あるとき, 学生 30 人を無作為に選び, この 2 店の評価を 10 段階で評価してもらったところ以下のデータを得た.

氏名	A 店	B 店	$A - B$
佐藤	6	5	1
塩田	7	8	-1
鈴木	5	6	-1
仙道	4	1	3
蘇原	7	1	6
⋮	⋮	⋮	⋮
鷲尾	6	3	3
渡辺	6	3	3

このとき, A 店と B 店で評価に差があるかどうかを調べたいと考えている.

9.5. 区間推定

このため, A 店の評価から B 店の評価を引いた値を計算したところ, 以下のようになった.

$A-B$ のデータ：標本平均 $\bar{x}=1.4$, 標準偏差 $s=2.17$
1 −1 −1 3 6 1 −1 1 2 2 3 7 −3 0 2
−2 3 −2 4 2 2 1 1 0 0 2 1 2 3 3

① $A-B$ のデータを, 母平均 μ とする母集団からの無作為標本 $X_1,...,X_{30}$ の実現値とするとき, μ に対する 95%信頼区間を求めよ.
② ①で求めた信頼区間から, この 2 店には差があるといえるか?

問 9.5 のデータは, 1 人の学生につき, A 店と B 店の 2 つの評価が対応しているので, **対応のある標本**といわれる.

【例 9.9】(必要なデータ数を求める) 放射線計測器で大気中の放射線量を測る場合, 計測された値が変化するため, 大気中の放射線量を何回か測ってその標本平均で μ を推定する必要がある. いま, 埼玉県のある地域の放射線量の母平均 μ(マイクロシーベルト / 時間) を標本平均 $\bar{X}$ で推定したいと考えており, ここ数日の測定から標準偏差 $\sigma=0.013$ はわかっているものとする. 95%の確率で 0.01(マイクロシーベルト / 時間) の誤差の範囲内にするためには, どのくらいの標本を取ればよいのか?

解 $P(|\bar{X}-\mu|<0.01)=0.95$ を満たす n を求めればよい.
区間推定の式 (9.16) から

$$0.95 \fallingdotseq P\left(-\frac{1.96}{\sqrt{n}}\sigma < \bar{X}-\mu < \frac{1.96}{\sqrt{n}}\sigma\right) = P\left(|\bar{X}-\mu| < \frac{1.96}{\sqrt{n}}\sigma\right)$$

となる. これより $\frac{1.96}{\sqrt{n}}\sigma = 0.01$ より

$$\sqrt{n} = \frac{1.96 \cdot \sigma}{0.01} = \frac{1.96 \cdot 0.013}{0.01} = 2.548$$

よって, $n=(2.548)^2=6.492$ から 7 個の標本が必要になる.

問 9.6 ある旅館は, 温泉のお湯がアルカリ性であることを宣伝するために, 温泉の酸性度 (ph) の母平均 μ を標本平均 $\bar{X}$ で推定したいと考えている. このとき, 95%の確率で誤差を ±0.25 以内にしたいと考えている. ある学者の研究から, 母標準偏差は $\sigma=0.5$ であることがわかっている. このとき, 何個の標本を取ればよいか?

9.6　母比率の区間推定 (n が大きいとき)

8.7 章では事象 A が起こる確率が p である試行を n 回繰り返したとき, n 回の中で事象 A が起こった割合を標本比率 $\hat{p}$ で表した.

このとき定理 8.4 から, 標本の数 n が大きいときには, $\hat{p} \approx N\left(p, \dfrac{p(1-p)}{n}\right)$ であったことを思い出してほしい. このことより, 母平均の区間推定の導出と同様にすると

$$P\left(\hat{p} - 1.96\sqrt{\frac{p(1-p)}{n}} < p < \hat{p} + 1.96\sqrt{\frac{p(1-p)}{n}}\right) \fallingdotseq 0.95 \qquad (9.18)$$

となる. ここで $\sqrt{\dfrac{p(1-p)}{n}}$ の p を $\hat{p}$ に置き換えると

$$P\left(\hat{p} - 1.96\sqrt{\frac{\hat{p}(1-\hat{p})}{n}} < p < \hat{p} + 1.96\sqrt{\frac{\hat{p}(1-\hat{p})}{n}}\right) \fallingdotseq 0.95 \qquad (9.19)$$

となる[*11]. これより区間 (9.19) を略記した

$$\left(\hat{p} - 1.96\sqrt{\frac{\hat{p}(1-\hat{p})}{n}},\quad \hat{p} + 1.96\sqrt{\frac{\hat{p}(1-\hat{p})}{n}}\right) \qquad (9.20)$$

を母比率 p の **95%信頼区間** という. ただし (9.19) 式がうまく働くためには $n\hat{p} > 5$ かつ $n(1-\hat{p}) > 5$ を満たすだけのデータ数 n が必要となる.

一般的に信頼度 $1 - \alpha$ の信頼区間は

$$P\left(\hat{p} - z_{\alpha/2}\sqrt{\frac{\hat{p}(1-\hat{p})}{n}} < p < \hat{p} + z_{\alpha/2}\sqrt{\frac{\hat{p}(1-\hat{p})}{n}}\right) \fallingdotseq 1 - \alpha$$

となる. $z_{\alpha/2}$ は p.181 の表 9-1 から求める.

【例 9.10】　(出典:厚生労働省人口動態統計 [33]) 男女の出生比率が 0.5 から大きく偏っている場合, 環境ホルモンの影響やストレス過多の問題など望ましくないものと考えられている. 2009 年の日本において, 1070035 人の新生児の中で 548993 人が男児であった. このとき $\hat{p} = \dfrac{548993}{1070035} = 0.51306$

[*11] n が大きくないと, $\hat{p}$ の推定誤差が大きくなるので, この信頼区間は不正確なものになる.

となり，95%信頼区間は

$$\left(\hat{p} - 1.96\sqrt{\frac{\hat{p}(1-\hat{p})}{n}}, \quad \hat{p} + 1.96\sqrt{\frac{\hat{p}(1-\hat{p})}{n}}\right) = (0.51211, \quad 0.51408).$$

となる．このため 0.5 はこの区間に含まれておらず，出生率の男女比は 50% でないことがわかる．しかし信頼区間から大きくとも 51.5% よりは小さいので出生比率が大きく偏っているとはいえない．

問 9.7　歪んだコインを 30 回投げて次のデータが与えられたとする．

0, 1, 1, 1, 1, 0, 1, 0, 0, 0, 0, 1, 1, 1, 1, 1, 1, 1, 0, 1, 0, 1, 0, 1, 1, 0, 1, 0, 0, 0

ここで 1 は表，0 は裏を意味する．このとき，このコインの表の出る確率 p の 95%信頼区間を求めよ．また得られた信頼区間より，このコインが歪んでいるかどうかを判定せよ．

9.7　t 分布

これまでは，標本の数 n が大きいときの信頼区間を与えた．では標本の数が小さいときにはどうすればよいのであろうか？ 実はこれから紹介する t 分布を用いると，この問題はある程度解決することができる．

$k > 0$ を定数とする．確率変数 T が確率密度関数

$$f(t) = \frac{\Gamma((k+1)/2)}{\sqrt{k\pi}\Gamma(k/2)}\left(1 + \frac{t^2}{k}\right)^{-(k+1)/2}, (-\infty < t < \infty) \tag{9.21}$$

に従うとき，自由度 (Degrees of freedom, しばしば df と略記) k の **t 分布** (t Distribution) に従うといい，記号 $T \sim t(k)$ で表す．ここで $\Gamma(s) = \int_0^\infty x^{s-1} e^{-x} dx$ は**ガンマ関数**というが，入門段階では理解する必要はない．これは $\Gamma(s)$ の s に 3 のような数値を代入すると，それに従って何か数値が出てくるものと考えるくらいで十分である[*12]．

さて自由度 k に 3 および 5 を代入したものと $N(0,1)$ の密度関数の形を比較してみよう．

[*12] s が自然数の時には，$\Gamma(s) = (s-1)!$ となることが知られている．例えば $\Gamma(3) = 2! = 2$.

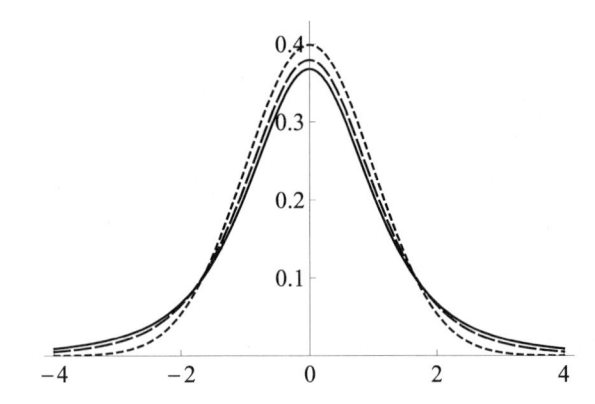

──:自由度 3 の t 分布, ‐ ‐ ‐:自由度 5 の t 分布, ‐ ‐ ‐ ‐:正規分布

t 分布は $N(0,1)$ 同様, 原点に関して**左右対称**であるが, 正規分布より散らばり具合が大きいのが特徴である. これは正規分布より裾 (すそ) が重いという. また自由度 k の値を大きくしていくと, だんだん正規分布に近づいていく.

また確率変数 T が自由度 k の t 分布に従うとき, 期待値は $E[T] = 0$, $(k > 1)$, 分散は $V[T] = \dfrac{k}{k-2}$, $(k > 2)$ となることが知られている.

* * * * * * * * * * Q AND A * * * * * * * * * *

う〜む, 難しい!!!(特に確率密度関数)

式 (9.21) は特に気にしないでください. 入門段階では不要ですので. 要は t 分布は裾が重い左右対称の分布という特徴さえ押さえておけば大丈夫です. ただこれから説明するように, 巻末の付録 B の表を使って t 分布における確率を求められるようにはなってください.

* * * * * * * * Q AND A 終わり * * * * * * * *

t 分布における確率は巻末の付録 B の数値表を用いて計算する. 例えば $T \sim t(9)$ のとき, $P(T \geq 1.383) = 0.1$ となる. また $T \sim t(k)$ のとき, $P(T \geq t_\alpha(k)) = \alpha$ を満たす点 $t_\alpha(k)$ を**上側確率** $100 \times \alpha$%の**パーセント点**という. 例えば, $T \sim t(9)$ のとき, 上側確率1%のパーセント点 $t_{0.01}(9) = 1.383$ となる.

9.7. t 分布

問 9.8 [*13] $T \sim t(10)$ とする.
(1) $P(T \geq 0)$ を求めよ.
(2) $P(T \geq a) = 0.01$ を満たす a を求めよ.
(3) $P(T \leq b) = 0.025$ を満たす b を求めよ.
(4) $P(-c < T < c) = 0.95$ を満たす c を求めよ.

> ❀ コラム ❀
>
> t 分布はウィリアム・ゴセット (1876-1937) により発見された. ゴセットが勤めていたビール会社"**ギネス**"は, 会社の情報流出を防ぐために, 従業員が研究発表することは禁止されていたといわれている. このような理由から, ゴセットは実名を出すことなく, "**スチューデント (Student)**" というペンネームで論文を公表した. このため, t 分布は "**スチューデントの t 分布**" ということがある.

さて, ここで以下の重要な定理を紹介する.

定理 9.3 (t 分布に従う統計量)

確率変数 $X_1, X_2, ..., X_n$ は互いに独立に正規分布 $N(\mu, \sigma^2)$ に従うとし, $\bar{X} = \frac{1}{n}\sum_{i=1}^{n} X_i$, $U = \sqrt{\frac{1}{n-1}\sum_{i=1}^{n}(X_i - \bar{X})^2}$ とする. このとき

$$T = \frac{\bar{X} - \mu}{U/\sqrt{n}} \qquad (9.22)$$

は自由度 $n-1$ の t 分布に従う.

ただし標準偏差 $S = \sqrt{\frac{1}{n}\sum_{i=1}^{n}(X_i - \bar{X})^2}$ には, $\frac{U}{\sqrt{n}} = \frac{S}{\sqrt{n-1}}$ という関係があるので, 式 (9.22) は $T = \frac{\bar{X} - \mu}{S/\sqrt{n-1}}$ と表すこともできる.

[*13] ヒント: 確率は面積として表せるので, グラフを描いて求めるとよい.

【例 9.11】 確率変数 $X_1, X_2, ..., X_9$ は互いに独立に正規分布 $N(10, 2^2)$ に従うとする．このとき

$$Z = \frac{\bar{X} - 10}{2/\sqrt{9}} \sim N(0, 1)$$

であるが，一方で

$$T = \frac{\bar{X} - 10}{U/\sqrt{9}} = \frac{\bar{X} - 10}{S/\sqrt{8}} \sim t(8)$$

となる．

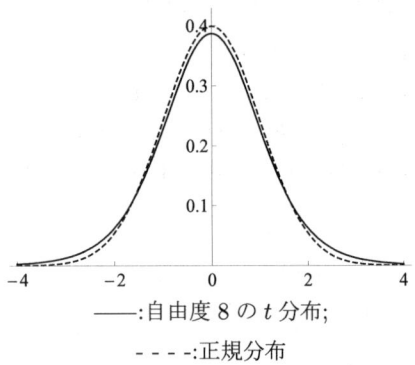

――：自由度 8 の t 分布；
- - - -：正規分布

9.8 区間推定 (μ, σ が未知, n が小さいとき)

―定理 9.4 ―――

確率変数 $X_1, X_2, ..., X_n$ は互いに独立に正規分布 $N(\mu, \sigma^2)$ に従うとする．$T \sim t(n-1)$ のとき，$t_{0.025}(n-1)$ は $P(T \geq t_{0.025}(n-1)) = 0.025$ を満たす点とする．このとき

$$P\left(\bar{X} - t_{0.025}(n-1)\frac{S}{\sqrt{n-1}} < \mu < \bar{X} + t_{0.025}(n-1)\frac{S}{\sqrt{n-1}}\right) = 0.95 \tag{9.23}$$

が成り立つ．

式 (9.23) から，未知の母平均 μ の信頼度 95％信頼区間は

$$\left(\bar{x} - t_{0.025}(n-1)\frac{s}{\sqrt{n-1}}, \quad \bar{x} + t_{0.025}(n-1)\frac{s}{\sqrt{n-1}}\right), \tag{9.24}$$

で与えられる．定理 9.3 同様，$\dfrac{S}{n-1} = \dfrac{U}{\sqrt{n}}$ となることから，μ の **95％信頼区間**は

$$\left(\bar{x} - t_{0.025}(n-1)\frac{u}{\sqrt{n}}, \quad \bar{x} + t_{0.025}(n-1)\frac{u}{\sqrt{n}}\right),$$

と表すこともできる．$t_{0.025}(n-1)$ の値は標本の数 n によって値が変わるので注意してほしい．95％信頼区間における自由度 (df) と $t_{0.025}(\text{df})$ の関係は以下の通りである．

9.8. 区間推定 (μ, σ が未知, n が小さいとき)

df	1	2	3	4	5	6	7	8	9
$t_{0.025}(\text{df})$	12.71	4.303	3.182	2.776	2.571	2.447	2.365	2.306	2.262
df	10	11	12	13	14	15	16	17	18
$t_{0.025}(\text{df})$	2.228	2.201	2.179	2.160	2.145	2.131	2.120	2.110	2.101

n が大きいとき (大体 100 個以上) は $t_{0.025}(n-1)$ は 1.96 とみなしてもよい.

〚注意〛 $t_{0.025}(n-1)$ は $t_{0.025} \times (n-1)$ という**意味ではない**. $t_{0.025}(n-1)$ で一つの数値となる.

定理 9.4 の証明 定理 9.3 より $T = \dfrac{\bar{X} - \mu}{S/\sqrt{n-1}}$ は自由度 $n-1$ の t 分布に従う. このとき, $P(T \geq t_{0.025}(n-1)) = 0.025$ から $P(-t_{0.025}(n-1) < T < t_{0.025}(n-1)) = 0.95$ となるので,

$$P\left(-t_{0.025}(n-1) < \frac{\bar{X} - \mu}{S/\sqrt{n-1}} < t_{0.025}(n-1)\right) = 0.95$$

となる. ここで定理 9.2 と同様に $P(\cdots)$ の中身を整理すると

$$P\left(\bar{X} - t_{0.025}(n-1)\frac{S}{\sqrt{n-1}} < \mu < \bar{X} + t_{0.025}(n-1)\frac{S}{\sqrt{n-1}}\right) = 0.95$$

となる. □

【例 9.12】 A 駅から B 大学まで 90 分かかるといわれている高速バスの運行時間を 2010 年 11 月から 2011 年 1 月まで計測したところ, 以下のデータが得られた.

$$85, \quad 100, \quad 90, \quad 85, \quad 82 \quad (\text{分}) \tag{9.25}$$

データは母平均 μ, 母分散 σ^2 の正規母集団[*14]からの無作為標本とするとき, μ に対する 95% 信頼区間を求めよ.

解 標本平均 $\bar{x} = 88.4$, 標準偏差 $s = 6.3435$ となる. これより,

$$\bar{x} \pm t_{0.025}(5-1)\frac{s}{\sqrt{5-1}} = 88.4 \pm 2.776\frac{6.3435}{\sqrt{4}}$$

となる. これを計算すると信頼区間は $(79.5952, 97.2048)$ となる.

問 9.9 (出典: 気象庁 [34]) 以下のデータは, 大阪の 2010 年 12 月 11 日から 12 月 20 日までの平均気温である.

[*14] 正規母集団 →p.153

標本平均 $\bar{x} = 8.79$, 標準偏差 $s = 2.356$.

| 10.1 | 9.4 | 10.1 | 13.5 | 7.5 | 5.1 | 5.6 | 8.6 | 7.6 | 10.4 |

データは母平均 μ, 母分散 σ^2 の正規母集団からの無作為標本とするとき，以下の問に答えよ．

① 母平均 μ に対する95%信頼区間を求めよ．
② 大阪の12月の平年値は8.4度であった．この気温データから，大阪の気温は平年並みといってよいか？

********* Q AND A *********

定理9.4の場合，標本は正規分布に従っていることを仮定しています．でも，正規分布以外だとどうなるのですか？

この結果は使えません．標本は正規分布に従うと強引に仮定して，処理する場合もあるようですが，頻繁にこの仮定を使うのは避けておいたほうがいいと思います．また近年，ブートストラップ法とよばれるコンピューターのシミュレーションを用いて信頼区間を求める方法が提案されていますが，この本では範囲を超えるので省略します．興味のある方は，例えば小西 [6] pp.123-142 などを参考にしてください．

********* Q AND A 終わり *********

より一般的に，確率変数 $X_1, X_2, ..., X_n$ は互いに独立に正規分布 $N(\mu, \sigma^2)$ (μ:未知, σ:未知) に従うとき，信頼度 $100 \times (1-\alpha)$%の信頼区間は

$$\left(\bar{x} - t_{\alpha/2}(n-1) \frac{s}{\sqrt{n-1}}, \quad \bar{x} + t_{\alpha/2}(n-1) \frac{s}{\sqrt{n-1}} \right), \tag{9.26}$$

となる．$t_{\alpha/2}(n-1)$ の値は巻末の付録Bの表から計算する．

9.9　章末問題

1. 例 9.8 の母平均 μ に対する 99%信頼区間を求めよ.

2. 足のかかとから指先までの長さは左右で異なることが多い．ある学校の生徒 36 人を無作為に選び左右の足の長さ (cm) を測り，(右足の長さ)−(左足の長さ) という差のデータを考えたところ，平均 $\bar{x} = 0.2$, 標準偏差 $s = 0.8$ となった．このとき，この学校の生徒全体を母集団とするとき，母平均 μ に対する 95%信頼区間を求めよ.

3. 以下のデータは身長が 168cm の大学生から無作為に抽出した男性 6 人の体重である．

$$61.2, 63, 65, 60.8, 58, 64$$

それぞれのデータは正規分布に従っていると仮定したとき，母平均 μ に対する 95%信頼区間を求めよ．また身長 168cm の標準体重は 62.1kg であるといわれている．この母集団は，標準体重から外れているといえるか?

4. 町のある交差点で，1 日当りの交通事故が起こる回数を調べた結果を $X_1, ..., X_{30}$ とする．確率変数 $X_1, ..., X_{30}$ は互いに独立に，以下の確率関数に従うものとする．

$$p(x|\theta) = \frac{1}{x!} e^{-\theta} \theta^x, \quad (x = 0, 1, 2, ...),$$

ここで $\theta > 0$ はパラメーターとする．このとき，θ に対する最尤推定量を求めよ.

5. $X_1, X_2, ..., X_n$ は連続型母集団分布 $f(x|\theta) = \theta e^{-\theta x}, (x > 0)$ からの大きさ n の無作為標本とする．$\theta > 0$ を未知のパラメーターとするとき，θ に対するモーメント推定量を求めよ．ただし $E[X_1] = \dfrac{1}{\theta}$ となることが知られている[*15].

[*15] この確率分布は**指数分布**とよばれ，初期の故障 (バグ) が起こりやすいシステム (プログラム) などが，故障を起こすまでの時間の分布として用いられる.

6. 以下のデータは筆者が 2011 年 8 月 16 日に福島県福島市のある町にて測定した 10 個の放射線 (γ 線, 単位はマイクロシーベルト / 時間) のデータである.

標本平均 $\bar{x} = 1.234$, 標準偏差 $s \doteq 0.020$.

1.26,	1.23,	1.25,	1.25,	1.23,	1.19,	1.21,	1.23,	1.25,	1.24

それぞれの測定値は, 独立に正規分布 $N(\mu, \sigma^2)$ の従うと仮定するとき, 次の問に答えよ.
① μ に対して点推定を行うこと.
② μ に対して信頼度 99%の区間推定を行うこと.
(付録 B の t 分布における上側確率の表を利用すること)

7. $X_1, X_2, ..., X_n$ は母平均 θ, 母分散 θ^2 を持つ母集団からの大きさ n の無作為標本とし, θ に対する推定量を $\tilde{\theta} = \dfrac{1}{n+1} \sum_{i=1}^{n} X_i$ とする.
① $\tilde{\theta}$ は不偏推定量であるか? 理由も含めて答えよ.
② $\tilde{\theta}$ は平均 2 乗収束することを示すこと.
ヒント: 標本平均を $\bar{X}$ とすると, $\tilde{\theta} = \dfrac{n}{n+1} \bar{X}$ と表せるので, p.169 の式 (9.1) の結果を使うと計算が楽になる.

8. $X_1, X_2, ..., X_n$ は母平均 μ, 母分散 9 の正規母集団からの無作為標本とする. このとき, μ と標本平均 $\bar{X}$ の誤差が 0.3 未満となる確率 $P(|\bar{X} - \mu| < 0.3)$ を考える.
① $n = 16$ のとき, 確率 $P(|\bar{X} - \mu| < 0.3)$ を求めよ.
② $n = 100$ のとき, 確率 $P(|\bar{X} - \mu| < 0.3)$ を求めよ.
③ $n = 900$ のとき, 確率 $P(|\bar{X} - \mu| < 0.3)$ を求めよ.
ヒント: 7 章の章末問題 **5.** の結果を用いる.

第10章 統計的仮説検定

10.1 帰無仮説と対立仮説

(統計的) 仮説検定とは,母集団の性質についてのある主張が正しいかどうかをデータから判断する手法である.正しいことを示したい主張のことを**対立仮説 (Alternative hypothesis)** といい H_a と書く.対立仮説を否定した主張のことを**帰無仮説 (Null hypothesis)** といい H_0 で表す.

【例 10.1】 ○○市における建設労働者の1時間当りの平均賃金 μ は,県の平均賃金である 1400 円 ではない ことを示したいとする.このとき帰無仮説を $H_0 : \mu = 1400$, 対立仮説を $H_a : \mu \neq 1400$ と表す.

【例 10.2】 ○○市における建設労働者の1時間当りの平均賃金 μ は,県の平均賃金である 1400 円 より少ない ことを示したいとする.このとき帰無仮説を $H_0 : \mu = 1400$, 対立仮説を $H_a : \mu < 1400$ と表す.このように H_0 と H_a は完全な否定関係でない場合もある.

H_0 は間違い(誤り)であると判断することを帰無仮説 H_0 を**棄却**するという.これは対立仮説 H_a を積極的に支持することを意味する.H_0 を棄却できないとき,帰無仮説 H_0 を**採択**するという.これは H_a が正しいとする証拠(根拠)は不十分であるため, H_0 を消極的に支持することを意味する.仮説検定においては, H_0 を棄却するのか採択するのかをデータから判断する.

例 10.1 のように,対立仮説が $H_a : \mu \neq 1400$ の場合の仮説検定を**両側仮説検定**といい,その仮説を $H_0 : \mu = 1400$ vs $H_a : \mu \neq 1400$ と書く[*1]. 一方で対立仮説が $H_a : \mu < 1400$ の場合の仮説検定を**片側仮説検定**といい,その仮説を $H_0 : \mu = 1400$ vs $H_a : \mu < 1400$ と書く.もちろん $H_0 : \mu = 1400$ vs $H_a : \mu > 1400$ の検定も片側仮説検定である.10.2 章, 10.2.1 章では標本数 n が**大きい**ときの両側仮説検定における手法を説明し 10.2.2 章ではその仕組みについて説明する.ここで 10.2 章, 10.3 章において, n が大きいとは $n \geq 30$ であることを意味する.これは一般的な設定である.

[*1] vs とは versus(対) の略で, A vs B であれば, A 対 B を意味する.

10.2 母平均 μ の検定, n が大きいとき

母平均 μ, 母標準偏差 σ の母集団からの大きさ $n(n \geq 30)$ の無作為標本を $X_1, ..., X_n$ とし, その標本平均を $\bar{X} = \dfrac{1}{n}\sum_{i=1}^{n} X_i$, 標準偏差を $S = \sqrt{\dfrac{1}{n}\sum_{i=1}^{n}(X_i - \bar{X})^2}$ とする. いま, 両側仮説検定 $H_0 : \mu = \mu_0$ vs $H_a : \mu \neq \mu_0$ を考えてみよう. この仮説検定を行うために, 以下の**検定統計量**とよばれるものを用いる:

$$Z = \frac{\bar{X} - \mu_0}{\sigma/\sqrt{n}}.$$

σ が未知で, かつ n が大きい場合は, σ を S に置き換えて, $Z \approx \dfrac{\bar{X} - \mu_0}{S/\sqrt{n}}$ と近似して検定統計量を計算する[*2]. また実際のデータから計算された Z の値 (実現値, p.152) を z_0 とする. 以下では z_0 の直感的な解釈を説明する.

検定統計量は $Z = \dfrac{\bar{X} - \mu}{\sigma/\sqrt{n}} + \dfrac{\sqrt{n}(\mu - \mu_0)}{\sigma}$ と表すことができる. ここで中心極限定理 (p.180 参照) より右辺の第 1 項は近似的に $N(0,1)$ に従うので, 0 から大きくずれた値を取る可能性は低い. このため z_0 が 0 から大きくずれた値を取ることは, 右辺の第 2 項において $\mu = \mu_0$ でない可能性が高いことを意味している. 言いかえると, z_0 は H_0 と実際のデータがどれだけずれているかを測っている. ではどれくらいずれていれば帰無仮説 H_0 は棄却されるのであろうか? 有意水準 5% の下での両側仮説検定では

$$\begin{cases} |z_0| \geq 1.96 \implies H_0 \text{ を棄却} \\ |z_0| < 1.96 \implies H_0 \text{ を採択} \end{cases}$$

という境界値を用いた方法がよく使われる[*3]. ただし有意水準, およびこの手法については 10.2.2 章で厳密に説明するので, いまは気にしなくてよい.

【例 10.3】 (例 10.1 のつづき) ○○市における建設労働者の 1 時間当りの平均賃金は, 国の平均賃金である 1400 円ではない ことを示すために, 両側

[*2] Z をある確率変数で近似したことを表す記号として $\approx$ を用いる. 近似的に正規分布に従うときにも同じ記号を用いているが, 意味が違うことは文脈から明らかである.

[*3] 記号 $|\Box|$ は絶対値を表す. 例えば $|-3| = 3, |7| = 7$. また"ならば"を表す記号 $\implies$ を用いたが, 実は"$|z_0| \geq 1.96 \iff H_0$ を棄却" が成り立つ. ここで $A \iff B$ は A と B は同値 (数学的には同じ内容) であることを意味する. 10 章における記号 $\implies$ の全ては, 実際には $\iff$ が成り立つことに留意してほしい.

10.2. 母平均 μ の検定, n が大きいとき

検定 $H_0: \mu = 1400$ vs $H_a: \mu \neq 1400$ を考える．〇〇市の建設業者 100 人を無作為に選んだところ，平均 $\bar{x} = 1500$, 標準偏差 $s = 200$ を得た．このとき検定統計量は

$$Z \approx \frac{\bar{X} - \mu_0}{S/\sqrt{n}} = \frac{1500 - 1400}{200/\sqrt{100}} = 5 \quad (\leftarrow 5 が z_0 に相当する).$$

という値をとるので，$|z_0| > 1.96$ より H_0 は棄却される．よって〇〇市の平均賃金は 1400 円 ではない．

10.2.1 p 値を用いた両側検定

仮説検定においては，境界値を用いた方法とは別に，p 値を用いた方法とよばれるものがある．まず両側検定 $H_0: \mu = \mu_0$ vs $H_a: \mu \neq \mu_0$ における p 値について説明を行う．検定統計量 $Z = \dfrac{\bar{X} - \mu_0}{\sigma/\sqrt{n}}$ の実現値を z_0 とするとき

$$p 値 = 2P(Z \geq |z_0|) \tag{10.1}$$

と定義する．ただし Z は標準正規分布 $N(0, 1^2)$ に従う確率変数とする．
(10.1) の p 値は下図の斜線部分の面積を表し，小さい値であるほど，帰無仮説 H_0 が間違っている可能性が高いことを示している．

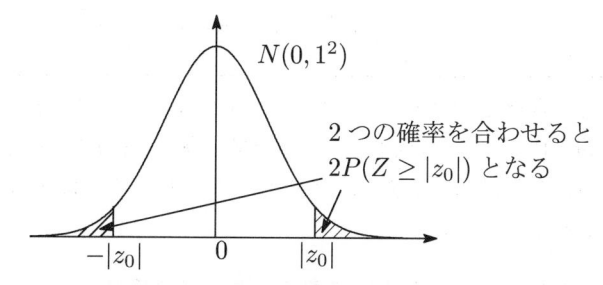

図 10-1 p 値の説明

〈なぜ p 値が小さいと帰無仮説 H_0 が間違っている可能性が高いのか？〉

まず，$H_0: \mu = \mu_0$ が正しいと仮定する[*4]．このとき，検定統計量 Z は中心極限定理より，大きな n に対して

$$Z = \frac{\bar{X} - \mu_0}{\sigma/\sqrt{n}} \approx N(0, 1^2) \tag{10.2}$$

[*4]正しそうか正しくないかは関係なく，強引に仮定するということである．

となる.しかし図 10-1 からわかるように,p 値が小さいことは,検定統計量 Z の実現値 z_0 が 0 から大きく離れていることを意味する.このような z_0 は標準正規分布 $N(0,1^2)$ においては**稀**(まれ)にしか起こらない値であるため,大袈裟にいえば式 (10.2) に矛盾した結果となる.この場合,最初に正しいと仮定した帰無仮説 $H_0 : \mu = \mu_0$ が矛盾を起こした原因なので,H_0 は間違っている可能性が高いと考えるということである.

【例 10.4】(例 10.3 のつづき) 例 10.3 において $z_0 = 5$ より $2P(Z \geq 5) \doteqdot 0$ なので,帰無仮説 $H_0 : \mu = 1400$ が間違っている可能性が高い.

では p 値がどれだけ小さければ帰無仮説 H_0 が間違っていたとみなすのであろうか? これを与えるのが**有意水準**とよばれる数で α で表す.有意水準は解析者が前もって決めておく数値で,よく使われる数は $\alpha = 0.05(5\%)$ もしくは $\alpha = 0.01(1\%)$ となる.このとき**有意水準 α の両側検定** $H_0 : \mu = \mu_0$ vs $H_a : \mu \neq \mu_0$ を以下のように定める.

有意水準 α の両側検定 (p 値による方法)

- Z は $N(0, 1^2)$ に従う確率変数とし,p 値 $= 2P(Z \geq |z_0|)$ とする.

$$\begin{cases} p\,\text{値} \leq \alpha & \Longrightarrow H_0 \text{を棄却} \\ p\,\text{値} > \alpha & \Longrightarrow H_0 \text{を採択} \end{cases}$$

ただしなぜこのような形になるのかについては 10.2.2 章で説明する.H_0 が棄却されるとき,有意水準 α で**統計的に有意 (Statistically Significant)** という.これは対立仮説 H_a が正しいと判断するのに十分な証拠があることを意味している.

【例 10.5】 一卵性双生児の双子は遺伝子の働きを調べるために,しばしば調査の対象となっている.ここでは数学の能力を調べるために,中学校 1 年生の 100 組の双子の女子に対して数学の試験を行った."$x = $ 長女の点数 $-$ 次女の点数"としたデータ $x_1, x_2, ..., x_{100}$ の平均は $\bar{x} = 2.2$,標本分散は $s^2 = 81$ であった.ここで有意水準 5% で両側仮説検定 $H_0 : \mu = 0$ vs $H_a : \mu \neq 0$ を行う.なお,$\mu = 0$ は双子の数学の点数に差がないという仮説

10.2. 母平均 μ の検定, n が大きいとき

を意味する．このとき，検定統計量は

$$Z = \frac{\bar{X} - 0}{\sigma/\sqrt{n}} \approx \frac{2.2 - 0}{9/\sqrt{100}} \fallingdotseq 2.44$$

という実現値をとることから p 値 $= 2P(Z \geq 2.44) = 0.0146$ となり，0.05 より小さな値をとる．これより H_0 は棄却され，双子の数学の点数の差は有意水準 5%で統計的に有意である．よって長女と次女の数学の能力には差があり，努力など，後天的な環境の影響を受けている可能性があることがわかる．

| 問 10.1 | 例 9.8 のデータにおいて，両側仮説 $H_0 : \mu = 15$ vs $H_a : \mu \neq 15$ を有意水準 5%で検定を行うこと．

| 問 10.2 | 例 9.8 のデータにおいて，両側仮説 $H_0 : \mu = 15$ vs $H_a : \mu \neq 15$ を有意水準 1%で検定を行うこと．

10.2.2 境界値を用いた両側検定

ここでは p.196 で与えた境界値を用いた方法が，なぜそのような形になるのかを説明する．両側仮説検定 $H_0 : \mu = \mu_0$ vs $H_a : \mu \neq \mu_0$ においては，検定統計量 $Z = \frac{\bar{X} - \mu_0}{\sigma/\sqrt{n}}$ の実現値 z_0 が 0 から離れていればいるほど，与えられたデータが H_0 からずれていることを意味していた．このため，ある正の数 $c > 0$ を用いて

$$|z_0| \geq c \iff H_0 \text{を棄却}$$

というルールで仮説検定を行うことを考える．p.196, p.198 で既に出てきているが，厳密には**有意水準**は"H_0 が正しいと仮定したときに得られる標本に基づいて仮説検定を行うときに，誤って H_0 を棄却する確率"と定義される．このため，有意水準 α を $\alpha = 0.05$ とすると，その定義より

$$\begin{aligned}
0.05 &= P(H_0 \text{を棄却}) \quad \text{上のルールより} \\
&= P(|Z| \geq c) \\
&= 1 - P(-c < Z < c).
\end{aligned}$$

これより $P(-c < Z < c) = 0.95$ となる．ここで上の $P(\cdots)$ は帰無仮説 H_0 が正しいと仮定したときの $X_1, ..., X_n$ に基づいて計算される確率を意味す

る. 式 (10.2) より, H_0 が正しいとする仮定の下では, 検定統計量 Z は近似的に標準正規分布 $N(0, 1^2)$ に従うので, $P(-c < Z < c) = 0.95$ を満たす c は $c = 1.96$ となることがわかる. つまり有意水準 5% の検定は"$|z_0| \geq 1.96$ $\iff H_0$ を棄却"となる. **境界値**を用いた方法は, 一般の有意水準 α に対しては, 以下の形で与えられる.

有意水準 α の両側検定 (境界値による方法)

両側仮説検定 $H_0 : \mu = \mu_0$ vs $H_a : \mu \neq \mu_0$ において

$$\begin{cases} |z_0| \geq z_{\alpha/2} & \Longrightarrow H_0 \text{を棄却} \\ |z_0| < z_{\alpha/2} & \Longrightarrow H_0 \text{を採択} \end{cases} \quad (10.3)$$

ここで $z_{\alpha/2}$ のことを**境界値**もしくは**棄却点**という. $z_{\alpha/2}$ は p.181 で説明したパーセント点なので, 有意水準 5% であれば, $z_{0.05/2} = z_{0.025} = 1.96$ として計算する.

次に p 値を用いた方法と境界値を用いた方法は, 同じ結果をもたらすことを説明する. p 値の定義より, p 値 $= 2P(Z \geq |z_0|) = P(Z \leq -|z_0|, \text{または} Z \geq |z_0|)$ となり, $0.05 = P(Z \leq -1.96, \text{または} Z \geq 1.96)$ となるので, 下図より p 値 ≤ 0.05 と $|z_0| \geq 1.96$ は同じこと意味していることがわかる.

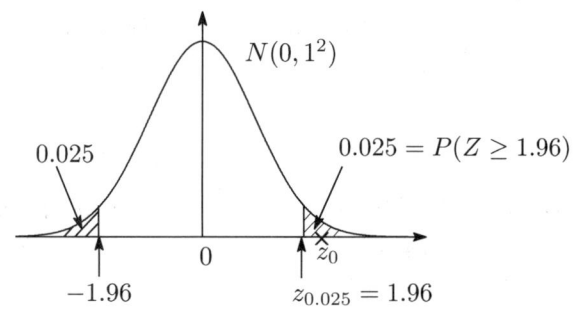

p 値を用いた方法と境界値を用いた方法は, 結果的には同じことをしているので, どちらを用いてもかまわない. 近年は統計処理ソフトが普及しているので, 解釈することが簡単な p 値が多く用いられている.

10.2.3　棄却域と採択域

例 10.3 の両側検定問題からわかるように, 要は $\bar{X}$ の実現値 $\bar{x}$ が $\mu = 1400$ に近い値をとっていれば H_0 は棄却されないということがわかる. このとき,

10.3. 片側仮説検定

$|z_0| < 1.96$ は $-1.96 < z_0 < 1.96$ と同じことに注意すると, (10.3) 式より

$$-1.96 < \underbrace{\frac{\bar{x} - \mu_0}{\sigma/\sqrt{n}}}_{z_0} < 1.96 \iff \mu_0 - 1.96\frac{\sigma}{\sqrt{n}} < \bar{x} < \mu_0 + 1.96\frac{\sigma}{\sqrt{n}}$$

(10.4)

であれば H_0 は採択されることに気づくであろう.

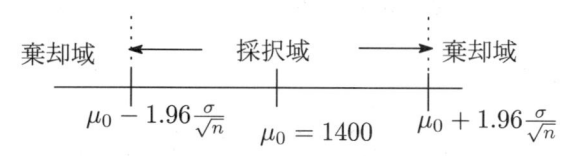

```
棄却域 ←――― 採択域 ―――→ 棄却域
―――――┼―――――――┼―――――――┼―――――
   $\mu_0 - 1.96\frac{\sigma}{\sqrt{n}}$  $\mu_0 = 1400$  $\mu_0 + 1.96\frac{\sigma}{\sqrt{n}}$
```

このような H_0 が採択される領域 (10.4) のことを**採択域**という. 一方で H_0 が棄却される領域を**棄却域**という. より一般的には, 有意水準 α の両側仮説検定における採択域は

$$\left(\mu_0 - z_{\alpha/2}\frac{\sigma}{\sqrt{n}}, \quad \mu_0 + z_{\alpha/2}\frac{\sigma}{\sqrt{n}} \right).$$

となる[*5]. もし標本平均 $\bar{X}$ が採択域内の値をとるときには H_0 は採択され, 逆に棄却域内の値をとるときには H_0 は棄却される.

10.3 片側仮説検定

これまでは母平均 μ に対して両側検定を行ったが, ここでは片側検定について説明する. 片側検定は母平均 μ がある値より大きい, もしくは小さいことを示したいときに用いられる. $X_1, X_2, \cdots, X_n$ は母平均 μ, 母標準偏差 σ を持つ母集団からの無作為標本とし, μ は未知, σ は既知とする.
このとき, 片側検定問題は

$$H_0 : \mu = \mu_0 \quad \text{vs} \quad H_a : \mu > \mu_0 \qquad (10.5)$$

と書くことができ, 帰無仮説 H_0 からの"ずれ"は, 検定統計量 $Z = \dfrac{\bar{X} - \mu_0}{\sigma/\sqrt{n}}$ を用いて測る.

[*5] $z_{\alpha/2}$ → p.181

【例 10.6】 社長や店長のような管理職の地位にある女性の週平均の給与は 80400 円である．同じ地位にある男性の週平均の給与は女性の給与より多いのだろうか？経営者もしくは管理職の地位にいる男性を無作為に 40 人選んだとき，平均値 $\bar{x} = 87000$ 円，標準偏差 $s = 12240$ ということがわかった．このとき，片側仮説検定

$$H_0 : \mu = 80400 \quad \text{vs} \quad H_a : \mu > 80400 \tag{10.6}$$

を考える．このとき，検定統計量は

$$Z \approx \frac{\bar{X} - 80400}{S/\sqrt{n}} = \frac{87000 - 80400}{12240/\sqrt{40}} \fallingdotseq 3.41$$

となる．

次の章では，帰無仮説 H_0 とデータの"ずれ"の大きさを測るために，片側仮説に対する p 値を定義する．

10.3.1　p 値を用いた片側検定

ここで片側仮説検定 (10.5) における p 値を定義する．
$H_0 : \mu = \mu_0$ が正しいと仮定したときに，中心極限定理より，大きい n に対して，

$$Z = \frac{\bar{X} - \mu_0}{\sigma/\sqrt{n}} \approx N(0, 1^2)$$

となる．$Z = \dfrac{\bar{X} - \mu_0}{\sigma/\sqrt{n}}$ の実現値を z_0 とすると，片側仮説検定 (10.5) における p 値は

$$p \text{ 値} = P(Z \geq z_0) \tag{10.7}$$

と定義される．これは以下の面積を表す．

10.3. 片側仮説検定

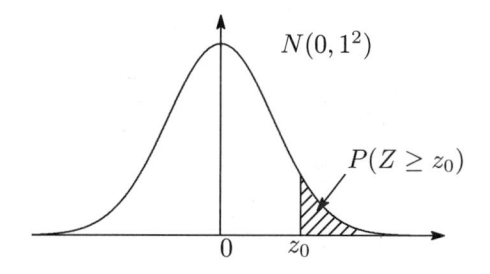

(正規分布 $N(0,1^2)$ のグラフ, 右側に $P(Z \geq z_0)$ の斜線部, 横軸に $0, z_0$)

このとき片側仮説 (10.5) に対する有意水準 α の検定は, 以下のように定める.

―― 有意水準 α の片側検定 (p 値による方法) ――――――――――

- Z は $N(0,1^2)$ に従う確率変数とし, p 値 $= P(Z \geq z_0)$ とする.

$$\begin{cases} p\,\text{値} \leq \alpha & \Longrightarrow H_0 \text{を棄却} \\ p\,\text{値} > \alpha & \Longrightarrow H_0 \text{を採択} \end{cases}$$

――――――――――――――――――――――――――――

【例 10.7】(例 10.6 の続き) 有意水準 5%の検定を行う. $z_0 = 3.41$ より $P(Z \geq 3.41) = 0.0003 \leq 0.05$ となる. これより H_0 は棄却され, 男性の週平均の給与は 80400 円より高いといえる.

片側検定は, 以下のような**対応のある標本**[*6]の効果を検証するためによく用いられる.

【例 10.8】 近年, 1 クラスの生徒数を減らすことにより学習効果を高める試みがなされている. その効果を確認するために, 以下の手順で調査した.

手順 1 新学期が始まる前の 4 月に, 対象となる生徒全員に対して数学の学力テストを行う.

手順 2 新学期が始まった後は, 40 人のクラスを 2 つの少人数クラスに分け, それぞれのクラスで数学の授業を行う. そして 4 月に行ったテストと同様のテストを 9 月に行う[*7].

―――――――――――
[*6]対応のある標本 → p.184 の問 9.5.
[*7]例えば, 係数を変えただけの 2 次方程式の解を求める問題などは, 問題の難易度としては変わらない. ただし 4 月のテストより 9 月のテストの難易度が低い場合, 少人数教育の効果ありと誤った結論が出てくる可能性があるので注意が必要である.

その結果, 少人数クラス (20人前後, 4クラス) において以下のデータが得られた.

番号	4月	9月	9月 −4月 (x)
1	63	63	0 (x_1)
2	50	51	1 (x_2)
3	52	55	3 (x_3)
4	52	57	5 (x_4)
⋮	⋮	⋮	⋮
79	46	42	−4 (x_{79})
80	52	53	1 (x_{80})
81	40	40	0 (x_{81})

これは対応のある標本のため, 9月の点数から4月の点数を引いたもの $x_1, ..., x_{81}$ に対して片側仮説検定 $H_0 : \mu = 0$ vs $H_a : \mu > 0$ を行えばよい.

データ $x_1, ..., x_{81}$ の平均は $\bar{x} = 0.6914$, 標準偏差は $s = 8.033$ より, 検定統計量は

$$Z \approx \frac{\bar{X} - 0}{S/\sqrt{n}} = \frac{0.6914}{8.033/\sqrt{81}} \doteqdot 0.7746$$

となる実現値をとる. これより

$$p\text{値} = P(Z \geq 0.7746) = 0.2193$$

となる. よって有意水準 5% で有意でない. つまり少人数教育の効果を認める根拠は確認できないことを意味する.

また境界値を用いた片側仮説検定も両側仮説検定と同様にして求められる.

─ 有意水準 α の片側検定 (境界値による方法) ─────────

片側仮説 $H_0 : \mu = \mu_0$ vs $H_a : \mu > \mu_0$ に対する, 有意水準 α の検定は, 以下の形で与えられる.

$$\begin{cases} z_0 \geq z_\alpha & \Longrightarrow H_0 \text{を棄却} \\ z_0 < z_\alpha & \Longrightarrow H_0 \text{を採択} \end{cases}$$

ここで z_α は p.181 の表 9-1 から求める.

10.3. 片側仮説検定

問 10.3 ある町の酸性雨の酸性度 (ph) を測るため, 49 日分の雨の酸性度 (ph) を測定したところ $\bar{x} = 5.5$, 標準偏差 $s = 0.8$ を得た. このとき, 酸性雨の基準である 5.6(ph) を中心にして, 片側検定問題 $H_0 : \mu = 5.6$ vs $H_a : \mu > 5.6$ を有意水準 5% で行うこと.

同様に考えると, 対立仮説が $H_a : \mu < \mu_0$ の場合においても, 以下のことがいえる.

有意水準 α の片側検定その 2(p 値, 境界値による方法)

片側仮説 $H_0 : \mu = \mu_0$ vs $H_a : \mu < \mu_0$ に対する有意水準 α の検定は, 以下の形で与えられる.

- Z は $N(0, 1^2)$ に従う確率変数とし, p 値 $= P(Z \leq z_0)$ とする.

$$p \text{ 値による方法} \cdots \begin{cases} p \text{ 値} \leq \alpha \implies H_0 \text{を棄却} \\ p \text{ 値} > \alpha \implies H_0 \text{を採択} \end{cases}$$

$$\text{境界値による方法} \cdots \begin{cases} z_0 \leq -z_\alpha \implies H_0 \text{を棄却} \\ z_0 > -z_\alpha \implies H_0 \text{を採択} \end{cases}$$

---

* * * * * * * **Q AND A(複合仮説)** * * * * * * *

例 10.8 の効果を確かめる場合だと, $H_0 : \mu \leq 0$ vs $H_a : \mu > 0$ とする方が自然じゃないですか?

はい, そう考えてもかまいません. ちなみに $H_0 : \mu \leq 0$ のように, μ の値が 1 つ以上あるものを**複合帰無仮説**といいます. 実はこの場合の検定統計量, そして検定方法も $H_0 : \mu = 0$ vs $H_a : \mu > 0$ のときとまったく同じになることが知られています. (詳しくは鈴木, 山田 [8] p.208, 野田, 宮岡 [14] p.241) 一応, いままでの結果を表にまとめておきますので, 参考にしてください.

帰無仮説	対立仮説	p 値	棄却域
$H_0: \mu = \mu_0$	$H_a: \mu \neq \mu_0$	$2P(Z \geq |z_0|)$	$|z_0| \geq z_{\alpha/2}$
$H_0: \mu = \mu_0$ (もしくは $H_0: \mu \leq \mu_0$)	$H_a: \mu > \mu_0$	$P(Z \geq z_0)$	$z_0 \geq z_\alpha$
$H_0: \mu = \mu_0$ (もしくは $H_0: \mu \geq \mu_0$)	$H_a: \mu < \mu_0$	$P(Z \leq z_0)$	$z_0 \leq -z_\alpha$

* * * * * * * * **Q AND A** 終わり * * * * * * *

問 10.4 (Mendenhall, Beaver, and Beaver[30], p.362, 9.16 より引用, 温度の単位を華氏から摂氏に変更) 人間の体温はどれくらいが普通なのだろうか. 130 人を無作為に選び体温を測ったとき, そのデータの平均は 36.8 度で標準偏差は 0.41 であった. このデータは Journal of Statistical Education [*8]において Allen Shoemarker により発表された. このデータは健康な人間の体温は 37 度であるという主張と異なることを示しているか.

① $\alpha = 0.05$ として, p 値の方法を用いて検定せよ.
② $\alpha = 0.05$ として, 境界値の方法を用いて検定せよ.
③ ①と②の結論を比較せよ. これは同じ結果であるか.
④ 37 度という標準値は 1968 年にドイツの医師により与えられた. これは彼が研究していく中で 100 万人の体温を調べたものから導出されている. ①と②の結論と比較して, 彼の研究についてどのような結論を下せるか. 答えよ.

* * **Q AND A(**仮説 H_0 を採択するときに気をつけること**)** * *

どうして例 10.8 のように, 帰無仮説を採択するときには, "H_0 を棄却する理由はない" といういい方をするのですか?

通常, 有意水準 α は 0.05 または 0.01 という小さな数値で設定されています. 例えば, 両側仮説 $H_0: \mu = 0$ vs $H_a: \mu \neq 0$ を考えてみましょう. いま, 話を簡単にするため, $\sigma = 1$ とし, $n = 9$, $\bar{x} = 0.5$ とします. このとき, 検定統計量は $Z = \dfrac{\bar{X} - 0}{1/\sqrt{n}} = 1.5$ となり, p 値は $2P(Z \geq 1.5) = 0.1336$

[*8]統計教育について書かれている雑誌の名前

となります．しかし別の両側仮説 $\tilde{H}_0 : \mu = 1$ vs $\tilde{H}_a : \mu \neq 1$ も考えてみます．この場合の検定統計量は $Z = \dfrac{\bar{X} - 1}{1/\sqrt{n}} = -1.5$ となり，p 値は $2P(Z \geq |-1.5|) = 0.1336$ となります．これは H_0 を仮定しない場合でも，p 値は有意水準より大きな値をとることを意味しています．つまり p 値が大きいだけでは，帰無仮説 H_0 を支持することにならないことがわかります．

なるほど．検定統計量 Z が境界値より端 (はし) の数値をとったときには，帰無仮説 H_0 の状態ではなかなか出ない稀な数値なので，**積極的**に H_0 を棄却できるということですね．

そうです．なので H_0 が採択されたときは"仮説 H_0 を捨てる理由は見つからない"という，消極的な採択と見てもらえればよいと思います．

* * * * * * * *　Q AND A 終わり　* * * * * * * *

> ❀コラム❀ (独り言)
> 　仮説検定では，帰無仮説が正しいと仮定し，それに反する数値が出てきたときには帰無仮説を棄却するという仕組みである．"俳優 A とアイドル B が交際"という噂を聞きつけたある記者が，お宅の所属俳優 A とアイドル B がデートしているのを写真に撮りましたと，確認もしていないのにヤマを張ってその芸能事務所に連絡をすることがあったそうである．(本当だろうか...)
> 　このとき，所属事務所や本人が交際を否定という矛盾した事実が出てくると，その話は嘘であったということがわかる．しかし"よいお友達です"といった場合には，2 人が交際関係になくとも食事に行くことはあるので，"俳優 A とアイドル B が交際"しているかどうかは否定も肯定もできない．仮説検定の仕組みとしてはよく似ている．

10.4　2 種類の誤り

裁判においては，被告が本当は有罪なのに無罪を言い渡される誤りと，本当は無罪であるのに有罪を言い渡される 2 種類の誤りがある．実際の仮説検定においても，帰無仮説を採択，もしくは棄却するという 2 つの選択肢があるため，2 種類の誤りがある．帰無仮説 H_0 が正しいのに，H_0 を棄却して

しまう誤りのことを**第 1 種の誤り (Type I error)** であるといい, 一方で帰無仮説が間違っているのに, 帰無仮説を採択してしまう誤りのことを**第 2 種の誤り (Type II error)** という. ここで第 1 種の誤りをする確率を記号 α で, 第 2 種の誤りをする確率を記号 β で表す.

判決 \ 真実	無罪	有罪
有罪	第 1 種の誤り	○
無罪	○	第 2 種の誤り

決定 \ H_0	正しい	間違い
H_0 を棄却	第 1 種の誤り	○
H_0 を採択	○	第 2 種の誤り

ここで両側検定 $H_0 : \mu = \mu_0$ vs $H_a : \mu \neq \mu_0$ を有意水準 5% で行うことを考えてみよう. このとき, 下図から

$$0.05 = 2P(Z \geq 1.96) = P(\underbrace{Z \geq 1.96, もしくは Z \leq -1.96}_{\bigstar})$$

と書くことができる.

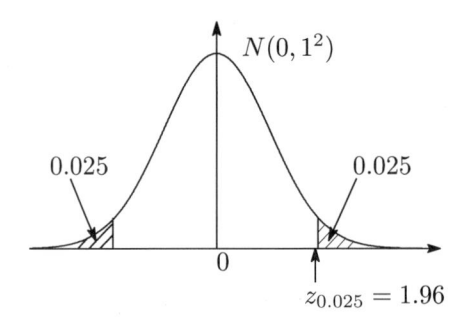

$N(0, 1^2)$

0.025   0.025

0    $z_{0.025} = 1.96$

ここで上式の ★ の部分は, 式 (10.2) より $H_0 : \mu = \mu_0$ が正しいと仮定したときに検定統計量 $Z = \dfrac{\bar{X} - \mu_0}{\sigma / \sqrt{n}}$ が 1.96 以上, もしくは -1.96 以下の値をとることと同じであることがわかる. つまり ★ の部分は棄却域に相当する. これは言い換えると, 帰無仮説 $H_0 : \mu = \mu_0$ が正しいのに誤って H_0 を棄却してしまう確率が有意水準である 0.05 になることを意味している. すなわち "**第 1 種の誤りの確率 = 有意水準** α" ということがわかる.

10.5 仮説検定と区間推定

話を簡単にするため, 母標準偏差 σ は既知として, 未知の母平均 μ を持つ母集団から大きさ n の無作為標本 $X_1, X_2, ..., X_n$ とする. 9.5.3 章では μ に対する 95%信頼区間 $\left(\bar{x} - 1.96\dfrac{\sigma}{\sqrt{n}},\ \bar{x} + 1.96\dfrac{\sigma}{\sqrt{n}}\right)$ を用いて, 母平均 μ が μ_0 であるかどうかを以下のように判定したことを思い出してほしい.

$$\underbrace{\bar{x} - 1.96\frac{\sigma}{\sqrt{n}} < \mu_0 < \bar{x} + 1.96\frac{\sigma}{\sqrt{n}}}_{\mu_0\text{が信頼区間に含まれる}} \Longleftrightarrow \mu = \mu_0 \text{でない根拠はない} \quad (10.8)$$

$$\underbrace{\mu_0 \leq \bar{x} - 1.96\frac{\sigma}{\sqrt{n}},\ \text{または}\mu_0 \geq \bar{x} + 1.96\frac{\sigma}{\sqrt{n}}}_{\mu_0\text{が信頼区間に含まれない}} \Longleftrightarrow \mu = \mu_0 \text{でない} \quad (10.9)$$

ここで (10.8) 式の左側を変形すると

$$\bar{x} - 1.96\frac{\sigma}{\sqrt{n}} < \mu_0 \Longleftrightarrow \bar{x} < \mu_0 + 1.96\frac{\sigma}{\sqrt{n}},$$

$$\mu_0 < \bar{x} + 1.96\frac{\sigma}{\sqrt{n}} \Longleftrightarrow \mu_0 - 1.96\frac{\sigma}{\sqrt{n}} < \bar{x}$$

より "$\mu_0 - 1.96\dfrac{\sigma}{\sqrt{n}} < \bar{x} < \mu_0 + 1.96\dfrac{\sigma}{\sqrt{n}}$" という形になる. これは両側検定問題 $H_0 : \mu = \mu_0$ vs $H_a : \mu \neq \mu_0$ の採択域と同じ形になるのがわかる. 同様にして (10.9) を変形すると

$$\mu_0 + 1.96\frac{\sigma}{\sqrt{n}} \leq \bar{x}, \quad \text{または} \quad \bar{x} \leq \mu_0 - 1.96\frac{\sigma}{\sqrt{n}} \quad \Longleftrightarrow \quad \mu = \mu_0 \text{でない}$$

となり, 棄却域に対応することがわかる. つまり区間推定を用いて仮説検定を行うことと, 検定統計量を用いて仮説検定を行うことは理論的には同じことであることがわかる. このため例 9.8 は区間推定を用いて, 両側検定問題 $H_0 : \mu = 16$ vs $H_a : \mu \neq 16$ を仮説検定していることがわかる.

10.6 検出力

[注意] この章は飛ばしても, 以後の内容に影響を与えない.

仮説検定のよさは, "帰無仮説 H_0 が正しいときに H_0 を棄却してしまう第 1 種の誤りの確率 α" と "H_a が正しいときに H_0 を採択してしまう第

2種の誤りの確率 β" により評価される．「よい検定」とは，この2つの確率が小さいものになる．仮説検定を行うときには，まず最初に第1種の誤りの確率 α を実験者が決める．検定を評価する1つの方法として対立仮説 H_a が正しいときに帰無仮説 H_0 を棄却する確率 というのがある．これは第2種の誤りの確率 β を用いると

$$1 - \beta = P(H_a が正しいときに H_0 を棄却)$$

と表すことができる．この $1 - \beta$ は，H_a が正しいときに H_a が正しいことを検出する確率なので，**検出力** (Power) とよばれている．

いま，例 10.3 の建設会社の話を思い出してほしい．平均 $\bar{x} = 1500$ 円，標準偏差 $s = 200$ であった．ここで有意水準 $\alpha = 0.05$ の両側検定 $H_0 : \mu = 1400$ vs $H_a : \mu \neq 1400$ を行うと，採択域は $\mu_0 \pm 1.96(s/\sqrt{n}) = 1400 \pm 1.96(200/\sqrt{100})$ より

$$(1360.8, 1439.2)$$

となる．ここで無作為標本 $X_1, ..., X_{100}$ の母平均が $\mu = 1420$ のときに $H_0 : \mu = 1400$ を採択する確率は，標本平均 $\bar{X}$ が採択域 $(1360.8, 1439.2)$ に入る確率となる．$\bar{X}$ は正規分布 $N\left(1420, \left(\dfrac{200}{\sqrt{100}}\right)^2\right) = N(1420, 20^2)$ に従うので，H_0 を採択する確率は

$$\begin{aligned}
\beta &= P(1360.8 < \bar{X} < 1439.2) \quad \leftarrow \bar{X} \sim N(1420, 20^2) \\
&= P\left(\frac{1360.8 - 1420}{20} < \frac{\bar{X} - 1420}{20} < \frac{1439.2 - 1420}{20}\right) \\
&= P(-2.96 < Z < 0.96) \\
&= 0.8299
\end{aligned}$$

となり，検出力は $1 - \beta = 1 - 0.8299 = 0.1701$ となる．次に母平均が $\mu = 1440$ のとき，$H_0 : \mu = 1400$ を採択する確率を求める．これは $\bar{X}$ が採択域 $(1360.8, 1439.2)$ に入る確率であるので，上の式と同様に計算すると

$$\begin{aligned}
\beta &= P(1360.8 < \bar{X} < 1439.2) \quad \leftarrow \bar{X} \sim N(1440, 20^2) \\
&= P\left(\frac{1360.8 - 1440}{20} < \frac{\bar{X} - 1440}{20} < \frac{1439.2 - 1440}{20}\right) \\
&= 0.484
\end{aligned}$$

10.6. 検出力

となり, 検出力は $1 - \beta = 0.516$ となる. 母平均 μ の複数の値 μ_a に対して同様の計算をすると以下のようになる. なお, 横軸は μ_a, 縦軸は $1 - \beta$ を表す.

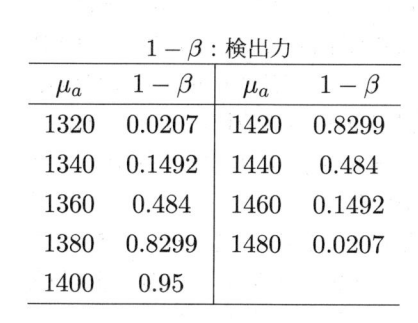

$1 - \beta$: 検出力			
μ_a	$1 - \beta$	μ_a	$1 - \beta$
1320	0.0207	1420	0.8299
1340	0.1492	1440	0.484
1360	0.484	1460	0.1492
1380	0.8299	1480	0.0207
1400	0.95		

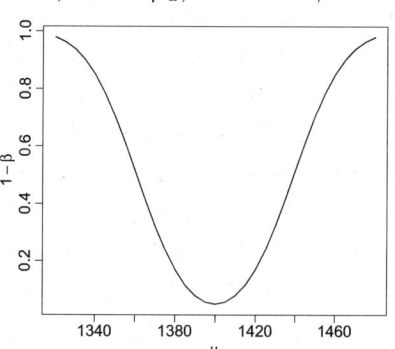

右上のグラフから, 帰無仮説 $H_0 : \mu = 1400(\mu_0)$ と真の母平均の値 μ_a が離れていればいるほど, 検出力が大きくなることがわかる. つまり母平均 μ_a の母集団から得られたデータから検定を行った場合, μ_0 が μ_a から離れていればいるほど $H_0 : \mu = \mu_0$ を棄却する確率が高くなるということを意味している. 逆にいえば, $H_0 : \mu = \mu_0$ と真の母平均の値 μ_a が近いときには, 間違って H_0 を採択する可能性が大きくなる.

これに加え, 以下のことが知られている.

- α が増えると, β は逆に減る. (トレードオフの関係)
- 通常の検定のやり方で先に α を決めた状態で, 第 2 種の誤りの確率 β を小さくするには, データの個数を増やすしかない.

◇ ざっくりいうと ◇ トレードオフの関係とは, 片方を減らすともう一方は増えてしまうという性質で, 仮説検定では以下のようなことが起こる.

α を小さくする
$\implies$ H_0 とデータが**本当に**ずれているときだけ, H_0 を棄却
$\implies$ H_0 とデータがずれていても, H_0 を採択してしまうことが多くなる
$\implies$ β が大きくなる

10.7 母比率の検定, n が大きいとき

例えば，表の出る確率 p が 0.5 かどうかわからないコインを n 回投げたとしよう．このコインが歪んでないかどうかを確認したいときには，両側仮説検定 $H_0 : p = 0.5$ vs $H_a : p \neq 0.5$ を行う．これは母比率の検定とよばれる．

ここでは，母比率 p の母集団からの大きさ n の無作為標本 $X_1, ..., X_n$ (ただし $P(X_i = 1) = p$ かつ $P(X_i = 0) = 1 - p$) に対する両側仮説検定 $H_0 : p = p_0$ vs $H_a : p \neq p_0$ について説明する．

最初に検定統計量を母平均の検定と同様にして導出する．8.7 章で説明したように，$X = X_1 + \cdots + X_n$ とし，標本比率を $\hat{p} = X/n$ とする．帰無仮説 $H_0 : p = p_0$ が正しいと仮定すると，定理 8.4 より，n が大きなとき

$$\hat{p} \approx N\left(p_0, \frac{p_0(1-p_0)}{n}\right) \tag{10.10}$$

となる．これより検定統計量は $Z = \dfrac{\hat{p} - p_0}{\sqrt{p_0(1-p_0)/n}}$ となる．検定統計量の実現値を z_0 とするとき，それぞれの対立仮説に対して，p 値と棄却域は以下のようになる．

帰無仮説	対立仮説	p 値	棄却域
$H_0 : p = p_0$	$H_a : p \neq p_0$	$2P(Z \geq |z_0|)$	$|z_0| \geq z_{\alpha/2}$
$H_0 : p = p_0$ (もしくは $H_0 : p \leq p_0$)	$H_a : p > p_0$	$P(Z \geq z_0)$	$z_0 \geq z_\alpha$
$H_0 : p = p_0$ (もしくは $H_0 : p \geq p_0$)	$H_a : p < p_0$	$P(Z \leq z_0)$	$z_0 \leq -z_\alpha$

ただし Z は標準正規分布 $N(0, 1^2)$ に従う確率変数とする．また (10.10) の近似がうまくいくために，標本の数 n は $np_0 > 5$ かつ $n(1 - p_0) > 5$ を満たすものとする．有意水準を α とするとき

$$\begin{cases} p \text{ 値} \leq \alpha \Longrightarrow H_0 \text{を棄却} \\ p \text{ 値} > \alpha \Longrightarrow H_0 \text{を採択} \end{cases}$$

として仮説検定を行う．また p 値による検定がわかっていれば十分であるが，境界値を用いた検定を行う場合は，上の棄却域を用いて仮説検定を行う．

10.7. 母比率の検定, n が大きいとき

例えば片側検定 $H_0: p = p_0$ vs $H_a: p > p_0$ であれば

$$\begin{cases} z_0 \geq z_\alpha \Longrightarrow H_0\text{を棄却} \\ z_0 < z_\alpha \Longrightarrow H_0\text{を採択} \end{cases}$$

となる.

【例 10.9】 次期の選挙において投票するだろうと思われる投票者の一部の 400 人に対して, ○○ 党の候補者に投票するかどうかを調査したところ, 220 人がその ○○ 党の候補者に投票すると答えた. ○○ 党の候補者に対して投票する割合を p とするとき, 有意水準 5%の片側検定

$$H_0: p = 0.5 \text{ vs } H_a: p > 0.5$$

を行う.

標本比率 $\hat{p} = \dfrac{220}{400} = 0.55$ となり, $\sqrt{\dfrac{p_0(1-p_0)}{n}} = \sqrt{\dfrac{0.5(1-0.5)}{400}} = 0.025$ より, 検定統計量は

$$Z = \frac{\hat{p} - p_0}{\sqrt{p_0(1-p_0)/n}} = \frac{0.55 - 0.5}{0.025} = 2 \tag{10.11}$$

となる. よって

$$p\text{値} = P(Z \geq 2) = 0.0228 \leq 0.05(\text{有意水準})$$

となるため, 帰無仮説 H_0 は棄却され, $H_a: p > 0.5$ は有意であることがわかる. よって選挙では 50%以上の得票率であれば勝ちなので, この選挙は勝つと考えられる.

問 10.5 あるファミリーレストランで, ドリンクバーを試験的に導入して利用者を調査したところ, 100 人中 52 人が利用したことがわかった. 店としては, 維持費からの関係上 45%以上の利用客がある場合, 正式に導入しようと考えている. 片側検定問題 $H_0: p = 0.45$ vs $H_a: p > 0.45$ を有意水準 5%で行うこと.

10.8 母平均 μ の検定, n が小さいとき

標本の数 n が小さいときにも, p.189 の定理 9.3 で説明した t 分布を用いると, 母平均の検定を行うことができる. $X_1, ..., X_n$ を母平均 μ(未知), 母標準偏差 σ(未知) の正規母集団からの大きさ n の無作為標本とする[*9]. 標本平均を $\bar{X} = \dfrac{1}{n}\sum_{i=1}^{n} X_i$, 不偏分散に基づく標準偏差を $U = \sqrt{\dfrac{1}{n-1}\sum_{i=1}^{n}(X_i - \bar{X})^2}$ とする.

帰無仮説 $H_0 : \mu = \mu_0$ が正しいと仮定すると, 定理 9.3 より

$$T = \frac{\bar{X} - \mu_0}{U/\sqrt{n}} \sim t(n-1) \text{ (自由度 } n-1 \text{ の } t \text{ 分布)} \tag{10.12}$$

となる. これより T を検定統計量とし, その実現値を t_0 とすると, p 値と棄却域は, それぞれの対立仮説に対して, 以下のように与えられる.

帰無仮説	対立仮説	p 値	棄却域
$H_0 : \mu = \mu_0$	$H_a : \mu \neq \mu_0$	$2P(T \geq |t_0|)$	$|t_0| \geq t_{\alpha/2}(n-1)$
$H_0 : \mu = \mu_0$ (または $H_0 : \mu \leq \mu_0$)	$H_a : \mu > \mu_0$	$P(T \geq t_0)$	$t_0 \geq t_\alpha(n-1)$
$H_0 : \mu = \mu_0$ (または $H_0 : \mu \geq \mu_0$)	$H_a : \mu < \mu_0$	$P(T \leq t_0)$	$t_0 \leq -t_\alpha(n-1)$

ここで式 (10.12) より, 上の表の p 値における T は自由度 $n-1$ の t 分布に従う確率変数として計算する. また片側検定においては, $H_0 : \mu = \mu_0$ vs $H_a : \mu > \mu_0$ であっても, $H_0 : \mu \leq \mu_0$ vs $H_a : \mu > \mu_0$ であっても, まったく同じ方法で検定ができることが知られている. 詳しくは鈴木, 山田 [8] p.225 参照してほしい.

これより有意水準を α とすると,

$$\begin{cases} p \text{ 値} \leq \alpha \Longrightarrow H_0 \text{ を棄却} \\ p \text{ 値} > \alpha \Longrightarrow H_0 \text{ を採択} \end{cases}$$

と仮説検定を行うことになる. また p 値による検定がわかっていれば十分であるが, 境界値を用いた検定を行う場合は, 上の棄却域を用いて仮説検定

[*9] つまり $X_1, X_2, ..., X_n$ は互いに独立に正規分布 $N(\mu, \sigma^2)$ に従うということである.

を行う．例えば片側検定 $H_0 : \mu = \mu_0$ vs $H_a : \mu > \mu_0$ であれば

$$\begin{cases} t_0 \geq t_\alpha(n-1) \implies H_0 \text{を棄却} \\ t_0 < t_\alpha(n-1) \implies H_0 \text{を採択} \end{cases}$$

となる．

【例 10.10】 A 駅から W 大学まで 90 分かかるといわれている高速バスの移動時間を 2010 年 11 月から 2011 年 1 月まで計測したところ，以下のデータが得られた．

$$85, \quad 100, \quad 90, \quad 85, \quad 82 \quad (\text{分}) \tag{10.13}$$

上記のデータは互いに独立に正規分布に従うと仮定するとき，両側仮説検定 $H_0 : \mu = 90$ vs $H_a : \mu \neq 90$ を有意水準 5% で行うこと．

解 (p 値による方法) 不偏分散 u^2 に基づく標準偏差は $u = 7.092$ より，検定統計量は

$$T = \frac{88.4 - 90}{7.092/\sqrt{5}} \doteqdot -0.50$$

となる．これより

$$p \text{ 値} = 2P(T \geq |-0.50|) = 2P(T \geq 0.5)$$

となる．ここで T は自由度 4 の t 分布に従うことにより，$P(T \geq 0.741) = 0.25$ より $P(T \geq 0.5) > 0.25$ がわかる[*10]．これより，p 値 $> 2 \times 0.25 = 0.5$．よって A 駅から W 大学まで 90 分でないという根拠は確認できない．

(境界値による方法) p 値と同様の結果になるが，一応説明する．有意水準 $\alpha = 0.05$ より，$t_{\alpha/2}(n-1) = t_{0.025}(5-1) = t_{0.025}(4) = 2.766$．これより $|T| = |-0.5| = 0.5 < 2.766$．よって H_0 は採択される．

10.9　母平均の差の検定

Excel による計算 ⋯p.290, A.12 章

[*10] 巻末の t 分布表だけからでは，$P(T \geq 0.5)$ の値はわからない．

この章では，2つの母集団の母平均に差があるかどうかを仮説検定で検証する方法を説明する．母集団 1 から得られた標本を $X_1, ..., X_m$，母集団 2 から得られた標本を $Y_1, ..., Y_n$ とする．一つ具体例を挙げる．以下のデータは，福島市のある町で地上 50cm と 100cm の高さで計測した放射線量 (γ 線，単位はマイクロシーベルト / 時間) データである．

この場合，50cm の高さで観測した 1 番目の値 0.78 と 100cm の高さで観測した 1 番目の値 0.79 は対応していないことに注意してほしい．これは**対応のない標本**という．

ここで高さ 50cm で得られるデータの母集団の平均 μ_1 と高さ 100cm で得られるデータの母集団の平均 μ_2 には差があるのか？ということが考えられる．このため，ここでは対応のない標本に対する 2 つの母平均の差を検定する方法を説明する．

図 10-2 放射線量データ

50cm	100cm
0.78	0.79
0.8	0.76
0.78	0.75
0.79	0.77
0.81	0.75
0.8	0.75
0.77	0.74
0.74	0.74

このようなデータは，よく目にする．たとえば，新薬の効果を立証するために，患者を無作為に A, B の 2 つのグループに分けて，グループ A には薬を投与し，グループ B には薬を与えない[*11]で，その効果に差があるかどうかの仮説検定が実際行われている．

計測日 2011 年 8 月 16 日．最初に地上 50cm の放射線量を測定した後で，地上 100cm の量を測定した．それぞれの測定は 20 秒間隔で計測．

一方で**対応のある標本**に対する 2 つの母平均の差を検定は，すでに 10.3.1 章で説明したので，それを参照してほしい．

いま，2 つの母平均の差 $\mu_1 - \mu_2$ に対する仮説検定は，以下のように書くことができる．

$$H_0 : \mu_1 = \mu_2 \quad \text{vs} \quad H_a : \mu_1 \neq \mu_2 \tag{10.14}$$

さて検定を行うために，$X_1, ..., X_m$ は正規母集団 $N(\mu_1, \sigma_1^2)$ からの無作為標本として，$Y_1, ..., Y_n$ は正規母集団 $N(\mu_2, \sigma_2^2)$ からの無作為標本と仮定し，$(\mu_1, \mu_2, \sigma_1^2, \sigma_2^2)$ は未知のパラメーターとする．$X_1, ..., X_m$ の標本平均を $\bar{X}$，不偏分散を $U_1^2 = \dfrac{1}{m-1} \sum_{i=1}^{m} (X_i - \bar{X})^2$ とし，$Y_1, ..., Y_n$ の標本平均を $\bar{Y}$, 不

[*11] 正確には"これは新薬ですよ"と言い，何の効果もないもの (偽薬) を渡す．

10.9. 母平均の差の検定

偏分散を $U_2^2 = \dfrac{1}{n-1}\sum_{i=1}^{n}(Y_i - \bar{Y})^2$ とする. 仮説検定 (10.14) を行うためには, 2つ母分散が等しい ($\sigma_1^2 = \sigma_2^2$) と仮定するときと, 2つ母分散が異なる ($\sigma_1^2 \neq \sigma_2^2$) と仮定するときでは, 方法が少し異なるので, それぞれについて説明をする.

2つ母分散が等しいとき ($\sigma_1^2 = \sigma_2^2$)

$$V^2 = \frac{(m-1)U_1^2 + (n-1)U_2^2}{m+n-2} = \frac{\sum_{i=1}^{m}(X_i - \bar{X})^2 + \sum_{i=1}^{n}(Y_i - \bar{Y})^2}{m+n-2}$$

とする. これは $\sigma_1^2 = \sigma_2^2 = \sigma^2$ としたときの σ^2 の推定量と考えることができる.

このとき, 帰無仮説 $H_0 : \mu_1 = \mu_2$ が正しいと仮定したときに

$$T(\mathbf{X}, \mathbf{Y}) = \frac{\bar{X} - \bar{Y}}{V\sqrt{\dfrac{1}{m} + \dfrac{1}{n}}}$$

は, 自由度 $m+n-2$ の t 分布 $t(m+n-2)$ に従うことが知られている. このため, 有意水準を α として, $T(\mathbf{X}, \mathbf{Y})$ を検定統計量として用いるとき, 以下の表に従って検定を行う.

表 10-1 母分散が等しい仮定のもとでの仮説検定

帰無仮説	対立仮説	p 値	棄却域
$H_0 : \mu_1 = \mu_2$	$H_a : \mu_1 \neq \mu_2$	$2P(T \geq \|t_0\|)$	$\|t_0\| \geq t_{\alpha/2}(m+n-2)$
$H_0 : \mu_1 = \mu_2$	$H_a : \mu_1 > \mu_2$	$P(T \geq t_0)$	$t_0 \geq t_{\alpha}(m+n-2)$
$H_0 : \mu_1 = \mu_2$	$H_a : \mu_1 < \mu_2$	$P(T \leq t_0)$	$t_0 \leq -t_{\alpha}(m+n-2)$

〖**注意**〗この場合の両側仮説検定は, 4章の章末問題 **3.** の回帰分析を用いた手法と同じ結果になることが知られている. また 2つの母分散が同じかどうかは, 通常, 母分散に関する仮説検定を行うが, ここでは紙面の都合上, 省略する. 2つの母集団の母分散の検定に関しては, 例えば松原, 縄田, 中井 [19], pp.207-209, pp.244-245 を参考にしてほしい.

2つ母分散が異なるとき ($\sigma_1^2 \neq \sigma_2^2$)
U_1^2 の実現値を u_1^2, U_2^2 の実現値を u_2^2 とする. また

$$\nu = \frac{\left(\dfrac{u_1^2}{m} + \dfrac{u_2^2}{n}\right)^2}{\dfrac{1}{m-1}\left(\dfrac{u_1^2}{m}\right)^2 + \dfrac{1}{n-1}\left(\dfrac{u_2^2}{n}\right)^2}$$

とし, ν^* は ν に最も近い整数とする.

このとき, 帰無仮説 $H_0 : \mu_1 = \mu_2$ が正しいと仮定したときに,

$$T(\mathbf{X}, \mathbf{Y}) = \frac{\bar{X} - \bar{Y}}{\sqrt{\dfrac{U_1^2}{m} + \dfrac{U_2^2}{n}}}$$

は近似的に自由度 ν^* の t 分布に従うことが知られている. これは**ウェルチ (Welch) の近似法**とよばれる.

このため, 有意水準を α として, $T(\mathbf{X}, \mathbf{Y})$ を検定統計量として用いるとき, 以下の表に従って検定を行う.

表 10-2 母分散が異なる仮定のもとでの仮説検定

帰無仮説	対立仮説	p 値	棄却域
$H_0 : \mu_1 = \mu_2$	$H_a : \mu_1 \neq \mu_2$	$2P(T \geq |t_0|)$	$|t_0| \geq t_{\alpha/2}(\nu^*)$
$H_0 : \mu_1 = \mu_2$	$H_a : \mu_1 > \mu_2$	$P(T \geq t_0)$	$t_0 \geq t_\alpha(\nu^*)$
$H_0 : \mu_1 = \mu_2$	$H_a : \mu_1 < \mu_2$	$P(T \leq t_0)$	$t_0 \leq -t_\alpha(\nu^*)$

【例 10.11】 図 10-2 のデータに対して, 2つ母分散が異なる仮定のもとでの両側仮説検定を有意水準5%で行う.

$$H_0 : \mu_1 = \mu_2 \quad \text{vs} \quad H_a : \mu_1 \neq \mu_2$$

	50cm	100cm
標本平均	0.78375	0.75625
不偏分散	0.000484	0.000284
標本数	8	8

標本平均, 不偏分散, 標本数は右上の表のようになることより

$$T(\mathbf{X}, \mathbf{Y}) = \frac{0.78375 - 0.75625}{\sqrt{(0.000484/8) + (0.000284/8)}} \doteqdot 2.81 \quad (10.15)$$

を得る. 次に自由度 ν^* は

$$\nu = \frac{\left(\dfrac{0.000484}{8} + \dfrac{0.000284}{8}\right)^2}{\dfrac{1}{8-1}\left(\dfrac{0.000484}{8}\right)^2 + \dfrac{1}{8-1}\left(\dfrac{0.000284}{8}\right)^2} \fallingdotseq 13.11 \quad (10.16)$$

となることから $\nu^* = 13$ となる. よって棄却値は $t_{\alpha/2}(\nu^*) = t_{0.025}(13) = 2.16$ となる. よって $|2.81| \geq 2.16$ より, 有意水準 5% で統計的に有意であることがわかる.

なお, この例では地上 50cm からの標本数 m と, 地上 100cm からの標本数 n が等しい場合を扱ったが, この大きさは異なるものでも適用できる. 以下の問には, そのような例を記載しておくので, 解いていただきたい.

問 10.6 以下は高校生に対して測定した頬 (ほほ) の肌の水分量に関するデータである.

	男子	女子
標本平均	39.66667	42.2
不偏分散	286.2667	71.7
標本数	6	5

男子	女子
49	55
40	38
37	43
23	43
22	32
67	

測定日 2010 年 2 月 25 日, 水分測定器としてヤマキ電気株式会社のモデラスを使用.

このとき, 肌の水分量に性別差はあるといえるか. 2 つの母分散が異なる場合の両側仮説検定を有意水準 5% で行うこと.

10.10　章末問題

1. (Yahoo ファイナンス) ソフトバンク社の 30ヶ月分の収益率を, 母平均 μ を持つ互いに独立な確率変数 $R_1, ..., R_{30}$ で表す. いま, 2008 年 10 月 31 日から 2011 年 4 月 15 日までの株価の収益率 $R_1, ..., R_{30}$ の実現値 $r_1, ..., r_{30}$ を計算し, 平均 $\bar{r} = 0.0486$, 標準偏差 $s = 0.11$ を得た. (収益率の説明は 1.11 章参照) ソフトバンク社が収益を上げている企業かどうかを判定するために, 有意水準 5% の片側仮説検定 $H_0 : \mu = 0$ vs $H_a : \mu > 0$ を行うこと.

2. ある会社で社員の健康増進の為, 2011年4月1日から自転車通勤手当を出すようにした. そこで**自動車**通勤から**自転車**通勤に変更した30人に対して, 半年後体重を測定した. 下記のデータは, (自転車通勤して半年後の体重)−(4月1日の体重) を表す.

平均 $\bar{x} = 0.49$, 標準偏差 $s = 1.12$

0.4	−0.2	1.4	0.3	0	1.4	−0.1	3	−0.1	−0.5
2	−0.1	1.5	1.4	−0.1	0	1.1	−1.4	1.4	−0.5
0.9	0.4	−1.4	1.2	2.1	1.9	0.7	−0.3	0.4	−2.1

このとき, この自転車通勤手当は体重減少に効果があったか? 有意水準1%の仮説検定を用いて検証せよ.

3. 以下のデータは6人の禁煙1週間後の体重の増減を調べたものである.

$$3, \quad 0.2, \quad -0.5, \quad 1, \quad 2, \quad -1$$

禁煙後, 体重が増加するかどうかを調べるために, データは正規分布に従うと仮定し, 片側検定 $H_0 : \mu = 0$ vs $H_a : \mu > 0$ を有意水準5%で行うこと.

4. 数学の少人数教育に対する効果を調べるために, 20人前後の少人数クラスと40人前後の通常クラスに分けて授業を行った. クラス分けをする前に試験aを1度行い, クラス分けを行った5ヶ月後に試験bを行い, "少人数教育の効果 = 試験bの点数 − 試験aの点数" として, 計算をしたところ以下の結果を得た.

	少人数クラス	通常クラス
標本平均	4	3
不偏分散	184	240
標本の大きさ	20	40

このとき, 少人数クラスの母平均 μ_1 と通常クラスの母平均 μ_2 に差があるのかを考える. 2つの母分散が異なる場合の両側仮説検定を有意水準5%で行うこと. ただし棄却値 $t_{0.025}(43)$ などは厳密な値が計算できないので, 例えば $t_{0.025}(40)$ で近似して判定すること.

第11章 線形回帰モデル(理論)

第3,4章で回帰分析を紹介したが,この章ではその理論的な性質について説明する.理論的な話がわかったところで,役に立たないと思われるかもしれないが,統計処理ソフトが出力する数値は, 理論的な仮定の下で計算されている.逆にいえば,その仮定を満たさないデータであれば,回帰分析の数値に疑わしさが残ることになる.それを理解する意味でも理論的な話は重要である.ただし話を簡単にするため,説明変数が2つまでの場合のみ説明する.説明変数が3つ以上ある場合の理論的な話については,鈴木,山田[8],藤山[12],山本[28],佐和[18]などを参考にしてほしい.特に山本[28],佐和[18]においては,実際のデータ処理でしばしば出てくる回帰分析の仮定が成り立たない場合の話が書いてあるので,興味のある方は見てほしい.

11.1 単回帰モデル

$Y_1, ..., Y_n$ は互いに独立に以下の正規分布に従うとする.

$$\begin{cases} Y_1 \sim N(a+bx_1, \sigma^2) \\ Y_2 \sim N(a+bx_2, \sigma^2) \\ \cdots\cdots\cdots\cdots \\ Y_n \sim N(a+bx_n, \sigma^2). \end{cases} \quad (11.1)$$

これは対のデータ $(x_1, y_1), \cdots, (x_n, y_n)$ において,$x_1, ..., x_n$ は既に与えられた**定数**と考えて,$y_1, ..., y_n$ は確率変数 $Y_1, ..., Y_n$ の実現値であると解釈できる.別のいい方をすると変量 x と y には $y = a + bx$ という真の関係があるが,ランダムな誤差が生じたため,x_1 を与えたときには実際に観測されるのは $a + bx_1$ ではなく,$a + bx_1$ に誤差をつけた y_1 となる.(下図参照)

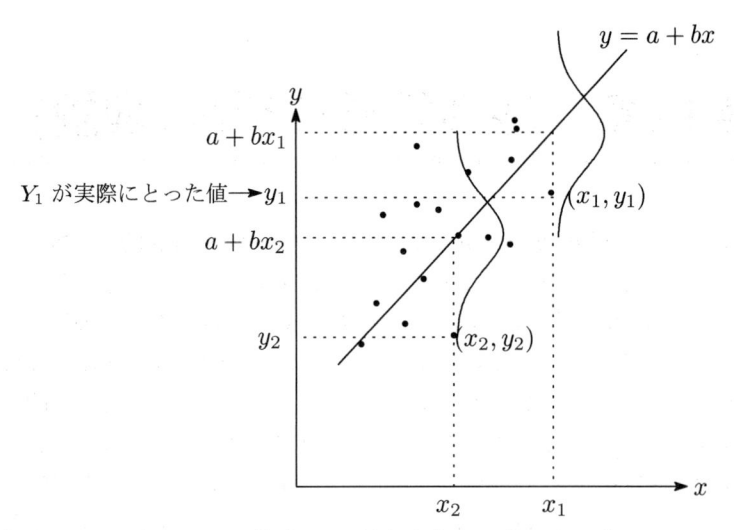

このため $Y_1 \sim N(a+bx_1, \sigma^2)$ として考えようということになる. $Y_2, ..., Y_n$ についても同様に考えればよい. ここで σ^2 は Y の分散なので, 大きな値をとるほど誤差が大きくなることを意味している.

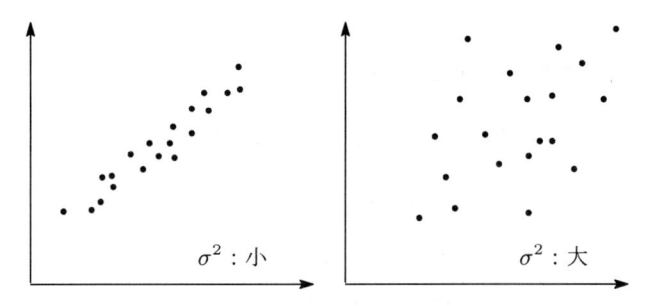

また ϵ_1 を $N(0, \sigma^2)$ に従う確率変数とすると, $a + bx_1 + \epsilon_1 \sim N(a+bx_1, \sigma^2)$ となるので, (11.1) は以下のように表すことができる. これを**単回帰モデル**という.

$$Y_i = a + bx_i + \epsilon_i, \qquad (i = 1, 2, ..., n) \tag{11.2}$$

ここで (a, b, σ^2) は未知のパラメーターとし, ϵ_i は撹乱項（誤差項）とし, 以下の条件 [C1], [C2], [C3], [C4] を仮定する.

11.1. 単回帰モデル

[C1] ϵ_i $(i=1,2,...,n)$ は互いに独立[*1]
[C2] $E[\epsilon_i]=0$, $V[\epsilon_i]=\sigma^2$ $(i=1,2,...,n)$
[C3] ϵ_i は正規分布 $N(0,\sigma^2)$ に従う
[C4] $\sum_{i=1}^{n}(x_i-\bar{x})^2 \to \infty$ $(n \to \infty)$

3章で直線の切片 a と傾き b の推定量は以下のように与えられていた.

$$\hat{b} = \frac{\sum_{i=1}^{n}(x_i-\bar{x})(Y_i-\bar{Y})}{\sum_{i=1}^{n}(x_i-\bar{x})^2}, \qquad \hat{a} = \bar{Y} - \hat{b}\bar{x}, \tag{11.3}$$

ここで $\bar{Y} = \frac{1}{n}\sum_{i=1}^{n}Y_i$, $\bar{x} = \frac{1}{n}\sum_{i=1}^{n}x_i$ となる. ただしこの章では, $Y_1,...,Y_n$ は**確率変数**として扱っていることに注意してほしい. これより $\hat{a}, \hat{b}$ は**確率変数**であり, 以下の期待値, 分散を持つ.

定理 11.1

$s_{xx} = \frac{1}{n}\sum_{i=1}^{n}(x_i-\bar{x})^2 \ne 0$ とする. [C1], [C2] の仮定の下で, 最小二乗推定量 $\hat{a}, \hat{b}$ に対して以下が成り立つ.

$$E[\hat{b}] = b, \qquad V[\hat{b}] = \frac{\sigma^2}{ns_{xx}}, \tag{11.4}$$

$$E[\hat{a}] = a, \qquad V[\hat{a}] = \frac{1}{n}\left(1 + \frac{(\bar{x})^2}{s_{xx}}\right)\sigma^2. \tag{11.5}$$

さらに [C1], [C2], [C3] の仮定の下では,
$\hat{b} \sim N\left(b, \frac{\sigma^2}{ns_{xx}}\right)$, $\hat{a} \sim N\left(a, \frac{1}{n}\left(1+\frac{(\bar{x})^2}{s_{xx}}\right)\sigma^2\right)$ が成り立つ.

[C1], [C2], [C3] に加えて [C4] を仮定すると, (11.4), (11.5) より, $V[\hat{b}] \to 0$, $V[\hat{a}] \to 0$ $(n \to \infty)$ となるので, 9.4.2 章より $\hat{a}, \hat{b}$ は a, b の推定値としてよい性質を持つことがわかる.

定理 11.1 を証明する前に2つの補題を準備する.

[*1][C1] は少し強い仮定であり, 通常の回帰分析の本では, $Cov[\epsilon_i,\epsilon_j]=0$, $(i \ne j)$ と仮定するのが一般的である.

補題 11.1 $W_1, W_2, \cdots, W_n$ は n 個の実数,もしくは確率変数とし,$\bar{W}$ はその標本平均とする.このとき,

$$\sum_{i=1}^{n}(x_i - \bar{x})(W_i - \bar{W}) = \sum_{i=1}^{n}(x_i - \bar{x})W_i.$$

証明 左辺 $= \sum_{i=1}^{n}(x_i - \bar{x})W_i - \bar{W}\underbrace{\sum_{i=1}^{n}(x_i - \bar{x})}_{0} = $ 右辺 より成り立つ □

補題 11.2 条件 [C1], [C2] の下で,以下の式が成り立つ.

$$E[\bar{Y}] = a + b\bar{x}, \quad V[\bar{Y}] = \frac{\sigma^2}{n}. \tag{11.6}$$

証明 [C2] より $E[Y_i] = a + bx_i$ となる.よって

$$E[\bar{Y}] = E\left[\frac{1}{n}(Y_1 + Y_2 + \cdots + Y_n)\right]$$
$$= \frac{1}{n}\{E[Y_1] + E[Y_2] + \cdots + E[Y_n]\}$$
$$= \frac{1}{n}\sum_{i=1}^{n}(a + bx_i)$$
$$= a + b\bar{x}.$$

$$V[\bar{Y}] = V\left[\frac{1}{n}(Y_1 + Y_2 + \cdots + Y_n)\right] \quad \text{[C1] より } Y_1, ..., Y_n \text{は独立より}$$
$$= \frac{1}{n^2}\left\{\underbrace{V[Y_1]}_{\sigma^2} + \cdots + \underbrace{V[Y_n]}_{\sigma^2}\right\} \quad \text{[C2] より } V[Y_i] = \sigma^2 \text{ より}$$
$$= \frac{n\sigma^2}{n^2}$$
$$= \frac{\sigma^2}{n}. \qquad \square$$

定理 11.1 の証明 補題 11.2 より

$$E[Y_i - \bar{Y}] = E[Y_i] - E[\bar{Y}] = a + bx_i - (a + b\bar{x}) = b(x_i - \bar{x}).$$

11.1. 単回帰モデル

よって

$$E[\hat{b}] = E\left[\frac{\sum_{i=1}^{n}(x_i - \bar{x})(Y_i - \bar{Y})}{\sum_{i=1}^{n}(x_i - \bar{x})^2}\right]$$

$$= \frac{\sum_{i=1}^{n}(x_i - \bar{x})E[Y_i - \bar{Y}]}{\sum_{i=1}^{n}(x_i - \bar{x})^2}$$

$$= \frac{\sum_{i=1}^{n}(x_i - \bar{x})b(x_i - \bar{x})}{\sum_{i=1}^{n}(x_i - \bar{x})^2} = b.$$

次に $\hat{b}$ の分散を求める．補題 11.1 より $\hat{b} = \dfrac{\sum_{i=1}^{n}(x_i - \bar{x})Y_i}{\sum_{i=1}^{n}(x_i - \bar{x})^2}$ と表せる．よって，定理 7.1 の ② と ⑦ より

$$V[\hat{b}] = V\left[\sum_{i=1}^{n}\left(\frac{(x_i - \bar{x})}{\sum_{i=1}^{n}(x_i - \bar{x})^2}\right)Y_i\right]$$

$$= \sum_{i=1}^{n}\frac{(x_i - \bar{x})^2}{\left\{\sum_{i=1}^{n}(x_i - \bar{x})^2\right\}^2}V[Y_i]$$

$$= \frac{\sigma^2}{\sum_{i=1}^{n}(x_i - \bar{x})^2} = \frac{\sigma^2}{ns_{xx}}.$$

次に $\hat{a}$ の期待値を求める．

$$E[\hat{a}] = E[\bar{Y} - \hat{b}\bar{x}] = a + b\bar{x} - b\bar{x} = a.$$

最後に $\hat{a}$ の分散を求める．

$$\hat{a} = \bar{Y} - \hat{b}\bar{x} = \frac{1}{n}\sum_{i=1}^{n}Y_i - \sum_{i=1}^{n}\left(\frac{x_i - \bar{x}}{ns_{xx}}\right)\bar{x}Y_i = \frac{1}{n}\sum_{i=1}^{n}\left\{1 - \left(\frac{x_i - \bar{x}}{s_{xx}}\right)\bar{x}\right\}Y_i.$$

後は読者に計算を任せる.   □

> 問 11.1   定理 11.1 の $V[\hat{a}]$ を導くこと.

11.2 カイ二乗分布

確率変数 X が次の確率密度関数をもつとき, X は自由度 n のカイ二乗分布に従うといい $X \sim \chi^2(n)$ と表す[*2].

$$f(x) = \frac{1}{2^{\frac{n}{2}}\Gamma(n/2)} x^{\frac{n}{2}-1} e^{-\frac{x}{2}} \qquad (x > 0),$$

ここで n は自由度[*3]とよばれ, 自然数 $1, 2, 3, \ldots$ のある数が対応する. $\Gamma(s)$ はガンマ関数 (p.187, 9.7 章を参照) で, $\Gamma(n/2) = \int_0^\infty x^{(n/2)-1} e^{-x} dx$ となる. ここでもガンマ関数の意味は, 入門の段階では特に気にしなくてよい. また $X \sim \chi^2(n)$ のとき, 期待値は $E[X] = n$, 分散は $V[X] = 2n$ であることが知られている.

以下の図はカイ二乗分布の確率密度関数 $f(x)$ のグラフを表す.

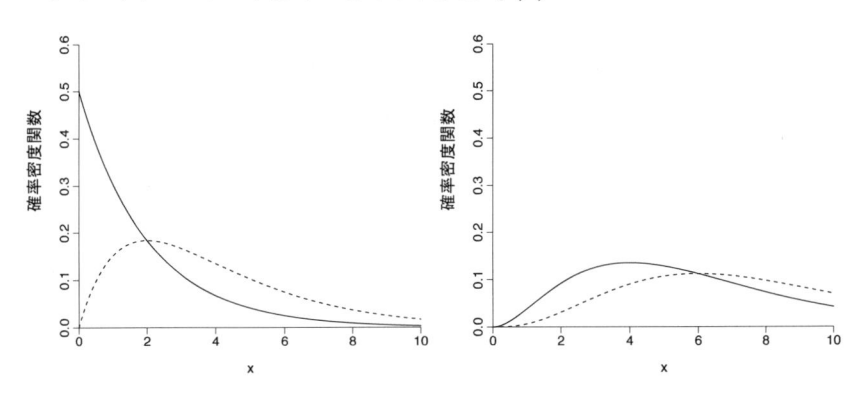

図 11-1 ——:自由度 2, - - -:自由度 4   図 11-2 ——:自由度 6, - - -:自由度 8

[*2] χ はギリシャ文字でカイという. このため χ^2 は"カイじじょう"という.
[*3] 自由度という言葉の意味は深く考えなくてよい.

11.3　σ^2 に対する推定量

次に単回帰モデル (11.2) における,撹乱項の分散 σ^2 に対する推定量について考える.これは $\hat{\sigma}^2 = \dfrac{1}{n-2}\sum_{i=1}^{n}\{Y_i - (\hat{a}+\hat{b}x_i)\}^2$ で与えられ,定理 11.3 が成り立つことが知られている.定理 11.3 を示す前に,以下の定理を準備する.

定理 11.2

[C1], [C2], [C3] が成り立つと仮定する.このとき,
$\dfrac{1}{\sigma^2}\sum_{i=1}^{n}\{Y_i - (\hat{a}+\hat{b}x_i)\}^2$ は自由度 $n-2$ のカイ二乗分布 $\chi^2(n-2)$ に従う.

この証明は本書のレベルを超えるので省略するが,興味のある方は鈴木,山田 [8] p.270, 岩田 [1] を参考にしてほしい.
そして定理 11.2 を用いると,以下の定理が成り立つ.

定理 11.3

[C1], [C2], [C3] が成り立つと仮定する.このとき,以下が成り立つ.
- $E[\hat{\sigma}^2] = \sigma^2$　(つまり $\hat{\sigma}^2$ は σ^2 の不偏推定量)
- $V[\hat{\sigma}^2] = \dfrac{2\sigma^4}{n-2}$

証明　定理 11.2 とカイ二乗分布の期待値から

$$\frac{1}{\sigma^2}E\left[\sum_{i=1}^{n}\{Y_i - (\hat{a}+\hat{b}x_i)\}^2\right] = E\left[\frac{1}{\sigma^2}\sum_{i=1}^{n}\{Y_i - (\hat{a}+\hat{b}x_i)\}^2\right]$$
$$= n-2$$

よって $E[\hat{\sigma}^2] = \sigma^2$.一方で定理 11.2 とカイ二乗分布の分散より

$$\frac{1}{\sigma^4}V\left[\frac{1}{n-2}\sum_{i=1}^{n}\{Y_i - (\hat{a}+\hat{b}x_i)\}^2\right] = \frac{1}{(n-2)^2}V\left[\frac{1}{\sigma^2}\sum_{i=1}^{n}\{Y_i - (\hat{a}+\hat{b}x_i)\}^2\right]$$
$$= \frac{1}{(n-2)^2}\cdot 2(n-2)$$
$$= \frac{2}{n-2}.$$

これより $V[\hat{\sigma}^2] = \dfrac{2\sigma^4}{n-2}$ となる. □

11.4 区間推定と仮説検定

(11.4) の $V[\hat{a}]$ と (11.5) の $V[\hat{b}]$ の σ^2 を $\hat{\sigma}^2$ に置きかえることで, 最小二乗推定量 $\hat{a}, \hat{b}$ の標本分布の分散を推定することができる. また $\hat{a}, \hat{b}$ の標準偏差 $\sqrt{V[\hat{a}]}, \sqrt{V[\hat{b}]}$ において σ^2 を $\hat{\sigma}^2$ に置きかえたものを**標準誤差** (Standard Error, SE と略記する) といい,

$$SE(\hat{a}) = \sqrt{\dfrac{1}{n}\left(1 + \dfrac{(\bar{x})^2}{s_{xx}}\right)\hat{\sigma}^2},\ SE(\hat{b}) = \sqrt{\dfrac{\hat{\sigma}^2}{ns_{xx}}}\ \text{と置く.}$$

定理 11.4

[C1], [C2], [C3], [C4] が成り立つとする. このとき,

$$T_0(\mathbf{Y}) = \dfrac{\hat{a} - a}{SE(\hat{a})}, \qquad T_1(\mathbf{Y}) = \dfrac{\hat{b} - b}{SE(\hat{b})} \tag{11.7}$$

は共に自由度 $n-2$ の t 分布 $t(n-2)$ に従う.

この証明は本書のレベルを超えるので省略するが, 結果だけ押さえておけばよい. 興味のある方は鈴木, 山田 [8] p.270 を見てほしい.

定理 11.4 から回帰係数 a, b に対する区間推定ができる.

定理 11.5 回帰係数の信頼区間

$t_{0.025}(n-2)$ は $T \sim t(n-2)$ において $P(-t_{0.025}(n-2) < T < t_{0.025}(n-2)) = 0.95$ を満たす点であるとする. [C1],[C2],[C3],[C4] が成り立つとき, 以下が成り立つ.

$$P\Big(\hat{a} - t_{0.025}(n-2)SE(\hat{a}) < a < \hat{a} + t_{0.025}(n-2)SE(\hat{a})\Big) = 0.95, \tag{11.8}$$

$$P\Big(\hat{b} - t_{0.025}(n-2)SE(\hat{b}) < b < \hat{b} + t_{0.025}(n-2)SE(\hat{b})\Big) = 0.95. \tag{11.9}$$

すなわち a, b の信頼度 95%信頼区間は

$$\left(\hat{a} - t_{0.025}(n-2)SE(\hat{a}),\quad \hat{a} + t_{0.025}(n-2)SE(\hat{a})\right), \qquad (11.10)$$

$$\left(\hat{b} - t_{0.025}(n-2)SE(\hat{b}),\quad \hat{b} + t_{0.025}(n-2)SE(\hat{b})\right) \qquad (11.11)$$

で与えられることを意味する.

次に単回帰モデル (11.2) における両側仮説 $H_0 : b = 0$ vs $H_a : b \neq 0$ を考える. 帰無仮説 $H_0 : b = 0$ が正しいと仮定した場合, (11.7) の $T_1(\mathbf{Y})$ において $b = 0$ となることより, $T_1(\mathbf{Y}) = \dfrac{\hat{b} - 0}{SE(\hat{b})} \sim t(n-2)$ となる. これより $T_1(\mathbf{Y})$ を検定統計量として用いる. $T_1(\mathbf{Y})$ の実現値を t_1^*, 自由度 $n-2$ の t 分布に従う確率変数を T とすると, p 値は

$$p\text{ 値} = 2P(T \geq |t_1^*|)$$

となる. よって有意水準 5%の p 値に基づく検定は, "p 値 $\leq 0.05 \Longrightarrow H_0$ を棄却" となる.

問 11.2　30 個の標本 $(Y_1, x_1), ..., (Y_{30}, x_{30})$ から単回帰モデル (11.2) に基づいて計算したところ $\hat{b} = 0.4934$, $SE(\hat{b}) = 0.2$ を得た. このとき, 両側仮説 $H_0 : b = 0$ vs $H_a : b \neq 0$ に対する p 値を求めよ.

11.5　重回帰モデル (説明変数が 2 個)

説明変数が 2 個の場合の重回帰モデルにおいても, 単回帰モデルと同様に, 以下のように書くことができる.

$$Y_i = b_0 + b_1 x_{1i} + b_2 x_{2i} + \epsilon_i, \qquad (i = 1, 2, ..., n) \qquad (11.12)$$

ここで $(b_0, b_1, b_2, \sigma^2)$ は未知のパラメーターとし, ϵ_i は撹乱項 (誤差項) とする. また以下の [C1], [C2], [C3], [C4'] を仮定する.

[C1] ϵ_i $(i = 1, 2, ..., n)$ は互いに独立[*4]

[*4] [C1] は少し強い仮定であり, 通常の回帰分析の本では, $Cov[\epsilon_i, \epsilon_j] = 0, i \neq j$ と仮定するのが一般的である.

[C2] $E[\epsilon_i] = 0, V[\epsilon_i] = \sigma^2$ $(i = 1, 2, ..., n)$
[C3] ϵ_i $(i = 1, 2, ..., n)$ は正規分布 $N(0, \sigma^2)$ に従う.
　さらに以下の条件を仮定する.
[C4'] 全ての $i = 1, 2, ..., n$ に対して

$$c_0 + c_1 x_{1i} + c_2 x_{2i} = 0$$

が成り立つならば, $c_0 = c_1 = c_2 = 0$ となる.

　条件 [C4'] は説明変数に厳密な意味での多重共線性が成り立たないことを意味している. また最小二乗推定量 $\hat{b}_0, \hat{b}_1, \hat{b}_2$ は公式 4.1 より以下の形で与えられたことを思い出してほしい.

$$\hat{b}_1 = \frac{s_{22}s_{1Y} - s_{12}s_{2Y}}{s_{11}s_{22} - s_{12}^2}, \quad \hat{b}_2 = \frac{s_{11}s_{2Y} - s_{12}s_{1Y}}{s_{11}s_{22} - s_{12}^2}, \quad \hat{b}_0 = \bar{Y} - \hat{b}_1\bar{x}_1 - \hat{b}_2\bar{x}_2.$$

ここで $\bar{x}_1 = \frac{1}{n}\sum_{i=1}^{n} x_{1i}, \bar{x}_2 = \frac{1}{n}\sum_{i=1}^{n} x_{2i}, \bar{Y} = \frac{1}{n}\sum_{i=1}^{n} Y_i,$

$s_{1Y} = \frac{1}{n}\sum_{i=1}^{n}(x_{1i} - \bar{x}_1)(Y_i - \bar{Y}), s_{11} = \frac{1}{n}\sum_{i=1}^{n}(x_{1i} - \bar{x}_1)^2, s_{2Y} = \frac{1}{n}\sum_{i=1}^{n}(x_{2i} - \bar{x}_2)(Y_i - \bar{Y}), s_{22} = \frac{1}{n}\sum_{i=1}^{n}(x_{2i} - \bar{x}_2)^2, s_{12} = \frac{1}{n}\sum_{i=1}^{n}(x_{1i} - \bar{x}_1)(x_{2i} - \bar{x}_2)$ である.

このとき, 以下のことが成り立つ.

定理 11.6(最小二乗推定量の期待値, 分散)

[C1], [C2], [C4'] を仮定するとき, 以下が成り立つ.

$$E[\hat{b}_1] = b_1, \quad E[\hat{b}_2] = b_2, \quad E[\hat{b}_0] = b_0,$$
$$V[\hat{b}_1] = \frac{\sigma^2}{n}\left(\frac{s_{22}}{s_{11}s_{22} - s_{12}^2}\right), \quad V[\hat{b}_2] = \frac{\sigma^2}{n}\left(\frac{s_{11}}{s_{11}s_{22} - s_{12}^2}\right),$$
$$V[\hat{b}_0] = \frac{\sigma^2}{n}\left(1 + \frac{(\bar{x}_1)^2 s_{22} + (\bar{x}_2)^2 s_{11} - 2(\bar{x}_1)(\bar{x}_2)s_{12}}{s_{11}s_{22} - s_{12}^2}\right), \quad (11.13)$$

さらに仮定 [C3] を加えると,

$$\hat{b}_1 \sim N(b_1, V[\hat{b}_1]), \quad \hat{b}_2 \sim N(b_2, V[\hat{b}_2]), \quad \hat{b}_0 \sim N(b_0, V[\hat{b}_0])$$

11.5. 重回帰モデル (説明変数が 2 個)

証明 全て証明するのは大変なので, $E[\hat{b}_2]$ だけ計算する. ちなみに説明変数が 2 個以上ある場合には, 行列を用いることでエレガントな導出ができる. 例えば藤山 [12] を見よ. なお, 仮定 [C4'] が成り立つとき, $s_{11}s_{22} - s_{12}^2 \neq 0$ となることが知られている.

$c_1 = \dfrac{s_{11}}{s_{11}s_{22} - s_{12}^2}, c_2 = \dfrac{s_{12}}{s_{11}s_{22} - s_{12}^2}$ と置くと, 補題 11.1 より

$$\hat{b}_2 = \frac{s_{11}s_{2Y} - s_{12}s_{1Y}}{s_{11}s_{22} - s_{12}^2}$$

$$= \frac{c_1}{n}\sum_{i=1}^{n}(x_{2i} - \bar{x}_2)Y_i - \frac{c_2}{n}\sum_{i=1}^{n}(x_{1i} - \bar{x}_1)Y_i$$

$$= \frac{1}{n}\sum_{i=1}^{n}\{c_1(x_{2i} - \bar{x}_2) - c_2(x_{1i} - \bar{x}_1)\}Y_i \tag{11.14}$$

これより $E[\hat{b}_2] = \dfrac{1}{n}\sum_{i=1}^{n}\{c_1(x_{2i} - \bar{x}_2) - c_2(x_{1i} - \bar{x}_1)\}\underbrace{E[Y_i]}_{b_0 + b_1 x_{1i} + b_2 x_{2i}}$

$$= \frac{b_0}{n}\sum_{i=1}^{n}\{c_1(x_{2i} - \bar{x}_2) - c_2(x_{1i} - \bar{x}_1)\} \tag{11.15}$$

$$+ \frac{b_1}{n}\sum_{i=1}^{n}\{c_1(x_{2i} - \bar{x}_2)x_{1i} - c_2(x_{1i} - \bar{x}_1)x_{1i}\} \tag{11.16}$$

$$+ \frac{b_2}{n}\sum_{i=1}^{n}\{c_1(x_{2i} - \bar{x}_2)x_{2i} - c_2(x_{1i} - \bar{x}_1)x_{2i}\} \tag{11.17}$$

ここで式 (11.15) において

$$\frac{1}{n}\sum_{i=1}^{n}\{c_1(x_{2i} - \bar{x}_2) - c_2(x_{1i} - \bar{x}_1)\} = \frac{c_1}{n}\underbrace{\sum_{i=1}^{n}(x_{2i} - \bar{x}_2)}_{0} - \frac{c_2}{n}\underbrace{\sum_{i=1}^{n}(x_{1i} - \bar{x}_1)}_{0} = 0$$

より (11.15)= 0.

式 (11.16) において

$$
\begin{aligned}
&\frac{1}{n}\sum_{i=1}^{n}\{c_1(x_{2i}-\bar{x}_2)x_{1i} - c_2(x_{1i}-\bar{x}_1)x_{1i}\} \\
&= \frac{c_1}{n}\sum_{i=1}^{n}(x_{2i}-\bar{x}_2)x_{1i} - \frac{c_2}{n}\sum_{i=1}^{n}(x_{1i}-\bar{x}_1)x_{1i} \\
&= \frac{c_1}{n}\sum_{i=1}^{n}(x_{2i}-\bar{x}_2)(x_{1i}-\bar{x}_1) - \frac{c_2}{n}\sum_{i=1}^{n}(x_{1i}-\bar{x}_1)(x_{1i}-\bar{x}_1) \\
&= \frac{s_{11}s_{12} - s_{12}s_{11}}{s_{11}s_{22} - s_{12}^2} \\
&= 0
\end{aligned}
$$

より (11.16)= 0. また

$$
\begin{aligned}
&\frac{1}{n}\sum_{i=1}^{n}\{c_1(x_{2i}-\bar{x}_2)x_{2i} - c_2(x_{1i}-\bar{x}_1)x_{2i}\} \\
&= \frac{c_1}{n}\sum_{i=1}^{n}(x_{2i}-\bar{x}_2)x_{2i} - \frac{c_2}{n}\sum_{i=1}^{n}(x_{1i}-\bar{x}_1)x_{2i} \\
&= \frac{c_1}{n}\sum_{i=1}^{n}(x_{2i}-\bar{x}_2)(x_{2i}-\bar{x}_2) - \frac{c_2}{n}\sum_{i=1}^{n}(x_{1i}-\bar{x}_1)(x_{2i}-\bar{x}_2) \\
&= \frac{s_{11}s_{22} - s_{12}s_{12}}{s_{11}s_{22} - s_{12}^2} \\
&= 1
\end{aligned}
$$

より (11.17)= b_2 となるので, $E[\hat{b}_2] = b_2$ を得る. □

問 11.3 定理 11.6 の $V[\hat{b}_2]$ を示すこと[*5].

次に重回帰モデル (11.12) における, 撹乱項の分散 σ^2 に対する推定量について考える. これは $\hat{\sigma}^2 = \dfrac{1}{n-3}\sum_{i=1}^{n}\left\{Y_i - (\hat{b}_0 + \hat{b}_1 x_{1i} + \hat{b}_2 x_{2i})\right\}^2$ で与えられ, これが σ^2 の不偏推定量になることが知られている.

[*5]ヒント: $Y_1,...,Y_n$ が互いに独立のとき, $V\left[\sum_{i=1}^{n} c_i Y_i\right] = \sum_{i=1}^{n} c_i^2 V[Y_i]$ となる. この結果を用いればよい.

11.5. 重回帰モデル (説明変数が 2 個)

ここで (11.13) の $V[\hat{b}_i]$, $(i=0,1,2)$ の σ^2 を $\hat{\sigma}^2$ に置きかえることで,最小二乗推定量 $\hat{b}_0, \hat{b}_1, \hat{b}_2$ の標本分布の分散を推定することができる.また $\hat{b}_i$ の標準偏差 $\sqrt{V[\hat{b}_i]}$ において σ^2 を $\hat{\sigma}^2$ に置きかえたものを**標準誤差** (Standard Error, SE と略記する) といい,$SE(\hat{b}_i)$ と表す.例えば,$\hat{b}_2$ の標準誤差であれば,$SE(\hat{b}_2) = \sqrt{\dfrac{\hat{\sigma}^2}{n}\left(\dfrac{s_{11}}{s_{11}s_{22} - s_{12}^2}\right)}$ となる.

定理 11.7

[C1], [C2], [C3], [C4'] が成り立つとする.このとき

$$T_1(\mathbf{Y}) = \frac{\hat{b}_1 - b_1}{SE(\hat{b}_1)} \sim t(n-3), \quad T_2(\mathbf{Y}) = \frac{\hat{b}_2 - b_2}{SE(\hat{b}_2)} \sim t(n-3),$$

$$T_0(\mathbf{Y}) = \frac{\hat{b}_0 - b_0}{SE(\hat{b}_0)} \sim t(n-3)$$

が成り立つ.

定理 11.4 と同様に,この証明は本書のレベルを超えるので省略するが,興味のある方は鈴木,山田 [8] p.270 を見てほしい.

この結果は仮説検定に応用することができる.例えば,重回帰モデル (11.12) における両側仮説 $H_0 : b_1 = 0$ vs $H_a : b_1 \neq 0$ を考えてみよう.帰無仮説 $H_0 : b_1 = 0$ が正しいと仮定した場合,$T_1(\mathbf{Y}) = \dfrac{\hat{b}_1 - 0}{SE(\hat{b}_1)} \sim t(n-3)$ となる.ここで $T_1(\mathbf{Y})$ の実現値を t_1^*,自由度 $n-3$ の t 分布に従う確率変数を T_1 とする.このとき p 値は

$$p\text{ 値} = 2P(T_1 \geq |t_1^*|)$$

となる.よって有意水準 5% の p 値に基づく検定は,"p 値 $\leq 0.05 \Longrightarrow H_0$ を棄却" となる.

〖注意〗 t_1^* は 4.8 章で説明した t 値,p 値は 4.9 章で説明したもの対応する.

次に境界値を用いた検定を考えてみよう.$0.05 = 2P(T_1 \geq t_{0.025}(n-3))$

より

$$2P(T_1 \geq |t_1^*|) \leq 0.05 \iff P(T_1 \geq |t_1^*|) \leq P(T_1 \geq t_{0.025}(n-3))$$
$$\iff |t_1^*| \geq t_{0.025}(n-3)$$

となる．よって境界値による仮説検定は"$|t_1^*| \geq t_{0.025}(n-3) \implies H_0$ を棄却" となる．

11.6　F 分布

確率変数 F が以下の確率密度関数を持つとき，F は自由度 m, n の F 分布に従うといい，$F \sim F(m, n)$ と略記する．

$$f(x|m,n) = \frac{\Gamma\left(\frac{m+n}{2}\right) m^{\frac{m}{2}} n^{\frac{n}{2}}}{\Gamma\left(\frac{m}{2}\right) \Gamma\left(\frac{n}{2}\right)} \frac{x^{\frac{m}{2}-1}}{(mx+n)^{\frac{m+n}{2}}}, \quad (x > 0)$$

ここで $\Gamma\left(\frac{m+n}{2}\right)$ や $\Gamma\left(\frac{m}{2}\right)$ はガンマ関数 (p.187, 9.7 章を参照) を表し，m, n には $m = 1, 2, ..., n = 1, 2, ...$ のある数が対応する．しかし最初の段階では，確率密度関数の形は気にする必要はない．

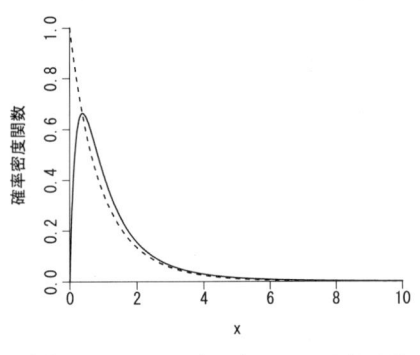

図 11-3 ――:$F(4, 7)$, - - - -:$F(2, 20)$

また $F \sim F(m, n)$ とするとき，期待値 $E[F] = \dfrac{n}{n-2}$, $(n > 2)$, 分散 $V[F] = \dfrac{2n^2(m+n-2)}{m(n-2)^2(n-4)}$, $(n > 4)$ となることが知られている．ただし $n = 2$ のとき，期待値は $E[F] = \infty$ となり存在しないが，確率分布としては存在するので，確率は計算することができる．詳しくは鈴木，山田 [8]pp.133-134 参照のこと．

11.7 分散分析 (F 検定)

最後に，統計モデルの分散分析 (F 検定) について説明する．いま，重回帰モデル

$$Y_i = b_0 + b_1 x_{1i} + b_2 x_{2i} + \epsilon_i, \quad (i = 1, ..., n)$$

において仮説検定

$$H_0 : b_1 = b_2 = 0 \text{ vs } H_a : b_1 \neq 0 \text{ または } b_2 \neq 0$$

を考える．予測値を $\hat{Y}_i = \hat{b}_0 + \hat{b}_1 x_{1i} + \hat{b}_2 x_{2i}$，その標本平均を $\bar{\hat{Y}} = \frac{1}{n}\sum_{i=1}^{n}\hat{Y}_i$，決定係数を $R^2 = \dfrac{\sum_{i=1}^{n}(\hat{Y}_i - \bar{\hat{Y}})^2}{\sum_{i=1}^{n}(Y_i - \bar{Y})^2}$ とする．

ここで途中式は初学者には難しいので省略するが，結果としては" $H_0 : b_1 = b_2 = 0$ が正しいと仮定するとき，$F = \dfrac{(n-3)R^2}{2(1-R^2)} \sim F(2, n-3)$" が知られている．検定統計量 F の実現値を F_0 とするとき，その p 値は

$$p \text{ 値} = P(F \geq F_0)$$

となる．これより有意水準5%の p 値を用いた仮説検定は，"p 値 $\leq 0.05 \Longrightarrow H_0$ を棄却" となる．

次に境界値を用いた仮説検定を考えてみよう．$F_{0.05}(2, n-3)$ を $P(F \geq F_{0.05}(2, n-3)) = 0.05$ を満たす点とすると，

$$P(F \geq F_0) \leq 0.05 \iff P(F \geq F_0) \leq P(F \geq F_{0.05}(2, n-3))$$
$$\iff F_0 \geq F_{0.05}(2, n-3)$$

となる．よって境界値による仮説検定は" $F_0 \geq F_{0.05}(2, n-3) \Longrightarrow H_0$ を棄却" となる．

11.8 回帰モデルにおける最尤推定量

回帰モデルに対しても最尤推定量を求めることができる．ここでは 話を簡単にするために，単回帰モデルだけを考える．表記を簡単にするために，

$\theta = (a, b, \theta)$ をパラメーター, $\mathbf{y} = (y_1, ..., y_n)$, Y_i の確率密度関数を $f(y_i|\theta)$ とすると, 尤度は

$$f(\mathbf{y}|\theta) = f(y_1|\theta) \times \cdots \times f(y_n|\theta)$$
$$= \left(\frac{1}{\sqrt{2\pi\sigma^2}}\right)^n exp\left\{-\frac{1}{2\sigma^2}\sum_{i=1}^{n}(y_i - (a + bx_i))^2\right\}.$$

となるので, 対数尤度は

$$l(\theta) = -\frac{n}{2}\log 2\pi\sigma^2 - \frac{1}{2\sigma^2}\sum_{i=1}^{n}(y_i - (a + bx_i))^2 \tag{11.18}$$

となる. これより $l(\theta)$ を最大にする θ は

$$\frac{\partial}{\partial a}l(\theta) = 0, \qquad \frac{\partial}{\partial b}l(\theta) = 0, \tag{11.19}$$

$$\frac{\partial}{\partial \sigma^2}l(\theta) = 0 \tag{11.20}$$

を解けばよいことになる. ただし (11.18) において, $l(\theta)$ を最大にする a, b は,

$$\sum_{i=1}^{n}(y_i - (a + bx_i))^2 \tag{11.21}$$

を最小にする a, b を求めればよいことがわかる. 式 (11.21) を最小にする a, b を求めることは, 偏差平方和を最小にする最小二乗推定量とまったく同じことから

$$\hat{b}_{ML} = \frac{\sum_{i=1}^{n}(x_i - \bar{x})(y_i - \bar{y})}{\sum_{i=1}^{n}(x_i - \bar{x})^2}, \qquad \hat{a}_{ML} = \bar{y} - \hat{b}\bar{x},$$

となる. 最後に $l(\theta)$ を最大にする σ^2 を求める. これは式 (11.20) を計算すると

$$0 = \frac{\partial}{\partial \sigma^2}l(\theta) = -\frac{n}{2\sigma^2} + \frac{1}{2\sigma^4}\sum_{i=1}^{n}(y_i - (a + bx_i))^2 \tag{11.22}$$

となる. これを解いて, a, b に $\hat{a}_{ML}, \hat{b}_{ML}$ を代入すると, $\hat{\sigma}_{ML}^2 = \frac{1}{n}\sum_{i=1}^{n}(y_i - (\hat{a}_{ML} + \hat{b}_{ML}x_i))^2$ となる.

第12章 統計における数学的基礎

ここでは，この本で必要な数学予備知識を説明する．なお，本書では，
- 分数 $\frac{a}{b}$ は a/b と表記することがある．
- 不等号の記号は $\leqq$ の代わりに $\leq$ を使う．

12.1 Σの計算

$a_1 + a_2 + \cdots + a_n$ を簡単に書き表すために，以下のように Σ(シグマ記号) を用いて表す．

$$\sum_{k=1}^{n} a_k = a_1 + a_2 + \cdots + a_n$$

【例 12.1】

$$\sum_{k=1}^{5} a_k = a_1 + a_2 + a_3 + a_4 + a_5 \quad \sum_{k=1}^{n} k = 1 + 2 + 3 + \cdots + n$$

$$\sum_{k=1}^{n} k^2 = 1^2 + 2^2 + 3^2 + \cdots + n^2 \quad \sum_{k=3}^{5} k = 3 + 4 + 5$$

$$\sum_{k=1}^{3} a_k b_k = a_1 b_1 + a_2 b_2 + a_3 b_3 \quad \underbrace{\sum_{i=1}^{n} a_i = a_1 + a_2 + \cdots + a_n}_{\text{(添え字は } i \text{ でも } k \text{ でも関係ない)}}$$

さて Σ に関する重要な性質を挙げる．ただし c は定数とする．

① $\displaystyle\sum_{k=1}^{n} c a_k = c \sum_{k=1}^{n} a_k$

② $\displaystyle\sum_{k=1}^{n} c = nc$　特に $\displaystyle\sum_{k=1}^{n} 1 = n$

③ $\displaystyle\sum_{k=1}^{n} (a_k + b_k) = \sum_{k=1}^{n} a_k + \sum_{k=1}^{n} b_k$

$\displaystyle\sum_{k=1}^{n} (a_k + b_k + c_k) = \sum_{k=1}^{n} a_k + \sum_{k=1}^{n} b_k + \sum_{k=1}^{n} c_k$

上の性質をいくつか説明する.ただし話を簡単にするため $n=5$ とする.

①の説明

$$\sum_{k=1}^{5} ca_k = ca_1 + ca_2 + \cdots + ca_5 = c(a_1 + a_2 + \cdots + a_5) = c\sum_{k=1}^{5} a_k$$

①は添え字 k に無関係な数 c は $\sum$ の外に出してよいということを意味している.

②の説明 $a_1 = a_2 = a_3 = a_4 = a_5 = 1$ と考えると

$$\sum_{k=1}^{5} 1 = \sum_{k=1}^{5} a_k = 1+1+1+1+1 = 5 となる.$$

③の説明

$$\sum_{k=1}^{5}(a_k + b_k) = (a_1 + b_1) + (a_2 + b_2) + \cdots + (a_5 + b_5)$$

$$= a_1 + a_2 + \cdots + a_5 + b_1 + b_2 + \cdots + b_5$$

$$= \sum_{k=1}^{5} a_k + \sum_{k=1}^{5} b_k$$

また公式①から③を組み合わせることで以下のような計算もできる.

【例 12.2】 $\sum_{k=1}^{n} a_k = 4$, $\sum_{k=1}^{n} b_k = 1$ とする.このとき

$$\sum_{k=1}^{n}(3a_k - b_k) = \sum_{k=1}^{n} 3a_k + \sum_{k=1}^{n}(-1)b_k \quad (③を用いた)$$

$$= 3\sum_{k=1}^{n} a_k - \sum_{k=1}^{n} b_k \quad (①を用いた)$$

$$= 3 \cdot 4 - 1 = 11.$$

| 問 12.1 | 以下の値を求めよ.

(1) $\sum_{k=1}^{4} k$ (2) $\sum_{k=1}^{7} 2$ (3) $\sum_{k=1}^{7}(k-1)$ (4) $\sum_{k=1}^{3} k^2$

(5) $\sum_{k=1}^{n} a_k = 2$ とするとき,$\sum_{k=1}^{n}(2a_k - 3)$ を n を用いて表すこと.

12.2. 多項式のグラフ

次に 2 つの添え字がある数の列

$$\begin{array}{cccc} a_{11} & a_{12} & \cdots & a_{1m} \\ a_{21} & a_{22} & \cdots & \vdots \\ \vdots & & \ddots & \vdots \\ a_{n1} & \cdots & \cdots & a_{nm} \end{array}$$

を考える.この数を全て足し合わせたものを $\sum_{i=1}^{n}\sum_{j=1}^{m} a_{ij}$ と書く.

【例 12.3】 $n=2, m=3$
$a_{11}=1 \quad a_{12}=-2 \quad a_{13}=5$
$a_{21}=0 \quad a_{22}=3 \quad a_{23}=-4$
とすると,$\sum_{i=1}^{2}\sum_{j=1}^{3} a_{ij} = 1+(-2)+5+0+3+(-4) = 3$.

厳密には $\sum_{i=1}^{n}\sum_{j=1}^{m} a_{ij} = \sum_{i=1}^{n}\left(\sum_{j=1}^{m} a_{ij}\right)$ と定義する.以下の例より,2 重和記号は $\sum$ 記号の計算を 2 回行ったものであることがわかる.

【例 12.4】 $n=2, m=3$ とする.このとき

$$\sum_{i=1}^{2}\sum_{j=1}^{3} a_{ij} = \sum_{i=1}^{2}\left(\sum_{j=1}^{3} a_{ij}\right)$$
$$= \sum_{i=1}^{2}(a_{i1}+a_{i2}+a_{i3})$$
$$= (a_{11}+a_{12}+a_{13})+(a_{21}+a_{22}+a_{23})$$

問 12.2 $a_{11}=1, a_{12}=-2, a_{13}=5, a_{21}=0, a_{22}=3, a_{23}=-4$ とする.$\sum_{i=1}^{2}\sum_{j=1}^{3} a_{ij}$ を求めよ.

12.2 多項式のグラフ

$y=ax^2+bx+c \ (a\neq 0)$ は 2 次の多項式とよばれており,図 12-1, 12-2 のようなグラフとなる.なお,x を何乗したかを表す数字で最も大きなものを多項式の**次数**という.直線 $y=-2x+1$ であれば次数は 1,$y=3x^2+2x+1$ であれば,次数は 2 となる.

図 12-1 $y = x^2 - 2x + 2$

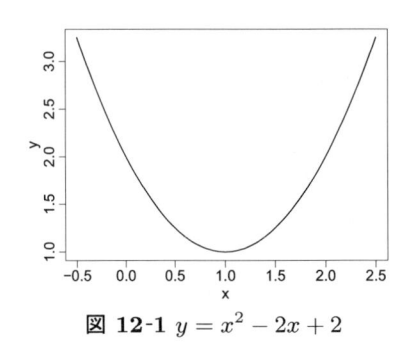

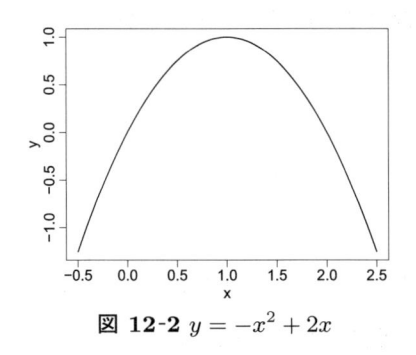

図 12-2 $y = -x^2 + 2x$

$y = ax^3 + bx^2 + cx + d$, $(a \neq 0)$ は 3 次の多項式とよばれており, 以下の図のような関数となる.

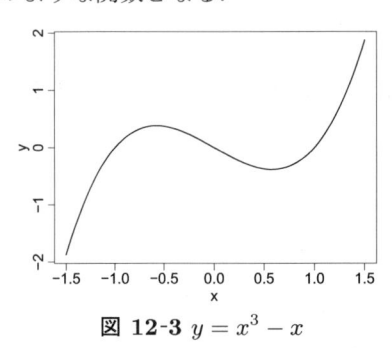

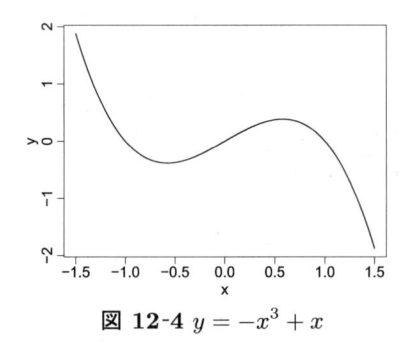

図 12-3 $y = x^3 - x$

図 12-4 $y = -x^3 + x$

$a = 0$ となることも認めた多項式 $y = ax^3 + bx^2 + cx + d$ において $a = 0$ とおくと, $y = bx^2 + cx + d$ と 2 次の多項式になるので, $y = ax^3 + bx^2 + cx + d$ で表せる多項式は 2 次の多項式も含んでいることに注意してほしい. 一般的に, 多項式の次数を大きくすればするほど, 柔軟に曲がる曲線を描くことができる.

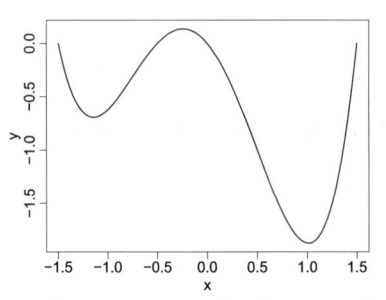

図 12-5 $y = x^4 + 0.5x^3 - 2.25x^2 - 1.125x$

12.3 極限

関数 $f(x)$ において, x が a と異なる値をとりながら a に近づくとき, $f(x)$ がある一定の値 b に近づく場合,

$$\lim_{x \to a} f(x) = b, \quad \text{もしくは} \quad f(x) \to b \quad (x \to a)$$

と書き, b を $x \to a$ のときの $f(x)$ の**極限値**という.

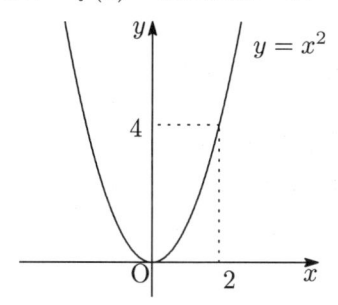

このとき, 上のグラフから, $y = x^2$ は x を 2 に近づけると y は 4 に近づくことがわかる. これより $\lim_{x \to 2} x^2 = 4$ となる. $f(x)$ がつながっている関数 (これは**連続関数**という) であれば $\lim_{x \to a} f(x)$ は $f(x)$ の x に a を代入することで極限値を得ることができる. 12.2 章のグラフからわかるように, $x, x^2, ..., x^n$ を $y = c_0 + c_1 x + c_2 x^2 + \cdots + c_n x^n$ ($c_1, c_2, ..., c_n$ は定数) のように組み合わせてできた**多項式**は連続関数となる.

12.3.1 ∞(無限大)

上の $y = x^2$ のグラフを見てほしい. x を大きくすると, $y = x^2$ も限りなく大きくなることがわかる. この"限りなく大きい"とうことを ∞(**無限大**) という記号で表す. グラフより

$$\lim_{x \to \infty} y = \infty \quad \text{または} \quad \lim_{x \to \infty} x^2 = \infty$$

と書くことができる. 特に重要な結果としては $\lim_{x \to \infty} \frac{1}{x} = 0$ がある. これは $f(x) = \frac{1}{x}$ に $x = 10$ を代入すると $f(10) = \frac{1}{10} = 0.1$ となる. $f(x)$ に

$x = 100$ を代入すると $f(100) = \dfrac{1}{100} = 0.01$ となる. $f(x)$ に $x = 1000$ を代入すると $f(1000) = \dfrac{1}{1000} = 0.001$ となる，これより, x を大きくすると, $f(x)$ は 0 に近づいていくことがわかる. 実は k は 1 や 3 のような正の数であれば, $\displaystyle\lim_{x \to \infty} \dfrac{1}{x^k} = 0$ となることが知られている.

次に以下の極限を考えよう．

$$\lim_{x \to \infty} \dfrac{x}{(x-1)^2} \qquad (12.1)$$

これは，分子と分母が x の多項式となっている関数の極限である．右は $g(x) = \dfrac{x}{(x-1)^2}$ のグラフである．これより $\displaystyle\lim_{x \to \infty} \dfrac{x}{(x-1)^2} = 0$ がわかる.

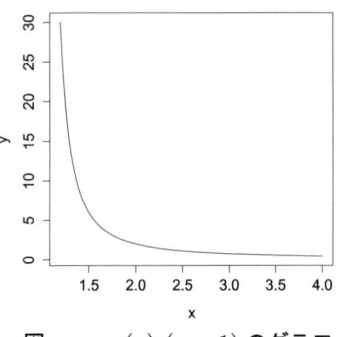

図　$y = g(x) \ (x > 1)$ のグラフ

実際, $g(x)$ に $x = 2$ を代入すると $g(2) = 2$ となる. $g(x)$ に $x = 10$ を代入すると $g(10) = \dfrac{10}{9^2} \fallingdotseq 0.12$ となる. $g(x)$ に $x = 100$ を代入すると $g(100) = \dfrac{100}{99^2} \fallingdotseq 0.01$ となることからも, 式 (12.1)= 0 がわかるであろう.

式 (12.1) のように多項式が分母と分子にある関数の極限は

分子の最大の次数 < 分母の最大の次数

の場合, $x \to \infty$ のとき極限値は 0 になることが知られている.

では $\displaystyle\lim_{x \to \infty} \dfrac{x+2}{3x-1}$ のように,

分子の最大の次数 ≥ 分母の最大の次数

のときはどうなるのか？分母と分子それぞれを，分母の最大次数を持つ項 x で割ると

$\displaystyle\lim_{x \to \infty} \dfrac{x+2}{3x-1} = \lim_{x \to \infty} \dfrac{1+(2/x)}{3-(1/x)}$ となる．ここで $\dfrac{2}{x} \to 0 \ (x \to \infty)$, $\dfrac{1}{x} \to 0$ $(x \to \infty)$ より,

12.4. e という数

$$\lim_{x\to\infty}\frac{x+2}{3x-1} = \lim_{x\to\infty}\frac{1+\dfrac{2}{x}}{3-\dfrac{1}{x}} = \frac{1}{3}$$

となる。$x \to \infty$ のときの極限は、$1/x$ や $1/x^2$ のように 0 になる項を作り、それを lim の中の式に代入すればよい。

$\lim_{x\to\infty} f(x)$ と $\lim_{x\to\infty} g(x)$ が 5 や -1 にように有限な値をとるときには、以下の定理が知られている。

極限に関する定理

① $\lim_{x\to\infty} f(x)g(x) = \lim_{x\to\infty} f(x) \lim_{x\to\infty} g(x)$

② $\lim_{x\to\infty} (f(x) + g(x)) = \lim_{x\to\infty} f(x) + \lim_{x\to\infty} g(x)$

例えば、$\lim_{x\to\infty} \dfrac{1}{x} \cdot \dfrac{x-3}{x+1}$ を考える。これは $x\to\infty$ のとき、$\dfrac{x-3}{x+1} \to 1$, $\dfrac{1}{x} \to 0$ より、$\lim_{x\to\infty} \dfrac{1}{x} \cdot \dfrac{x-3}{x+1} = \lim_{x\to\infty} \dfrac{1}{x} \cdot \lim_{x\to\infty} \dfrac{x-3}{x+1} = 0 \cdot 1 = 0$ となる。

問 12.3 以下の極限値を求めよ。

(1) $\lim_{x\to -1}(x^2 - 2)$ (2) $\lim_{t\to 0}(t+1)^2$ (3) $\lim_{s\to 0}(s^2 + 2s + 5)$

(4) $\lim_{x\to\infty} \dfrac{2x-3}{x-1}$ (5) $\lim_{x\to\infty} \left(2 - 5 \cdot \dfrac{x-3}{x-1}\right)$ (6) $\lim_{x\to\infty} \dfrac{(x-1)^2}{x^3}$

(7) $\lim_{x\to\infty} \dfrac{(x-1)^2}{x^3}\left(2 - 5 \cdot \dfrac{x-3}{x-1}\right)$ (8) $\lim_{n\to\infty} \dfrac{2n-3}{n-1}\left(2 - 5 \cdot \dfrac{n-3}{n-1}\right)$

12.4 e という数

e は、$e = 2.7182\cdots \fallingdotseq 2.7$ という数を表し、**ネピアーの数**とよばれる。

$$(1+h)^{\frac{1}{h}}$$

という h の式は、h を 0 に近づけていくと、下の表のように、ある値に近づくことが知られている。それを記号で e とおいた訳である。

h	$(1+h)^{1/h}$	h	$(1+h)^{1/h}$
0.1	2.59374246	-0.1	2.867971991
0.01	2.704813829	-0.01	2.731999026
0.001	2.716923932	-0.001	2.719642216
0.0001	2.718145927	-0.0001	2.718417755
0.00001	2.718268237	-0.00001	2.71829542

このため, 数学的には $e = \lim_{h \to 0}(1+h)^{1/h}$ と表される.

12.5 微分

関数 $y = f(x)$ において, x の値が a から $a+h$ まで変化するときの y の変化量は $f(a+h) - f(a)$ となることがわかる.

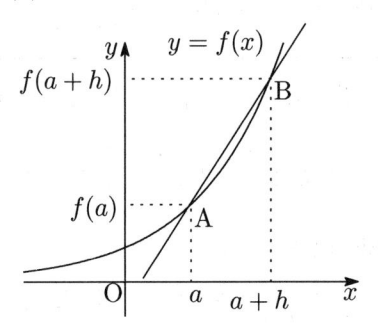

ここで直線 AB の傾き

$$\frac{f(a+h) - f(a)}{(a+h) - a} = \frac{f(a+h) - f(a)}{h}$$

を x が a から $a+h$ まで変化するときの $f(x)$ の**平均変化率**という. ここで h を 0 に近づけると, 下図のように $f(x)$ の平均変化率は点 $x = a$ における**接線の傾き**に近づくことがわかる.

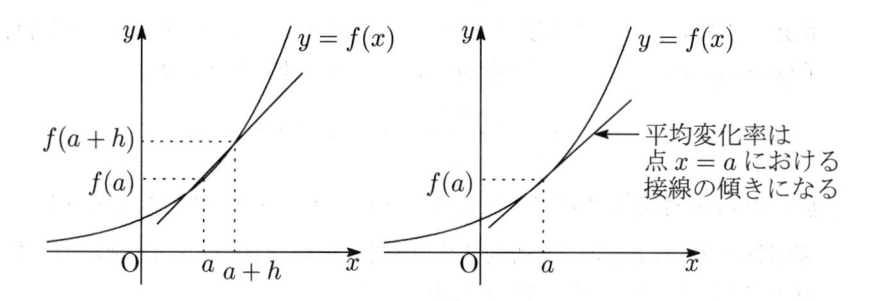

これより
$$\lim_{h\to 0}\frac{f(a+h)-f(a)}{h}=f'(a)$$
とし，これを $f(x)$ の $x=a$ における**微分係数**といい $f'(a)$ と表す．つまり微分係数 $f'(a)$ は"**$f(x)$ の $x=a$ における接線の傾き**"を意味する．

また $f'(a)$ 以外に $\frac{d}{dx}f(a)$ という表し方もあるので注意してほしい．

【例 12.5】 $f(x)=x^2$ の $x=2$ における微分係数 $f'(2)$ を求める．
$$f'(2)=\lim_{h\to 0}\frac{f(2+h)-f(2)}{h}=\lim_{h\to 0}\frac{(2+h)^2-2^2}{h}$$
$$=\lim_{h\to 0}\frac{4h+h^2}{h}=\lim_{h\to 0}(4+h)=4.$$

問 12.4 (1) $f(x)=2x+1$ の $x=3$ における微分係数を求めよ
(2) $f(x)=x^3$ の $x=2$ における微分係数を求めよ

12.6 導関数

例 12.5 と同様にして $f(x)=x^2$ の $x=a$ における微分係数 $f'(a)$ も
$$f'(a)=\lim_{h\to 0}\frac{f(a+h)-f(a)}{h}=\lim_{h\to 0}\frac{(a+h)^2-a^2}{h}=\lim_{h\to 0}(2a+h)=2a.$$
となる．これより $a=1$ のときは $f'(1)=2\cdot 1=2$, $a=2$ のときは $f'(2)=2\cdot 2=4$, $a=3$ のときは $f'(3)=2\cdot 3=6$ というように，$f'(a)$ 自身が a の関数のように考えることができる．$f'(a)$ における a を x に置き

換えた $f'(x)$ を $f(x)$ の**導関数**という．例えば $f(x) = x^2$ の導関数であれば，$f'(x) = 2x$ となる．また厳密な導関数の定義は以下の形となる．

$$\lim_{h \to 0} \frac{f(x+h) - f(x)}{h} = f'(x)$$

$y = f(x)$ の導関数は y' や $\dfrac{d}{dx}f(x)$ と表すこともあるので注意してほしい．導関数に関しては，以下の性質1,2がある．証明は省略するが，興味のある方は，例えば，矢野, 石原 [26] を参考のこと．

導関数に関する性質1

- $f(x) = x^n \ (n \neq 0)$ の導関数は $f'(x) = nx^{n-1}$
- $f(x) = k \ (k$ は定数$)$ の導関数は $f'(x) = 0$

【例 12.6】 $f(x) = x^4$ の導関数は $f'(x) = 4x^{4-1} = 4x^3$．
$f(x) = 100$ の導関数は $f'(x) = 0$．

導関数に関する性質2

- $y = kf(x), (k$ は定数$)$ とするとき, $y' = kf'(x)$
- $y = f(x) + g(x)$ とするとき, $y' = f'(x) + g'(x)$
- $f(x) = (ax + b)^2 \ (a, b$ は定数$)$ とするとき $f'(x) = 2a(ax + b)$

【例 12.7】 ・$f(x) = 5x^2$ とすると $f'(x) = 5(x^2)' = 5 \cdot 2x = 10x$.
・$f(x) = (3x + 2)^2$ とすると, $f'(x) = 2 \cdot 3 \cdot (3x + 2) = 6(3x + 2)$ となる.
・$f(x) = 2x^2 - 4x + 1$ とすると, $f'(x) = (2x^2)' - (4x)' + 1' = 4x - 4$ となる.

問 12.5　(1) $f(x) = x^2 - 3x + 2$ の導関数を求めよ．
(2) $f(x) = 5x^3$ の導関数を求めよ．

12.7　偏導関数

12.7.1　2変数関数

これまでは左下のグラフの $y = 2x^2 - 1$ のように y を x を用いて表してきた．これは一般的には $y = f(x)$ と書く．一方で z を x, y という2つの変

12.7. 偏導関数

数で表すことを考えてみる. 例えば $z = 1 - x^2 - y^2$ とすると, 右下のグラフより, これは 3 次元空間における**曲面**になることがわかる. これは一般的には $z = f(x, y)$ と書く. また $f(x, y) = 1 - x^2 - y^2$ のように表すこともある.

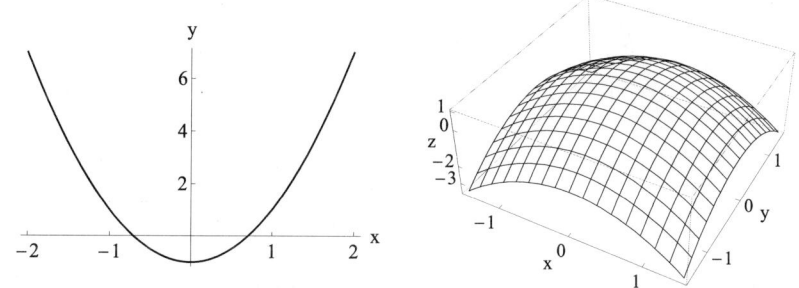

次に $f(x, y) = -1 + 2x + y$ が空間における平面を表すことを直感的に説明する. 数学的に厳密な説明は, ベクトルとよばれる新しい概念が必要になるので, ここでは省略する. いま, $z = f(x, y)$ に $x = 1$ を代入すると, $z = y + 1$ となるので, 直線の形となる. 次に $z = f(x, y)$ に $x = 0.5$ を代入した関数 $z = y$ と, $z = f(x, y)$ に $x = 1.5$ を代入した関数 $z = y + 2$ のグラフも描く.

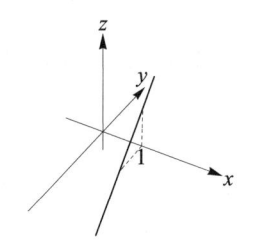

図 12-6 $x = 1, z = y + 1$ のグラフ 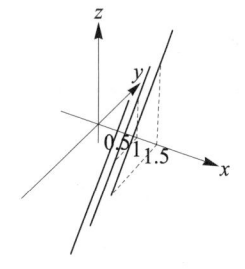　　　図 12-7 3 つの直線を重ね描き

このようにして, $x = 0$ や $x = 2$ など, x の他の値を代入したときの直線もどんどん引いていくと最終的に図 12-8 のようになることがわかる.
これより $z = -1 + 2x + y$ は平面を表す式であることがわかる. 実は一般的に平面の式は $ax + by + cz + d = 0$ の形で与えられることが知られている. これより $y = -1$ も平面を表す式である. 実際, 図 12-9 からわかるように, $y = -1$ を満たす点 (x, y, z) の集まりは平面になる.

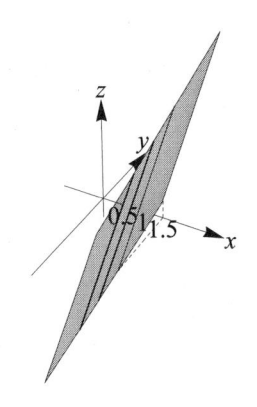

図 12-8 $z = -1 + 2x + y$
図 12-9 $y = -1$

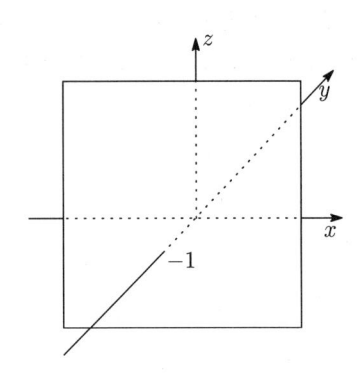

12.7.2 偏微分

関数 $z = f(x, y)$ の点 (a, b) における x に関する**偏微分**は $\dfrac{\partial}{\partial x} f(a, b)$ もしくは $f_x(a, b)$ のように表し,

$$\frac{\partial}{\partial x} f(a, b) = \lim_{h \to 0} \frac{f(a+h, b) - f(a, b)}{h} \tag{12.2}$$

と定義する. 同様にして関数 $z = f(x, y)$ の点 (a, b) における y に関する偏微分も $\dfrac{\partial}{\partial y} f(a, b)$ もしくは $f_y(a, b)$ と表し

$$\frac{\partial}{\partial y} f(a, b) = \lim_{h \to 0} \frac{f(a, b+h) - f(a, b)}{h} \tag{12.3}$$

と定義する. ここで x に関する**偏微分のイメージ**を図で説明する.

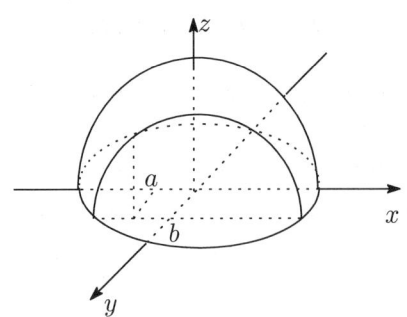

(1) $y = b$ の平面で曲面を切る

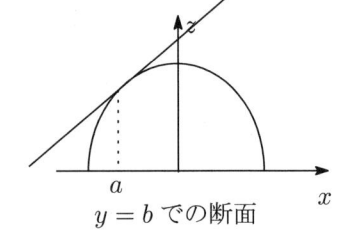

(2) その $y = b$ における切り口を 2 次元のグラフで表し, $z = f(x, b)$ を $x = a$ の点で微分したのが $\dfrac{\partial}{\partial x} f(a, b)$ となる.

12.7. 偏導関数

つまり，曲面 $z = f(x, y)$ において $y = b$ と固定したときの，$x = a$ における接線の傾きが x に関する偏微分だということができる．次に偏微分の計算の仕方を説明する．

【例 12.8】 $f(x, y) = 1 - x^2 - y^2 - xy$ の点 $(1, 2)$ における x に関する偏微分を求める．

手順1 $f(x, y) = 1 - x^2 - y^2 - xy$ に $y = 2$ を代入．

手順2 $f(x, 2) = 1 - x^2 - 2^2 - 2x = 3 - x^2 - 2x$ を x で微分すると $\dfrac{df(x, 2)}{dx} = -2x - 2$.

手順3 $x = 1$ を代入すると，偏微分 $\dfrac{\partial f(1, 2)}{\partial x} = -4$ を得る．

$\boxed{問 12.6}$ $f(x, y) = 1 - 2x^2 - y^2 + xy$ とする．
① 点 $(1, 0)$ における x に関する偏微分を求めよ．
② 点 $(1, 1)$ における x に関する偏微分を求めよ．
③ 点 $(1, 2)$ における x に関する偏微分を求めよ．

12.7.3 偏導関数

偏微分では，問 12.6 のように y のそれぞれの値 b に対して x の点 $x = a$ での偏微分 $\dfrac{\partial}{\partial x} f(a, b)$ を対応させると，1つの新しい関数が得られる．この新しい関数を $z = f(x, y)$ の x **に関する偏導関数**といい，$\dfrac{\partial}{\partial x} f(x, y)$, $f_x(x, y)$ で表す．

関数 $z = f(x, y)$ の x に関する偏導関数は

$$\frac{\partial}{\partial x} f(x, y) = \lim_{h \to 0} \frac{f(x + h, y) - f(x, y)}{h} \tag{12.4}$$

と定義する．同様にして関数 $z = f(x, y)$ の y **に関する偏導関数**も

$$\frac{\partial}{\partial y} f(x, y) = \lim_{h \to 0} \frac{f(x, y + h) - f(x, y)}{h} \tag{12.5}$$

と定義する．ただし実際の計算では，上の定義は使わない．計算はいたって簡単で次のようにする．

【例 12.9】 $f(x,y) = 1 - x^2 - y^2 - xy$ の x に関する偏導関数を求める．

これは y を**定数**だとみなして，x で微分すればいいので，$\dfrac{\partial}{\partial x}f(x,y) = -2x - y$ となる．

同様にして $f(x,y)$ の y に関する偏導関数も，x を**定数**だとみなして，y で微分すればよいので $\dfrac{\partial}{\partial y}f(x,y) = -2y - x$ となる．

問 12.7 $f(x,y) = 1 - 2x^2 - y^2 + xy$ とするとき，$\dfrac{\partial}{\partial x}f(x,y)$, $\dfrac{\partial}{\partial y}f(x,y)$ を求めよ．

〖注意〗 偏導関数を求めることができれば，偏微分は自然に求めることができる．すなわち $\dfrac{\partial}{\partial x}f(a,b)$ は偏導関数 $\dfrac{\partial}{\partial x}f(x,y)$ を求めた後に点 (a,b) を代入すればよい．

例えば例 12.9 において $f(x,y)$ の点 $(1,2)$ における x の偏微分を求めてみよう．

手順1(x に関する偏導関数を求める) $\quad \dfrac{\partial}{\partial x}f(x,y) = -2x - y$

手順2(点 $(1,2)$ を代入) $\quad \dfrac{\partial}{\partial x}f(1,2) = -2 \cdot 1 - 2 = -4$.

いま，$z = f(x,y)$ という2つの変数 x, y の関数に対する偏微分を説明したが，3つの変数の関数 $z = f(x_1, x_2, x_3)$ や，より一般的な n 個の変数の関数 $z = f(x_1, x_2, \cdots, x_n)$ に対する偏微分も同様に計算することができる．

【例 12.10】 $f(x_1, x_2, x_3, x_4) = x_1^2 x_2 + x_3 x_4 + 1$ とする．このとき，$\dfrac{\partial}{\partial x_1}f(x_1, x_2, x_3, x_4) = 2x_1 x_2$. $\dfrac{\partial}{\partial x_3}f(x_1, x_2, x_3, x_4) = x_4$.

12.7.4 極大値，極小値

$z = f(x,y)$ が点 (a,b) の近くの任意の点 (x,y) において

$$f(x,y) \leq f(a,b) \tag{12.6}$$

12.7. 偏導関数

を満たすとき $f(a,b)$ は**極大値**であるという. 一方で点 (a^*,b^*) の近くの任意の点 (x,y) において

$$f(x,y) \geq f(a^*,b^*) \tag{12.7}$$

を満たすとき $f(a^*,b^*)$ は**極小値**であるという. また極大値と極小値をあわせたものを**極値**という.

何かわかりにくい定義の仕方だと思われるかもしれないが, 要は周辺と比べて高い山があってその山の頂上を極大値, 凹み（へこみ）があってその一番底の部分が極小値と考えてもらえればよい.

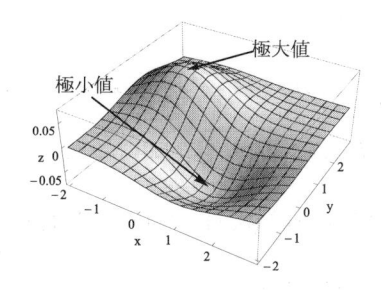

ここで偏微分と極値の関係を一つ紹介する.

極値を求める定理

$z=f(x,y)$ が点 (a,b) で極値を持つとき,

$$\frac{\partial}{\partial x}f(a,b) = 0, \qquad \frac{\partial}{\partial y}f(a,b) = 0 \tag{12.8}$$

が成り立つ.

〚**注意1**〛 式 (12.8) より求められる点 (a,b) は**極値の候補**を含んでいるが, それらが常に極値になるかどうかはわからない. 例えば, $f(x,y) = y^2 - x^2$ は $\frac{\partial}{\partial x}f(x,y) = -2x = 0$, $\frac{\partial}{\partial y}f(x,y) = -2y = 0$ より $x=0, y=0$ は (12.8) は満たすが, 極値ではないことは以下のグラフからわかる. ちょうど点 $(0,0)$ は乗馬で使う鞍の真ん中の点[*1]と

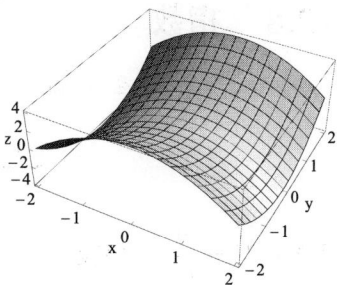

[*1] このような点を鞍点 (あんてん) という.

なっている.

〚**注意 2**〛 極値の判定の仕方は存在するが, この本では常に極値を持つ関数しか扱わないので, ここでは省略する. 興味のある方は矢野, 石原 [26] などを参考にしてほしい.
(12.8) を利用した最小値 (もしくは最大値) の求め方を説明する.
【**例 12.11(重要例題)**】 $f(x,y) = x^4 - 2x^2 + y^2 - 2y$ は最小値を持つことがわかっている. このとき, $f(x,y)$ を最小にする点を求めよ.
(12.8) より

$$0 = \frac{\partial}{\partial x} f(x,y) = 4x^3 - 4x = 4x(x-1)(x+1) \tag{12.9}$$

$$0 = \frac{\partial}{\partial y} f(x,y) = 2y - 2 = 2(y-1) \tag{12.10}$$

これより, 上の式を満たす点は $(0,1), (1,1), (-1,1)$ の 3 つある. ここで

$$f(0,1) = 1 - 2 = -1$$
$$f(-1,1) = 1 - 2 + 1 - 2 = -2$$
$$f(1,1) = 1 - 2 + 1 - 2 = -2$$

これより点 $(-1,1), (1,1)$ のとき, $f(x,y)$ は最小値 -2 をとる.

|問 12.8| 最小値を持つことがわかっている以下の関数 $f(x,y)$ を最小にする点を求めよ.
① $f(x,y) = x^2 - 2x + y^2 - y$.
② $f(x,y) = 2x^2 - 4xy - 2x + 4y^2 + 1$

12.8 指数

$a > 0$ とする. a を m 個掛けあわせたものを a^m と表す. すなわち

$$\underbrace{a \times a \times \cdots \times a}_{m \text{ 個}} = a^m.$$

また $a^{-m} = \dfrac{1}{a^m}$ と定義する.

12.8. 指数

【例 12.12】 $2^0 = 1, \quad 2^{-1} = \dfrac{1}{2}, \quad 3^{-2} = \dfrac{1}{3^2}, \quad a^{-2} = \dfrac{1}{a^2}.$

$\sqrt[q]{a}$ は q 乗すると a になる正の数を表す. また $a^{\frac{1}{q}} = \sqrt[q]{a}$ と定義する. また $a^{\frac{p}{q}} = (a^{\frac{1}{q}})^p$ と定義する.

【例 12.13】 ● $2^2 = 4$ より $2 = \sqrt[2]{4}, \quad 2^3 = 8$ より $2 = \sqrt[3]{8}$.
● $8^{\frac{2}{3}} = (8^{\frac{1}{3}})^2 = 2^2 = 4.$

分数で表すことができる数を**有理数**という. 例えば, $3.1 = \dfrac{31}{10}$ より 3.1 は有理数である. 上の定義より有理数 x に対して, a^x が定義されることがわかった. これより $2^{3.1}$ なども計算できることがわかる. しかし実際の値を手計算で求めることは, 難しいのでコンピューターに頼ることになる.

さて指数には以下の重要な性質がある.

---指数に関する定理---

$a > 0$ とし, x, y を実数とする. このとき $a^x a^y = a^{x+y}$ が成り立つ.

証明は長いので省略するが, 以下の例から, 定理が成り立つことは感覚的にわかると思う.

【例 12.14】

$$a^5 a^3 = \underbrace{a \cdot a \cdot a \cdot a \cdot a}_{5} \cdot \underbrace{a \cdot a \cdot a}_{3} = a^8 = a^{5+3}.$$

$$a^5 a^{-3} = \underbrace{a \cdot a \cdot a \cdot a \cdot a}_{5} \cdot \dfrac{1}{\underbrace{a \cdot a \cdot a}_{3}} = a^2 = a^{5-3}.$$

尚, 上の指数に関する定理で, x, y は有理数ではなく, 実数になっているが, これは入力ミスではない. $\pi = 3.14\cdots$ などの数に対しても, 2^π のような指数を定義できるのである. ちなみに $\pi = 3.14\cdots$ は分数の形で表わすことができない数なので有理数ではない (**無理数**とよばれる).
そのような数に対しても, $3.1, 3.14, 3.141$ は有理数であるので, 以下のような列

$$2^3, \quad 2^{3.1}, \quad 2^{3.14}, \quad 2^{3.141}, \cdots$$

を考えると, 2^π に限りなく近づいていくことがわかる. この数を 2^π と定めたということである.

また e のベキ乗は $e^\square = exp\{\square\}$ という記号で表すことがあるので注意してほしい. 例えば $e^{-2} = exp\{-2\}$ と書く.

12.9 対数

ここでは log という記号を紹介する. "**2 を何乗したら 8 になるのか**" ということを

$$\log_2 8$$

という記号で表すことにする. ここで $2^3 = 8$ であるので, $\log_2 8 = 3$ となる. つまり

$$a^b = C \iff \log_a C = b$$

という関係が成り立つ. ここで $\log_a C$ は a を **底** とする C の **対数** という. 特に対数の底がネピアーの数 e であるときには, 底を省いて $\log_e C = \log C$ と書く.

【例 12.15】 ● $\log_3 9 = 2$ ($\leftarrow 3^2 = 9$ より)
● $\log_3 1 = 0$ ($\leftarrow 3^0 = 1$ より)

ただし $\log_3 5$ のような数は手では計算できないので, コンピューターを利用することになる. また対数にはいくつかの重要な性質がある.

対数の性質

① $\log_a CD = \log_a C + \log_a D$
② $\log_a \dfrac{C}{D} = \log_a C - \log_a D$
③ $\log_a C^r = r \log_a C$

詳しい証明は省略するが, 興味のある方は矢野, 石原 [26] を参考にしてほしい. 特に重要なのは $\log e^c = c \log e = c$ より,

$$\log e^c = c$$

が成り立つことである.

12.9. 対数

【例 12.15】
- $\log 10 = \log 2 \cdot 5 = \log 2 + \log 5$
- $\log \dfrac{1}{2} = \log 1 - \log 2 = -\log 2$
- $\log \sqrt{2} = \log 2^{\frac{1}{2}} = \dfrac{1}{2} \log 2$
- $\log e^{-2x} = -2x$

問 12.9 $\log 2 = 0.6931$, $\log 3 = 1.0986$ とする. このとき, 以下の値を求めよ.

① $\log \dfrac{2}{3}$　② $\log 9$　③ $\log 6$

次に**対数関数**とよばれる $y = \log x$ という関数[*2]を考える. これは $x = 1$ を代入すると $y = \log 1 = 0$, $x = e$ を代入すると $y = \log e = 1$ となり, その他の x の値に対応して y の値が定まる. 細かいことは省略するが, 対数関数 $y = \log x$ は以下のグラフになる.

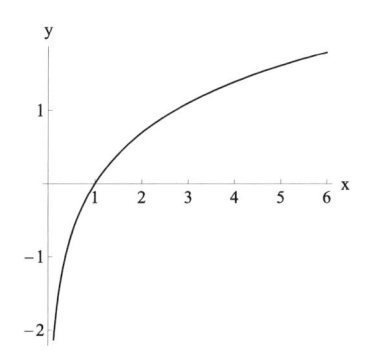

本書で重要なのは, 対数関数の導関数に関する以下の結果である.

対数関数の導関数

① $\dfrac{d}{dx} \log x = \dfrac{1}{x}$

② $\dfrac{d}{dx} \log(1-x) = -\dfrac{1}{1-x}$

[*2]$\log x$ は $\log_e x$ を省略して書いたものである.

証明 ①のみ示す. ②も①と同様の方法で示すことができる.

$$\frac{d}{dx}\log x = \lim_{h\to 0}\frac{\log(x+h)-\log x}{h} \qquad 対数の性質 ②より$$

$$= \lim_{h\to 0}\frac{1}{h}\log\frac{x+h}{x} \qquad 対数の性質 ③より$$

$$= \lim_{h\to 0}\frac{1}{x}\log\left(1+\frac{h}{x}\right)^{\frac{x}{h}}$$

ここで $h/x = k$ とおくと, $h \to 0$ のとき $k \to 0$ となるので

$$= \lim_{k\to 0}\frac{1}{x}\log(1+k)^{\frac{1}{k}} \qquad 12.4 章から (1+k)^{\frac{1}{k}} \to e より$$

$$= \frac{1}{x}.$$

よって示せた. □

問題の解答

問 1.1 (1)

階級		度数
以上	未満	
0	～ 10	2
10	～ 20	6
20	～ 30	12
30	～ 40	2
40	～ 50	3
50	～ 60	1
計		26

(2)

階級	日数 (度数)	相対度数
0	8	0.31
1	4	0.15
2	6	0.23
3	2	0.08
4	4	0.15
5	1	0.04
6	1	0.04
計	26	1

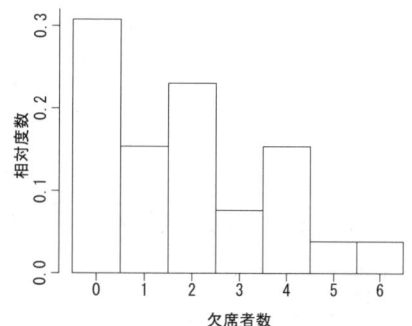

問 1.2 $\bar{y} = \dfrac{8+9+7+9+8+9+8+8+7+7}{10} = 8.$ 問 1.3 (1) $Me = 0$ (2) $Me = 2.5.$ 問 1.4 ① $\bar{x} = 14.$ ② $s^2 = \dfrac{(15-14)^2 + (10-14)^2 + (15-14)^2 + (14-14)^2 + (16-14)^2}{5} = \dfrac{22}{5}.$ ③ $\sqrt{\dfrac{22}{5}} = \dfrac{\sqrt{110}}{5} \fallingdotseq 2.1.$

問 1.5 男子の平均値 8.6,女子の平均値 8.1,男子の標本分散 $\dfrac{5644}{100} = 56.44$,女子の標本分散 $\dfrac{1109}{100} = 11.09$,男子の標準偏差 $\sqrt{\dfrac{5644}{100}} = 7.52$,女子の標準偏差 $\sqrt{\dfrac{1109}{100}} = 3.33.$ この結果から男子の方が女子よりもメールを送る人と送らない人の差が多い.

問 1.6 A 君の z スコアは $\dfrac{10 - 25/3}{\sqrt{134/9}} \fallingdotseq 0.432.$

問1.7 $\bar{z} = \frac{1}{n}\sum_{i=1}^{n} z_i = \frac{1}{n}\sum_{i=1}^{n} \frac{x_i - \bar{x}}{s} = \frac{1}{ns}\sum_{i=1}^{n}(x_i - \bar{x}) = \frac{1}{s}\left(\frac{1}{n}\sum_{i=1}^{n} x_i - \frac{1}{n}\sum_{i=1}^{n}\bar{x}\right) = \frac{1}{s}(\bar{x} - \bar{x}) = 0.$

$\frac{1}{n}\sum_{i=1}^{n}(z_i - \bar{z})^2 = \frac{1}{n}\sum_{i=1}^{n} z_i^2 = \frac{1}{n}\sum_{i=1}^{n}\left(\frac{x_i - \bar{x}}{s}\right)^2 = \frac{1}{n}\sum_{i=1}^{n}\frac{(x_i - \bar{x})^2}{s^2} = \frac{1}{s^2}\frac{1}{n}\sum_{i=1}^{n}(x_i - \bar{x})^2 = \frac{1}{s^2} \cdot s^2 = 1.$

1章 章末問題 1. ① $\bar{x} = 942$ ② $s^2 = 15782$ ③ $s \doteqdot 125.63$ **2.** ① u の平均 $\bar{u} = 50$, u の分散 $s_u^2 = 100$ (問 1.7 と同様の計算をすればよい) ② 与えられたデータの平均, 分散にかかわらず, 常に相対的な評価ができる. **3.** $u^2 \doteqdot 2.44$. $u \doteqdot 1.56$. **4.** ① $\bar{x} = 619.7$ ② $Me = 366$, 極端に大きな数値があるので, 中央値の方が適当だといえる.

問2.1 $\bar{x} = 3, \bar{y} = \frac{22}{5}$. 下の表より $s_{xy} = \frac{13}{5}$.

x	y	$x - \bar{x}$	$y - \bar{y}$	$(x - \bar{x})(y - \bar{y})$
1	2	-2	-2.4	4.8
4	6	1	1.6	1.6
4	5	1	0.6	0.6
1	3	-2	-1.4	2.8
5	6	2	1.6	3.2
計 15	22	0	0	13

問2.2 $\bar{x} = \frac{31}{5}, \bar{y} = \frac{36}{5}, \bar{xy} = \frac{287}{5}$ より $s_{xy} = \frac{287}{5} - \frac{31}{5} \cdot \frac{36}{5} = \frac{319}{25} = 12.76.$

問2.3 約 -0.38.

問2.4 ① 平均 $\bar{x} = \frac{22}{10}, \bar{y} = \frac{27}{10}$. ② 分散 $s_x^2 = \frac{58}{10} - \left(\frac{22}{10}\right)^2 = \frac{96}{100}, s_y^2 = \frac{99}{10} - \left(\frac{27}{10}\right)^2 = \frac{261}{100}.$ よって $s_x = \frac{4\sqrt{6}}{10}, s_y = \frac{3\sqrt{29}}{10}.$ ③ 共分散 $s_{xy} = \frac{66}{10} - \frac{22}{10} \cdot \frac{27}{10} = \frac{66}{100}.$ よって相関係数は $r = \frac{66/100}{(4\sqrt{6}/10)(3\sqrt{29}/10)} \doteqdot 0.42.$

x	y	x^2	y^2	xy
2	3	4	9	6
3	1	9	1	3
4	5	16	25	20
2	2	4	4	4
3	6	9	36	18
1	1	1	1	1
2	3	4	9	6
1	2	1	4	2
1	3	1	9	3
3	1	9	1	3
計 22	27	58	99	66

2章 章末問題 1. ① 全ての t に対して, $\sum_{i=1}^{n}(x_i t + y_i)^2 \geq 0$ が成り立つ. これを展開すると, $\left(\sum_{i=1}^{n} x_i^2\right) t^2 + 2\left(\sum_{i=1}^{n} x_i y_i\right) t + \left(\sum_{i=1}^{n} y_i^2\right) \geq 0$ となる. この式は全ての t に対して 0 以上の値となることに注意. ここで $f(t) = \left(\sum_{i=1}^{n} x_i^2\right) t^2 + 2\left(\sum_{i=1}^{n} x_i y_i\right) t + \left(\sum_{i=1}^{n} y_i^2\right)$

問題の解答 259

とおくと、これは t の 2 次式であることより、$f(t) \geq 0 \iff 判別式 \leq 0$ なので、
$$D(判別式) = 2^2 \left(\sum_{i=1}^n x_i y_i\right)^2 - 4\left(\sum_{i=1}^n x_i^2\right)\left(\sum_{i=1}^n y_i^2\right) \leq 0.$$
これより題意は成り立つ。② 略

③ これを証明するのには①の結果 (シュワルツの不等式) を用いる。

証明 データ $(x_1, y_1), (x_2, y_2), ..., (x_n, y_n)$ に対して $a_i = x_i - \bar{x}, b_i = y_i - \bar{y}$ とおき、①の結果を用いると、
$$\left(\sum_{i=1}^n (x_i - \bar{x})(y_i - \bar{y})\right)^2 \leq \left(\sum_{i=1}^n (x_i - \bar{x})^2\right)\left(\sum_{i=1}^n (y_i - \bar{y})^2\right)$$
となる。これより両辺を上の式の右辺で割ると
$$\frac{\left(\sum_{i=1}^n (x_i - \bar{x})(y_i - \bar{y})\right)^2}{\left(\sum_{i=1}^n (x_i - \bar{x})^2\right)\left(\sum_{i=1}^n (y_i - \bar{y})^2\right)} \leq 1$$
となる。ここで左辺 $= r^2$ より $r^2 \leq 1$ となる。よって $-1 \leq r \leq 1$ となる

2. $s_{xy} = \dfrac{1}{n}\sum_{i=1}^n (x_i - \bar{x})(y_i - \bar{y}) = \dfrac{1}{n}\sum_{i=1}^n (x_i y_i - x_i \bar{y} - y_i \bar{x} + \bar{x} \cdot \bar{y})$

$= \dfrac{1}{n}\sum_{i=1}^n x_i y_i - \bar{y}\dfrac{1}{n}\sum_{i=1}^n x_i - \bar{x}\dfrac{1}{n}\sum_{i=1}^n y_i + \bar{x} \cdot \bar{y}\dfrac{1}{n}\sum_{i=1}^n 1 = \overline{xy} - \bar{x} \cdot \bar{y}.$

3. ① $s_{xy} = \dfrac{15.5}{6} \doteqdot 2.58, r = \dfrac{15.5}{17.5} \doteqdot 0.89.$ **4.** ① x の分散 $= 2, y$ の分散 $= 53.85,$ ② $r \doteqdot 0.98.$ **5. c. 6.** ① $r \doteqdot -0.207.$ ② $r \doteqdot 0.643.$

問 3.1

	x	y	$x - \bar{x}$	$y - \bar{y}$	$(x - \bar{x})^2$	$(x - \bar{x})(y - \bar{y})$
	11	3	-21	-3	441	63
	19	4	-13	-2	169	26
	25	6	-7	0	49	0
	60	8	28	2	784	56
	45	9	13	3	169	39
計	160	30	0	0	1612	184

$\bar{x} = \dfrac{160}{5} = 32, \bar{y} = \dfrac{30}{5} = 6.$ $\hat{b} = \dfrac{184}{1612} \doteqdot 0.11, \hat{a} = 6 - 32 \times 0.11 = 2.48.$
これより $y = 2.48 + 0.11x.$ 問 3.2 $\hat{y} = 2.48 + 0.11 \times 40 = 6.88.$ よって約 6.9 万円と予測できる。また $1(\text{m}^2)$ 広くなると家賃が 1100 円上昇することがわかる。 問 3.3 問 3.1 の相関係数は 0.90 となるので $R^2 = 0.90^2 = 0.81.$ 問 3.4 $\hat{y}_i = \hat{a} + \hat{b}x_i, \bar{\hat{y}} = \dfrac{1}{n}\sum_{i=1}^n (\hat{a} + \hat{b}x_i) = \hat{a} + \hat{b}\bar{x}$ より $\hat{y}_i - \bar{\hat{y}} = \hat{b}(x_i - \bar{x})$ となる。これより $\sum_{i=1}^n (\hat{y}_i - \bar{\hat{y}})^2 = \hat{b}^2 \sum_{i=1}^n (x_i - \bar{x})^2$ となる。ここで $\hat{b} = \dfrac{\sum_{i=1}^n (x_i - \bar{x})(y_i - \bar{y})}{\sum_{i=1}^n (x_i - \bar{x})^2}$ を代入す

ると

$$R^2 = \frac{\sum_{i=1}^{n}(\hat{y}_i - \bar{y})^2}{\sum_{i=1}^{n}(y_i - \bar{y})^2} = \frac{\hat{b}^2 \sum_{i=1}^{n}(x_i - \bar{x})^2}{\sum_{i=1}^{n}(y_i - \bar{y})^2} = \frac{\left(\sum_{i=1}^{n}(x_i - \bar{x})(y_i - \bar{y})\right)^2}{\sum_{i=1}^{n}(x_i - \bar{x})^2 \sum_{i=1}^{n}(y_i - \bar{y})^2} = r^2$$

問 3.5 $\hat{b} = \sum_{i=1}^{n} x_i y_i / \sum_{i=1}^{n} x_i^2$ 　問 3.6 $\bar{R}^2 = 1 - \dfrac{20-1}{20-3-1}(1 - 0.75) \doteq 0.70$.

3章 章末問題 1. ① $\bar{\hat{y}} = \dfrac{1}{n}\sum_{i=1}^{n}(\hat{a} + \hat{b}x_i) = \hat{a} + \hat{b}\bar{x} = \bar{y} - \hat{b}\bar{x} + \hat{b}\bar{x} = \bar{y}.$

② $\hat{y}_i = \hat{a} + \hat{b}x_i = \bar{y} + \hat{b}(x_i - \bar{x})$ より (3.4) の右辺は以下のようになる．

$$\frac{1}{n}\sum_{i=1}^{n}\{\hat{b}(x_i - \bar{x})\}^2 + \frac{1}{n}\sum_{i=1}^{n}\{\hat{b}(x_i - \bar{x}) - (y_i - \bar{y})\}^2$$

$$= \hat{b}^2 \frac{1}{n}\sum_{i=1}^{n}(x_i - \bar{x})^2 + \hat{b}^2 \frac{1}{n}\sum_{i=1}^{n}(x_i - \bar{x})^2 - 2\hat{b}\frac{1}{n}\sum_{i=1}^{n}(x_i - \bar{x})(y_i - \bar{y}) + \frac{1}{n}\sum_{i=1}^{n}(y_i - \bar{y})^2$$

$$= \frac{1}{n}\sum_{i=1}^{n}(y_i - \bar{y})^2.$$

2. ① $y = 0.385 + 0.89x$ ($\hat{b}$ の四捨五入の仕方により $\hat{a}$ は異なる値をとるので注意) $y = \dfrac{2}{5} + \dfrac{31}{35}x$ でもよい．② $R^2 = (0.89)^2 = 0.79$. これよりセリーグの順位は, 評論家の予想で79%説明できる. **3.** ① $y = 36.4 - 6.8x$ ② 子供がいる場合, 小遣いは 6800 円減少する. **4.** ① $y = 103.11 + 0.607x$ ② 年齢が 1 歳高いと, 最高血圧は平均的に 0.607mmHg 増加する. ③ $R^2 = r^2 = (0.643)^2 \doteq 0.413$. 41.3%回帰式で説明できることがわかる.

問 4.1

	x_1	x_2	y	x_1^2	x_2^2	$x_1 y$	$x_2 y$	$x_1 x_2$
	3	6	2	9	36	6	12	18
	4	3	6	16	9	24	18	12
	5	4	6	25	16	30	24	20
	6	9	3	36	81	18	27	54
	7	3	8	49	9	56	24	21
計	25	25	25	135	151	134	105	125

これより $s_{11} = 2,\ s_{22} = \dfrac{26}{5},\ s_{1y} = \dfrac{9}{5},\ s_{2y} = -4,\ s_{12} = 0.\ \hat{b}_1 = \dfrac{9}{10},\ \hat{b}_2 = -\dfrac{10}{13},\ \hat{b}_0 = \dfrac{113}{26}.$ 問 4.2 $\hat{y} = \dfrac{113}{26} + \dfrac{9}{10}\cdot 6 - \dfrac{10}{13}\cdot 7 \doteq 4.4$点． 問 4.3 $(y_i, x_{1i}, x_{2i}),\ (i = 1, 2, ..., n)$ において $z_i = ax_{1i}$ とおき, $(y_i, z_i, x_{2i}),\ (i = 1, 2, ..., n)$ に基づいて求めた z_i の回帰係数を $\tilde{b}_1$ とする．このとき, $\tilde{s}_{1y} = \dfrac{1}{n}\sum_{i=1}^{n}(z_i - \bar{z})(y_i - \bar{y})$, $\tilde{s}_{12} = \dfrac{1}{n}\sum_{i=1}^{n}(z_i - \bar{z})(x_{2i} - \bar{x}_2)$, $\tilde{s}_{11} = \dfrac{1}{n}\sum_{i=1}^{n}(z_i - \bar{z})^2$ とおく．$\bar{z} = a\bar{x}$ より, $\tilde{s}_{1y} = \dfrac{1}{n}\sum_{i=1}^{n}(z_i - \bar{z})(y_i - \bar{y}) = a\dfrac{1}{n}\sum_{i=1}^{n}(x_{1i} - \bar{x}_1)(y_i - \bar{y}) = as_{1y}.$ 同様にして

問題の解答 261

$\tilde{s}_{12} = as_{12}, \tilde{s}_{11} = a^2 s_{11}$. よって

$$\tilde{b}_1 = \frac{s_{22}\tilde{s}_{1y} - \tilde{s}_{12}s_{2y}}{\tilde{s}_{11}s_{22} - \tilde{s}_{12}^2} = \frac{a(s_{22}s_{1y} - s_{12}s_{2y})}{a^2(s_{11}s_{22} - s_{12}^2)} = \frac{1}{a}\hat{b}_1.$$

問 4.4 $R^2 = 4.697/4.8 = 0.9785$.

問 4.5

応答変数	説明変数	決定係数	自由度調整済み決定係数
Y	x_1, x_2	0.9785	0.9570
Y	x_1	0.3375	0.1167
Y	x_2	0.6410	0.5213

これより説明変数 x_1, x_2 を用いたモデルが最もよい.

問 4.6 $\hat{b}_1$ の t 値 $= 0.9/0.1605 \fallingdotseq 5.6$. これより $t_{0.025}(n-k-1) = t_{0.025}(5-2-1) = t_{0.025}(2) = 4.3$. よって $|5.6| > 4.3$ より, 帰無仮説 H_0 は棄却される.

問 4.7 $\hat{b}_1$ の p 値 $= 0.0304 \leq 0.05$ より帰無仮説 $H_0 : b_1 = 0$ は棄却される.

問 4.8 応答変数は全て Y のため省略.

説明変数	決定係数	仮説検定	F 値
x_1, x_2	0.9785	$H_0 : b_1 = b_2 = 0$ vs $H_a : b_1 \neq 0$ もしくは $b_2 \neq 0$	45.5116
x_1	0.3375	$H_0 : b_1 = 0$ vs $H_a : b_1 \neq 0$	1.5283
x_2	0.6410	$H_0 : b_2 = 0$ vs $H_a : b_2 \neq 0$	5.3565

問 4.9 8 通り (説明変数がないモデルを無視する場合は 7 通りとなる).

4 章 章末問題 1. ① 駅の数が同じ地域においては, 人口が 1 万人増えると, コンビニエンスストアの店舗数は平均で 4.4 店増加する.

② $\hat{y} = -3.1982 + 4.182 \times 5 = 17.7118$. これよりコンビエンスストアの数は 17.7 店 (もしくは 18 店) と予測できる.

③ t 値 $= \dfrac{4.4292}{0.6123} \fallingdotseq 7.2337$.

④ $n = 6, k = 2$ より境界値は $t_{0.025}(n-k-1) = t_{0.025}(6-2-1) = t_{0.025}(3) = 3.18$. これより $|7.2337| > 3.18$. これより, 有意水準 5%の下で帰無仮説 H_0 は棄却される. よって説明変数 x_1 は Y に影響を与えている.

⑤ モデル 1. なぜなら自由度調整済み決定係数がモデル 2 より高いから.

⑥ モデル 1 において, 駅 x_2 の回帰係数が -3.4104 となっている. これは駅の数が 1 つ増えると, コンビニエンスストアの数が約 3.4 店減ることを意味している. これは常識的な結果とは逆の状態であることがわかる.

〚**注意**〛 このような現象が起きる原因としては, 以下のことが考えられる.
(1) 説明変数 x_1 と x_2 に強い相関がある (多重共線性).
(2) 説明変数の数値設定が不適切.

⑥の場合, 説明変数 x_2 は駅の数を表すが, 複数の在来線があったり, 新幹線も通るような大きな駅と, 人通りがほとんどない無人駅では, 同じ1駅でも, コンビニエンスストア数への影響が異なることは直感的に明らかであろう.

2. ① 緯度が同じ場所では, 標高が 1m 高いと, 4月の平均気温が 0.0089 度低くなる. ② $\hat{y} = 41.517 - 0.795 \times 35 - 0.0089 \times 41.4 = 13.3$ 度と予測できる.
③ モデル1. なぜなら自由度調整済み決定係数がモデル2より高いから.
④ p 値 < 0.05 より帰無仮説 $H_0 : b_1 = 0$ は棄却される. すなわち説明変数 x_1 は Y に影響を与えている.

3. ① $-6.8/2.6870 \fallingdotseq -2.53$ ② 境界値 $t_{0.025}(10-1-1) = t_{0.025}(8) = 2.31$ より $|-2.53| > 2.31$. これより $\hat{b}$ は有意である. これより子供のいる, 子供がいないは小遣い額に影響を与えている.

問 5.1 くじに番号をつけ, 5, 6 を当たりとする. このとき, a が当たりくじを引く場合は 2 通り. a が当たりくじを引いた状態では, はずれくじが 4 本, 当たりくじが 1 本となる. ここで b がはずれくじを引く場合は 4 通りとなる. よって積の法則より $4 \times 2 = 8$ 通りとなる.

問 5.2 ① $_5P_3 = 5 \cdot 4 \cdot 3 = 60$. ② $5! = 5 \cdot 4 \cdot 3 \cdot 2 \cdot 1 = 120$. 問 5.3 $_{13}C_5 = 1287$

問 5.4 (1) コイン a が裏, b が表, c が裏のとき, (裏,表,裏) と書くと, 標本空間は $S = \{(表,表,表), (表,表,裏), (表,裏,表), (表,裏,裏), (裏,表,表), (裏,表,裏), (裏,裏,表), (裏,裏,裏)\}$ となる. (2) ① $A = \{2 \cdot 1, 2 \cdot 2, ..., 2 \cdot 15\}$ より $P(A) = \dfrac{15}{30} = \dfrac{1}{2}$. ② $B = \{3 \cdot 1, 3 \cdot 2, ..., 3 \cdot 10\}$ より $P(A) = \dfrac{10}{30} = \dfrac{1}{3}$.

問 5.5 $A = \{2 \cdot 1, 2 \cdot 2, ..., 2 \cdot 15\}$, $B = \{3 \cdot 1, 3 \cdot 2, ..., 3 \cdot 10\}$, $A \cap B = \{6 \cdot 1, 6 \cdot 2, ..., 6 \cdot 5\}$ となる. よって $P(A \cup B) = P(A) + P(B) - P(A \cap B) = \dfrac{15}{30} + \dfrac{10}{30} - \dfrac{5}{30} = \dfrac{2}{3}$.

問 5.6 6 の目が 1 回も出ない確率は $\left(\dfrac{5}{6}\right)^3$. これより $1 - \left(\dfrac{5}{6}\right)^3 = \dfrac{216 - 125}{216} = \dfrac{91}{216}$.

問 5.7 (1) A: 女性である, B: 50歳以上であるとする. このとき, $P(B|A) = \dfrac{42}{60} = \dfrac{7}{10}$. (2) $P(B|A) = \dfrac{1}{3}$, $P(A|B) = \dfrac{1}{2}$. (3) 事象 A を男性であるとし, 事象 B を男女間に友情はないとする. このとき, $P(B|A) = \dfrac{27}{37}$. 問 5.8 (1) 事象 A, B を A : 1 回目に白球を取り出す, B : 2 回目に白球を取り出す.

問題の解答   263

① $P(A) = \frac{6}{10} = \frac{3}{5}$, $P(B|A) = \frac{5}{9}$. $P(A \cap B) = \frac{6}{10} \cdot \frac{5}{9} = \frac{30}{90} = \frac{1}{3}$.

② $P(A^c) = \frac{4}{10}$, $P(B|A^c) = \frac{6}{9}$. よって $P(A^c \cap B) = \frac{4}{10} \cdot \frac{6}{9} = \frac{4}{15}$.

③ ①, ②を用いると $P(B) = P(B \cap A) + P(B \cap A^c) = \frac{1}{3} + \frac{4}{15} = \frac{3}{5}$.

〖 注意 〗 $P(A)$ と $P(B)$ を見てみると, 結局は先に球をとっても後から球をとっても白球を取る確率が変わらないことがわかる.

(2) 事象 A : 異常行動を起こした, 事象 B : 治療薬を服用した, とする.

① $P(A) = P(A \cap B) + P(A \cap B^c)$
$= P(A|B)P(B) + P(A|B^c)P(B^c) = \frac{1}{10} \cdot \frac{7000}{9000} + \frac{2}{5} \cdot \frac{2000}{9000} = \frac{1}{6}$.

② $P(B|A) = \frac{P(B \cap A)}{P(A)} = \frac{7/90}{1/6} = \frac{7}{15}$. 問5.9 ① 独立 ② 従属

問5.10 余事象の確率を求める. $1 - \left(\frac{1}{2}\right)^5 = \frac{31}{32}$.

5章 章末問題 1. ① 20 ② 45 ③ 1. **2.** 以下のように事象を定める. E : 腫瘍マーカー CA19-1 が高値異常値, C_1 : 膵臓癌, C_2 : 大腸癌, C_3 : 膵臓癌でも大腸癌でもない.

① $P(E|C_1) = 0.85$, $P(E|C_2) = 0.35$, $P(E|C_3) = 0.01$, $P(C_1) = 0.0002$, $P(C_2) = 0.0006$, $P(C_3) = 0.9992$ より, $P(E) = P(E \cap C_1) + P(E \cap C_2) + P(E \cap C_3) = P(E|C_1)P(C_1) + P(E|C_2)P(C_2) + P(E|C_3)P(C_3) = 0.85 \times 0.0002 + 0.35 \times 0.0006 + 0.01 \times 0.9992 = 0.010372$. これより, 約1%となる.

② $P(C_1|E) = \frac{P(E|C_1)P(C_1)}{P(E)} = \frac{0.85 \times 0.0002}{0.010372} \fallingdotseq 0.0164$. これより, 約1.6%となる.

3. A : ワインが届かない, B : U君がK酒店に行く途中で2000円を紛失してしまう, とする. このとき, $P(B|A) = \frac{P(A \cap B)}{P(A)}$ を求めればよい. この場合, $B \subset A$ より $A \cap B = B$ に注意すると, $P(A \cap B) = P(B) = \frac{5}{100}$. 一方で A の余事象 A^c は"U君は往復で紛失しないで, かつK酒店にワインがある"となるので $P(A) = 1 - \left(\frac{95}{100}\right)^2 \frac{80}{100} = \frac{278}{1000}$ となる. よって $P(B|A) = \frac{5/100}{278/1000} = \frac{25}{139}$.

4. 6個の白球から2つ取り出す場合の数は $_6C_2$ 通りある. さらにそのおのおのに対して赤球を1個取る場合の数は $_4C_1$ ある. よって白球を2個, 赤球を1個とる

場合の数は $_6C_2 \times _4C_1 = \dfrac{6\cdot 5}{2\cdot 1} \times 4 = 60$. 一方で 10 個の球のなかから 3 個球を取り出す場合の数は $_{10}C_3 = \dfrac{10\cdot 9\cdot 8}{3\cdot 2\cdot 1} = 120$ ある. よって求める確率は $\dfrac{60}{120} = \dfrac{1}{2}$.

問 6.1 右の表より

X	2	3	4	5	6
確率	$\dfrac{1}{36}$	$\dfrac{2}{36}$	$\dfrac{3}{36}$	$\dfrac{4}{36}$	$\dfrac{5}{36}$

7	8	9	10	11	12
$\dfrac{6}{36}$	$\dfrac{5}{36}$	$\dfrac{4}{36}$	$\dfrac{3}{36}$	$\dfrac{2}{36}$	$\dfrac{1}{36}$

1回目\2回目	1	2	3	4	5	6
1	2	3	4	5	6	7
2	3	4	5	6	7	8
3	4	5	6	7	8	9
4	5	6	7	8	9	10
5	6	7	8	9	10	11
6	7	8	9	10	11	12

これより求める確率は $\dfrac{15}{36} = \dfrac{5}{12}$.

問 6.2 $E[X] = 1$. **問 6.3** $P(X=0) = \dfrac{_3C_0 \cdot {}_7C_3}{_{10}C_3} = \dfrac{7}{24}$, $P(X=1) = \dfrac{_3C_1 \cdot {}_7C_2}{_{10}C_3} = \dfrac{21}{40}$, $P(X=2) = \dfrac{_3C_2 \cdot {}_7C_1}{_{10}C_3} = \dfrac{7}{40}$, $P(X=3) = \dfrac{_3C_3 \cdot {}_7C_0}{_{10}C_3} = \dfrac{1}{120}$ となる. これより

X	0	1	2	3
確率	7/24	21/40	7/40	1/120

となる. よって $E[X] = 1 \cdot \dfrac{21}{40} + 2 \cdot \dfrac{7}{40} + 3 \cdot \dfrac{1}{120} = \dfrac{36}{40} = \dfrac{9}{10}$.

問 6.4 $E[X] = 1$, $V[X] = (0-1)^2 \dfrac{1}{4} + (1-1)^2 \dfrac{1}{2} + (2-1)^2 \dfrac{1}{4} = \dfrac{1}{2}$, $\sigma(X) = \dfrac{\sqrt{2}}{2}$.

問 6.5

X	P	XP	$(X-E[X])^2$	$(X-E[X])^2 P$
0	0.1	0	2.25	0.225
1	0.4	0.4	0.25	0.1
2	0.4	0.8	0.25	0.1
3	0.1	0.3	2.25	0.225
計		1.5		0.65

よって $V[X] = 0.65$, $\sigma(X) = \dfrac{\sqrt{65}}{10}$.

問 6.6 ① $V[X] = \sum_{i=1}^{k}(x_i - E[X])^2 p_i = \sum_{i=1}^{k}(x_i^2 p_i - 2E[X] x_i p_i + E[X]^2 p_i)$
$= \sum_{i=1}^{k} x_i^2 p_i - 2E[X] \sum_{i=1}^{k} x_i p_i + E[X]^2 \sum_{i=1}^{k} p_i = E[X^2] - 2E[X]^2 + E[X]^2$
$= E[X^2] - E[X]^2$.

② 右の表より $E[X^2] = \dfrac{13}{10}$.
よって $V[X] = \dfrac{13}{10} - \left(\dfrac{9}{10}\right)^2 = \dfrac{49}{100}$.

X	P	$X^2 P$
0	7/24	0
1	21/40	21/40
2	7/40	28/40
3	1/120	9/120
計		13/10

問題の解答   265

問 6.7 (1) 獲得する金額 $Y = 100X - 40(1-X) = 140X - 40$. $P(X=1) = 0.4$, $P(X=0) = 0.6$ より $E[X] = 0.4, V[X] = 0.24$. よって $E[Y] = E[140X - 40] = 140E[X] - 40 = 16$. $V[Y] = V[140X - 40] = 140^2 V[X] = 4704$.

(2) ① $E[Z] = E\left[\dfrac{1}{\sigma}X - \dfrac{m}{\sigma}\right] = \dfrac{1}{\sigma}E[X] - \dfrac{m}{\sigma} = 0$, $V[Z] = V\left[\dfrac{1}{\sigma}X - \dfrac{m}{\sigma}\right] = \dfrac{1}{\sigma^2}V[X] = 1$.

問 6.8 $E[Y] = \dfrac{4}{9}, V[Y] = \dfrac{20}{81}$. 問 6.9 (1) $\dfrac{1}{2} \times \dfrac{2}{6} = \dfrac{1}{6}$. 一方で 2 回とも奇数の出る確率は $\dfrac{1}{2} \times \dfrac{1}{2} = \dfrac{1}{4}$. これより積が偶数になる確率は $1 - \dfrac{1}{4} = \dfrac{3}{4}$. (2) 従属. なぜなら $P(X=1)P(Y=0) \neq P(X=1, Y=0)$. 問 6.10 $0.7 \cdot 0.7(1-0.7) = 0.147$.

問 6.11

$$\begin{aligned}
&P(X^2 = x_i^2, Y^2 = y_j^2) \\
&= P(X = x_i, Y = y_j) + P(X = x_i, Y = -y_j) \\
&\qquad + P(X = -x_i, Y = y_j) + P(X = -x_i, Y = -y_j) \\
&= P(X = x_i)P(Y = y_j) + P(X = x_i)P(Y = -y_j) \\
&\qquad + P(X = -x_i)P(Y = y_j) + P(X = -x_i)P(Y = -y_j) \\
&= P(X = x_i)\{P(Y = y_j) + P(Y = -y_j)\} \\
&\qquad + P(X = -x_i)\{P(Y = y_j) + P(Y = -y_j)\} \\
&= P(X = x_i)P(Y^2 = y_j^2) + P(X = -x_i)P(Y^2 = y_j^2) \\
&= P(X^2 = x_i^2)P(Y^2 = y_j^2).
\end{aligned}$$

問 6.12 i 回目に表がでたら $X_i = 100$, 裏が出たら $X_i = -120$ となる確率変数を用いると, $X = X_1 + X_2 + \cdots + X_{10}$ と表せる. これより $E[X] = E[X_1 + X_2 + \cdots + X_{10}] = E[X_1] + E[X_2] + \cdots + E[X_{10}] = 120$. 同様の方法で $V[X] = 116160$ となるので, 平方根をとると $\sigma(X) = 88\sqrt{15}$.

問 6.13 (1) $E[XY] = x_1y_1p_{11} + x_2y_1p_{21} + x_1y_2p_{12} + x_2y_2p_{22}$ より

$$Cov[X,Y] = (x_1 - E[X])(y_1 - E[Y])p_{11} + (x_2 - E[X])(y_1 - E[Y])p_{21}$$
$$+ (x_1 - E[X])(y_2 - E[Y])p_{12} + (x_2 - E[X])(y_2 - E[Y])p_{22}$$
$$= (x_1y_1)p_{11} - x_1E[Y]p_{11} - E[X]y_1p_{11} + E[X]E[Y]p_{11}$$
$$+ (x_2y_1)p_{21} - x_2E[Y]p_{21} - E[X]y_1p_{21} + E[X]E[Y]p_{21}$$
$$+ (x_1y_2)p_{12} - x_1E[Y]p_{12} - E[X]y_2p_{12} + E[X]E[Y]p_{12}$$
$$+ (x_2y_2)p_{22} - x_2E[Y]p_{22} - E[X]y_2p_{22} + E[X]E[Y]p_{22}$$
$$= E[XY] - E[Y]\{x_1p_{11} + x_2p_{21} + x_1p_{12} + x_2p_{22}\}$$
$$- E[X]\{y_1p_{11} + y_1p_{21} + y_2p_{12} + y_2p_{22}\}$$
$$+ E[X]E[Y](p_{11} + p_{21} + p_{12} + p_{22})$$
$$= E[XY] - E[X]E[Y] - E[X]E[Y] + E[X]E[Y]$$
$$= E[XY] - E[X]E[Y]$$

$\sum$ 記号を用いると,より簡単に示すことができる.

(2) ① ア $\frac{1}{8}$, イ $\frac{1}{4}$, ウ $\frac{1}{4}$. ② $E[X] = 2$, $E[Y] = \frac{11}{4}$, $E[XY] = \frac{23}{4}$, $Cov[X,Y] = \frac{23}{4} - 2 \cdot \frac{11}{4} = \frac{1}{4}$.

6 章 章末問題 1. ① $E[X] = 3$. ②

Y	0	1	4	計
確率	p_3	$2p_2$	$2p_1$	1

③ 略.

2. ① 例えば $X = 1$ となる確率であれば,◯ を成功,× を失敗とすると,$(\bigcirc, \times, \times)$, $(\times, \bigcirc, \times)$, $(\times, \times, \bigcirc)$ の 3 通りある.この 3 つのそれぞれの場合における確率は,$\frac{3}{4} \times \frac{1}{4} \times \frac{1}{4} = \frac{3}{64}$ となる.よって $P(X = 1) = 3 \times \frac{3}{64} = \frac{9}{64}$ となる.残りも同様にして計算すると,

X	0	1	2	3	計
確率	$\frac{1}{64}$	$\frac{9}{64}$	$\frac{27}{64}$	$\frac{27}{64}$	1

となる.② $E[X] = \frac{9}{4}$. ③ $V[X] = \frac{9}{16}$.

3. ① X のとりうる値は 0,1 で $P(X = 0) = \frac{3}{5}$ で $P(X = 1) = \frac{2}{5}$ である.$X = 0$ のとき,残り 9 本の中に 4 本の当たりくじがあるから,$X = 0$ のとき,$Y = 0,1,2$ となる確率は,それぞれ $\frac{_5C_2}{_9C_2} = \frac{5}{18}$, $\frac{_4C_1 \cdot _5C_1}{_9C_2} = \frac{5}{9}$, $\frac{_4C_2}{_9C_2} = \frac{3}{18}$. ゆえに $P(X = 0, Y = 0) = \frac{3}{5} \times \frac{5}{18} = \frac{1}{6}$, $P(X = 0, Y = 1) = \frac{3}{5} \times \frac{5}{9} = \frac{1}{3}$,

問題の解答　267

$P(X=0, Y=2) = \dfrac{3}{5} \times \dfrac{3}{18} = \dfrac{1}{10}$.
$X=1$ のときも同様に考えると $P(X=1, Y=0) = \dfrac{2}{5} \times \dfrac{5}{12} = \dfrac{1}{6}$, $P(X=1, Y=1) = \dfrac{2}{5} \times \dfrac{1}{2} = \dfrac{1}{5}$, $P(X=1, Y=2) = \dfrac{2}{5} \times \dfrac{1}{12} = \dfrac{1}{30}$.

これより同時分布は

$X\backslash Y$	0	1	2	計
0	1/6	1/3	1/10	3/5
1	1/6	1/5	1/30	2/5
計	1/3	8/15	2/15	1

となる.

② $E[X] = \dfrac{2}{5}$, $E[Y] = 0 \cdot \dfrac{1}{3} + 1 \cdot \dfrac{8}{15} + 2 \cdot \dfrac{2}{15} = \dfrac{4}{5}$, $V[X] = E[X^2] - (E[X])^2 = \dfrac{2}{5} - \left(\dfrac{2}{5}\right)^2 = \dfrac{6}{25}$, $V[Y] = \dfrac{16}{15} - \left(\dfrac{4}{5}\right)^2 = \dfrac{32}{75}$.

③

XY	0	1	2	計
確率	23/30	1/5	1/30	1

から $E[XY] = \dfrac{4}{15}$. ④ $Cov[X, Y] = E[XY] - E[X]E[Y] = \dfrac{4}{15} - \dfrac{2}{5} \cdot \dfrac{4}{5} = -\dfrac{4}{75}$. ⑤ $\rho_{XY} = \dfrac{-4/75}{\sqrt{6/25}\sqrt{32/75}} = -\dfrac{4}{\sqrt{18 \cdot 32}} = -\dfrac{1}{6}$.

4. $3 = E[X] = E[aZ + b] = b$. $25 = V[X] = V[aZ + b] = a^2 V[Z] = a^2$. よって $a = 5$. **5.** $E[X - 2Y] = E[X] - 2E[Y] = 4$, $V[X - 2Y] = V[X] + 4V[Y] = 16$. $\sigma(X - 2Y) = 4$. **6.** ① $E[X_i] = \dfrac{1}{4}$, $V[X_i] = \dfrac{3}{16}$. ② $X = X_1 + X_2 + \cdots + X_{20}$. ③ $E[X] = 5$, $V[X] = \dfrac{15}{4}$. **7.** ① ア 0, イ $\dfrac{3}{10}$, ウ 0, エ $\dfrac{3}{10}$, オ $\dfrac{3}{10}$, カ $\dfrac{5}{10}$. ② $E[X] = \dfrac{11}{10}$. ③ $V[X] = \dfrac{49}{100}$. ④ 独立でない. なぜならば $P(X=0, Y=2) \neq P(X=0)P(Y=2)$ ⑤ $E[XY] = \dfrac{3}{2}$.

問 7.1 $_4C_2 \left(\dfrac{1}{6}\right)^2 \left(\dfrac{5}{6}\right)^2 = \dfrac{4 \cdot 3}{2 \cdot 1} \cdot \dfrac{1}{36} \cdot \dfrac{25}{36} = \dfrac{25}{216}$.

問 7.2 ① $X \sim B(6, (1/5))$ より $E[X] = 6 \times \dfrac{1}{5} = 1.2$, $V[X] = 6 \times \dfrac{1}{5} \times \dfrac{4}{5} = \dfrac{24}{25}$.

② $P(X = 2) = {_6C_2} \left(\dfrac{1}{5}\right)^2 \left(\dfrac{4}{5}\right)^{6-2} = \dfrac{768}{3125} \doteqdot 0.246$.

③ $P(X = 1) = {_6C_1} \left(\dfrac{1}{5}\right)^1 \left(\dfrac{4}{5}\right)^{6-1} = \dfrac{6144}{15625} \doteqdot 0.393$.

$$P(X=0) = {}_6C_0 \left(\frac{1}{5}\right)^0 \left(\frac{4}{5}\right)^{6-0} = \frac{4096}{15625} \fallingdotseq 0.262.$$ これより $P(X \le 2) =$
$P(X=2) + P(X=1) + P(X=0) = 0.246 + 0.393 + 0.262 = 0.901.$

問 7.3 グラフを描くと,右図のようになる.ここで斜線部分の面積は三角形なので $\frac{1}{2} \times 1 \times \frac{1}{2} = \frac{1}{4}.$

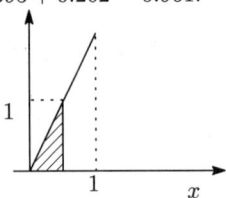

問 7.4 (1) $E[X] = \int_0^2 xf(x)dx = \int_0^2 (x/2)dx = 1,\ V[X] = \int_0^2 (x-1)^2 \frac{1}{2}dx =$
$\frac{1}{2}\left[\frac{1}{3}(x-1)^3\right]_0^2 = \frac{1}{3}.$ (2) ① $1 = \int_0^1 axdx = a\left[\frac{1}{2}x^2\right]_0^1 = \frac{a}{2}.$ これより $a =$
2. ② $E[X] = \int_0^1 x \cdot 2xdx = 2\left[\frac{1}{3}x^3\right]_0^1 = \frac{2}{3}.\ V[X] = \int_0^1 \left(x - \frac{2}{3}\right)^2 2xdx =$
$\int_0^1 \left(2x^3 - \frac{8}{3}x^2 + \frac{8}{9}x\right)dx = \left[\frac{2}{4}x^4 - \frac{8}{9}x^3 + \frac{8}{18}x^2\right]_0^1 = \frac{1}{18}.$
(3) $\int_{-2}^2 f(x)dx = 1$ より $1 = \int_{-2}^2 a(2-|x|)dx = a\int_{-2}^2 (2-|x|)dx.$ 積分の中の関数は偶関数より 与式 $= 2a\int_0^2 (2-x)dx = 2a\left[2x - \frac{1}{2}x^2\right]_0^2 = 4a.$ これより $a = \frac{1}{4}$
を得る. $E[X] = \int_{-2}^2 x \cdot \frac{1}{4}(2-|x|)dx = \frac{1}{4}\int_{-2}^2 x(2-|x|)dx = 0.$ 次に $V[X]$ を求める. $E[X] = 0$ より $V[X] = \int_{-2}^2 (x-0)^2 \cdot \frac{1}{4}(2-|x|)dx = \frac{1}{2}\int_0^2 x^2(2-x)dx =$
$\frac{1}{2}\left[\frac{2}{3}x^3 - \frac{1}{4}x^4\right]_0^2 = \frac{2}{3}.$

問 7.5 $E[Z] = E\left[\frac{X-5}{2}\right] = \frac{1}{2}E[X] - \frac{5}{2} = 0.\ V[Z] = \frac{1}{4}V[X] = 1.$ よって
$Z \sim N(0,1^2).\ E[Y] = E[-2X+1] = -2E[X]+1 = -9.\ V[Y] = V[-2X+1] =$
$V[-2X] = (-2)^2V[X] = 16.$ よって $Y \sim N(-9,16).$ 問 7.6 ① $P(Z<1.2) =$
$P(Z<0) + P(0 \le Z < 1.2) = 0.5 + 0.3849 = 0.8849.$ ② $P(Z>2.1) =$
$0.5 - P(0 \le Z \le 2.1) = 0.5 - 0.4821 = 0.0179.$ ③ $P(-0.5 < Z < 1.12) = P(0 \le Z < 1.12) + P(0 < Z < 0.5) = 0.3686 + 0.1915 = 0.5601.$ 問 7.7 ① $c = 1.96$ ②
$0.95 = P(-c < Z < c) = 2P(0 \le Z < c)$ より $P(0 \le Z < c) = 0.475.$ よって
$c = 1.96.$ 問 7.8 ① 0.3707 ② 0.4972 ③ $0.2033.$

7章 章末問題 1. $2P(0 < Z < c) = 0.99$ より $P(0 < Z < c) = 0.495$. これより正規分布表より $c = 2.58$. 注：この場合は $c = 2.57$ も正解になる. **2.** 出発時間を7時 a (分) とする. X を通勤時間とすると, $X \sim N(30, 15^2)$ となる. いま, $P(a + X < 90) = 0.95$ を満たす a を求めればよい. ここで 90 は7時から 90 分経過したことを表すので, これは8時30分を意味する. $P(X < 90 - a) = 0.95$ となるので, $0.95 = P\left(Z < \dfrac{90 - a - 30}{15}\right) = P\left(Z < \dfrac{60 - a}{15}\right)$ となる. これより正規分布表を用いると, $\dfrac{60 - a}{15} = 1.65$ より $a = 35.25$ となる. つまり約7時35分のバスに乗ればいいことがわかる.

3. ① $P(Z > a) = 0.99 \iff P(a < Z < 0) + 0.5 = 0.99$. これより $P(a < Z < 0) = 0.49$. 標準正規分布は左右対称より $P(0 < Z < -a) = 0.49$. 標準正規分布表より $-a = 2.33$. よって $a = -2.33$.

② $P(R > b) = 0.99 \iff P\left(\dfrac{R - 0.03}{0.1} > \dfrac{b - 0.03}{0.1}\right) = 0.99$. これより $P\left(Z > \dfrac{b - 0.03}{0.1}\right) = 0.99$. ①の結果より $\dfrac{b - 0.03}{0.1} = -2.33$. これを解くと $b = -0.203$.

③ $\Delta V = 1000R$ と表すことができるので, $0.99 = P(\Delta V > c) = P(1000R > c) = P(R > c/1000)$. ②の結果より, $c/1000 = -0.203$. よって $c = -203$ となる. これより VaR$= 203$ となる.

4. 二項分布の確率より 0.329. **5.** 定理 7.2 ⑥より $\bar{X} \sim N\left(\mu, \dfrac{\sigma^2}{n}\right)$.

問 8.1 (1) 全数調査. (2) 標本調査. (3) 標本調査.

問 8.2 ① 復元抽出の場合 $P(X_1 = 1, X_2 = 1) = \dfrac{2}{10} \times \dfrac{2}{10} = \dfrac{1}{25}$. ② 1回目に $\boxed{1}$ を引く確率は $P(X_1 = 1) = \dfrac{2}{10} = \dfrac{1}{5}$. 次に1回目に $\boxed{1}$ を引いた状態を考える. このとき, 袋の中には $\boxed{1}$ が1枚, $\boxed{2}$ が5枚, $\boxed{3}$ が3枚入っている. これより $P(X_2 = 1 | X_1 = 1) = \dfrac{1}{9}$. よって $P(X_1 = 1, X_2 = 1) = P(X_2 = 1 | X_1 = 1)P(X_1 = 1) = \dfrac{1}{9} \cdot \dfrac{1}{5} = \dfrac{1}{45}$.

問 8.3 $P(X_2 = 1) = P(X_2 = 1 | X_1 = 1)P(X_1 = 1) + P(X_2 = 1 | X_1 = 0)P(X_1 = 0) = \dfrac{1}{3} \cdot \dfrac{2}{4} + \dfrac{2}{3} \cdot \dfrac{2}{4} = \dfrac{1}{2}$.

問 8.4 ① 有限母集団 ② 無限母集団 ③ 無限母集団 ④ 有限母集団. しかし①の大阪府民の数は大きいので, 無限母集団とみなしてもかまわない.

問 8.5

X	0	1	2	計
確率	$\frac{1}{4}$	$\frac{1}{2}$	$\frac{1}{4}$	1

問 8.6 中心極限定理より $\bar{X} \approx N(5.7, (0.071)^2)$.

よって $P(\bar{X} < 5.6) = P\left(\frac{\bar{X} - 5.7}{0.071} < \frac{5.6 - 5.7}{0.071}\right) = P(Z < -1.41) = 0.0793$.

問 8.7 ① $E\left[\frac{1}{n}\sum_{i=1}^{n} X_i^2\right] = \frac{1}{n}\sum_{i=1}^{n} E\left[X_i^2\right] = \frac{1}{n}\sum_{i=1}^{n}(\sigma^2 + m^2) = \sigma^2 + m^2$.

② $\frac{\sigma^2}{n} = V(\bar{X}) = E[\bar{X}^2] - E[\bar{X}]^2 = E[\bar{X}^2] - m^2$. よって $E[\bar{X}^2] = \frac{\sigma^2}{n} + m^2$.

③ $E[S^2] = E\left[\frac{1}{n}\sum_{i=1}^{n}X_i^2\right] - E[\bar{X}^2] = \sigma^2 + m^2 - \left(\frac{\sigma^2}{n} + m^2\right) = \frac{n-1}{n}\sigma^2$.

問 8.8 $\hat{p} \approx N\left(0.32, \frac{0.32 \cdot 0.68}{40}\right)$ より $P(\hat{p} \geq 0.5) = P\left(\frac{\hat{p} - 0.32}{0.074} \geq \frac{0.5 - 0.32}{0.074}\right)$
$= P(Z \geq 2.43) = 1 - P(Z < 2.43) = 1 - 0.9925 = 0.0075$.

問 8.9 $X \sim B(n, p)$ より $E[\hat{p}] = E\left[\frac{X}{n}\right] = \frac{1}{n}E[X] = \frac{1}{n}np = p$. $V[\hat{p}] = \frac{1}{n^2}np(1-p) = \frac{p(1-p)}{n}$. 問 8.10 $n = 100$ とし, 客が予約通りに来る確率 $p = 0.92$ とすると $X \sim B(100, 0.92)$ となる. 期待値は $E[X] = 100 \cdot 0.92 = 92$ で, 分散は $V[X] = 100 \cdot 0.92 \cdot 0.08 = 7.36 \doteqdot (2.71)^2$. このとき, 正規近似を行うと $X \approx N(92, (2.71)^2)$ となるので,

$P(X \leq 90.5) = P\left(Z \leq \frac{90.5 - 92}{2.71}\right) = P(Z \leq -0.55) = 0.2912$.

8章 章末問題 1. インターネットを使わない人の標本が取れない為, 標本に偏りが生じる. **2.** $\hat{p} \approx N(0.5, (0.011)^2)$ より $P(\hat{p} \geq 0.7) = P\left(\frac{\hat{p} - 0.5}{0.11} \geq \frac{0.7 - 0.5}{0.11}\right) =$
$P(Z \geq 1.82) = 0.0344$. **3.** $U^2 = \frac{n}{n-1}S^2$ より $E[U^2] = \frac{n}{n-1}E[S^2] = \frac{n}{n-1} \cdot \frac{n-1}{n}\sigma^2 = \sigma^2$. $V[U^2] = \left(\frac{n}{n-1}\right)^2 V[S^2] = \left(\frac{n}{n-1}\right)^2 \cdot \left(\frac{n-1}{n}\right)^2$
$\times \left(\mu_4 - \frac{n-3}{n-1}\sigma^4\right) = \frac{1}{n}\left(\mu_4 - \frac{n-3}{n-1}\sigma^4\right)$. **4.** i 番目の患者の診療時間 $X_i \sim N(6, 2^2)$. これより診療時間 X(分) は $X = X_1 + X_2 + \cdots + X_{30}$ と表せる. $X \sim N(180, 120)$. よって $P(X \leq 180) = 0.5$.

問 9.1 (1)① $X_1 \sim B(4, p)$ より, 期待値 $E_p[X_1] = 4p$ となる. (9.1) から $E_p[X_1] \approx \bar{X}$ より, $p = \frac{1}{4}E_p[X_1] \approx \frac{\bar{X}}{4}$ となる. よって p のモーメント推定量は $\hat{p} = \frac{\bar{X}}{4}$.

問題の解答   271

② $\bar{x} = \dfrac{0+1+4+\cdots+1+2}{10} = \dfrac{9}{5}$ より, ①から p の推定値は $\dfrac{9}{5} \cdot \dfrac{1}{4} = 0.45$.

(2) $\bar{X} \approx E[X] = \theta/2$ より, $\hat{\theta} = 2\bar{X}$.

(3) 定理 6.2 より $X_1, ..., X_n$ が互いに独立のとき, $X_1^2, ..., X_n^2$ も互いに独立である. よって $E[\overline{X^2}] = \dfrac{1}{n}\sum_{i=1}^{n} E[X_i^2] = \dfrac{1}{n}\sum_{i=1}^{n} E[X_1^2] = E[X_1^2]$. $V[\overline{X^2}]$ についても同様に示せる.

問 9.2 (1) $f(x_1, ..., x_n | \theta) = \theta^n exp\left\{-\theta \sum_{i=1}^{n} x_i\right\}$ より $l(\theta) = \log \theta^n exp\left\{-\theta \sum_{i=1}^{n} x_i\right\} = n \log \theta - \theta \sum_{i=1}^{n} x_i$. これより $0 = \dfrac{d}{d\theta} l(\theta) = \dfrac{n}{\theta} - \sum_{i=1}^{n} x_i$. よって $\hat{\theta}_{ML} = \dfrac{1}{\bar{x}}$.

(2) $L(\theta) = \theta(1-\theta)^x$ より $l(\theta) = \log \theta + x \log(1-\theta)$. $0 = \dfrac{d}{d\theta} l(\theta) = \dfrac{1}{\theta} - \dfrac{x}{1-\theta}$. これを解くと $\hat{\theta}_{ML} = \dfrac{1}{1+x}$. 問 9.3 (1) $2.705 \pm 1.645 \dfrac{0.06}{\sqrt{64}}$ より $(2.693, 2.717)$. (2) $z_{0.1} = 1.28$ (3) $2.705 \pm 1.28 \dfrac{0.06}{\sqrt{64}}$ より $(2.695, 2.715)$. 問 9.4 $226 \pm 1.96 \dfrac{4}{\sqrt{30}}$ より 95%信頼区間は $(224.57, 227.43)$. $226 \pm 1.645 \dfrac{4}{\sqrt{30}}$ より 90%信頼区間は $(224.799, 227.201)$. 問 9.5 ① $1.4 \pm 1.96 \dfrac{2.17}{\sqrt{30}}$ より 95%信頼区間は $(0.62, 2.18)$. ② $\mu = 0$ はこの信頼区間に含まれない. よって 2 つの店には差がある. 問 9.6 $1.96 \dfrac{0.5}{\sqrt{n}} = 0.25$ より $\sqrt{n} = 1.96 \times 2 = 3.92$. よって $n = 15.3664$. これより 16 個データを取ればよい. 問 9.7 $\hat{p} = 17/30 = 0.57$. これより $\hat{p} \pm 1.96 \sqrt{\dfrac{\hat{p}(1-\hat{p})}{30}} = 0.57 \pm 1.96 \sqrt{\dfrac{0.57(1-0.57)}{30}}$. これより 95%信頼区間は $(0.39, 0.75)$. この区間に 0.5 は含まれているので, 歪んでいる根拠はないと考えられる.

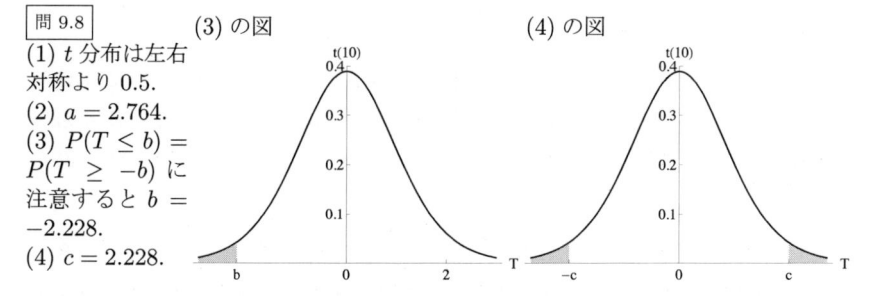

問 9.8
(1) t 分布は左右対称より 0.5.
(2) $a = 2.764$.
(3) $P(T \leq b) = P(T \geq -b)$ に注意すると $b = -2.228$.
(4) $c = 2.228$.

(3) の図

(4) の図

問 9.9 ① $\bar{x} \pm t_{0.025}(9) \dfrac{s}{\sqrt{n-1}} = 8.79 \pm 2.262 \dfrac{2.36}{\sqrt{10-1}}$ より $(7.014, 10.566)$. ② 平年値 8.3 はこの区間に含まれる. これより, 大阪の気温は平年値から異なっていると

いう根拠はない.

9 章 章末問題

1. $16.5 \pm 2.58\sqrt{\dfrac{12.32}{30}}$ より 99%信頼区間は $(14.85, 18.15)$. **2.** $0.2 \pm 1.96\dfrac{0.8}{\sqrt{36}}$ より 95%信頼区間は $(-0.061, 0.46)$.
3. $\bar{x} = 62, s = 2.312, t_{0.025}(6-1) = t_{0.025}(5) = 2.571$. これより $62 \pm 2.571\dfrac{2.312}{\sqrt{6-1}}$ より 95%信頼区間は $(59.341, 64.658)$ となる. 62.1kg はこの信頼区間に含まれているため, この集団の平均体重は, 標準体重から外れているとはいえない.
4. $p(\mathbf{x}|\theta) = p(x_1|\theta) \times \cdots \times p(x_n|\theta) = \dfrac{1}{x_1! \cdots x_n!} e^{-n\theta} \theta^{\sum_{i=1}^{n} x_i}$ より対数尤度は $l(\theta) = -n\theta + \left(\sum_{i=1}^{n} x_i\right) \log\theta - \log(x_1! \cdots x_n!)$. θ で微分すると, $\dfrac{d}{d\theta}l(\theta) = -n + \dfrac{1}{\theta}\sum_{i=1}^{n} x_i = 0$. よって $\hat{\theta} = \bar{x}$.
5. $E[X_1] = \dfrac{1}{\theta}$ より, $\theta = \dfrac{1}{E[X_1]}$ となる. $\bar{X} \approx E[X_1]$ より, θ のモーメント推定量は $\hat{\theta} = \dfrac{1}{\bar{X}}$ となる. これは問 9.2(1) の最尤推定量と同じ形になる.
6. ① モーメント推定より $\hat{\mu} = 1.234$ ② $t_{0.005}(10-1) = t_{0.005}(9) = 3.25$. これより $\bar{x} \pm t_{0.005}(9)\dfrac{s}{\sqrt{10-1}} = 1.234 \pm 3.25\dfrac{0.2}{3}$. よって 99%信頼区間は $(1.017, 1.451)$.
7. ① $E_\theta[\tilde{\theta}] = E_\theta[(n/(n+1))\bar{X}] = (n/(n+1))\mu \neq \mu$. よって $\tilde{\theta}$ は不偏推定量ではない. ② $V_\theta[\tilde{\theta}] = V_\theta[(n/(n+1))\bar{X}] = \dfrac{n^2}{(n+1)^2}V_\theta[\bar{X}] = \dfrac{n\mu}{(n+1)^2}$. よって $V_\theta[\tilde{\theta}] \to 0$, $(n \to \infty)$. 一方で ①より $E_\theta[\tilde{\theta}] - \theta = -\dfrac{\mu}{n+1} \to 0, (n \to \infty)$. よって $\tilde{\theta}$ は平均2乗収束をする. **8.** $\bar{X} \sim N(\mu, 9/n)$ より, $Z = \dfrac{\bar{X} - \mu}{3/\sqrt{n}}$ は標準正規分布 $N(0,1)$ に従う. これより $P(|\bar{X} - \mu| < 0.3) = P\left(\left|\dfrac{\bar{X} - \mu}{3/\sqrt{n}}\right| < \dfrac{0.3}{3/\sqrt{n}}\right) = P(|Z| < \dfrac{\sqrt{n}}{10})$.
(1) $n = 16$ のとき, $P(|\bar{X} - \mu| < 0.3) = P(|Z| < 0.4) = 2P(0 < Z < 0.4) = 0.3108$. (2) $n = 100$ のとき, $P(|\bar{X} - \mu| < 0.3) = P(|Z| < 1) = 2P(0 < Z < 1) = 0.6826$. (3) $n = 900$ のとき, $P(|\bar{X} - \mu| < 0.3) = P(|Z| < 3) = 2P(0 < Z < 3) = 0.9973$.

問 10.1 $s = \sqrt{12.32} \doteqdot 3.51$. よって $z_0 = \dfrac{16.5 - 15}{3.51/\sqrt{30}} \doteqdot 2.34$. これより $2P(Z \geq 2.34) = 0.0192$. これは 0.05 より小さいので, 帰無仮説 H_0 は棄却される. 問 10.2 $2P(Z \geq 2.34) = 0.0192 > 0.01$. これより有意水準 0.01 の下で, 統計的に有意ではない. 問 10.3 $n = 49, \bar{x} = 5.5, s = 0.8$ であり, $z_{0.05} = 1.645$ となる. こ

問題の解答

れより $z_0 = \dfrac{5.5 - 5.6}{0.8/\sqrt{49}} \doteqdot -0.875 < 1.645$ となる．これは境界値による方法より，H_0 は採択される． 問 10.4 ① 両側仮説検定 $H_0 : \mu = 37$ vs $H_a : \mu \neq 37$ を考える．検定統計量は $Z = \dfrac{\bar{X} - \mu_0}{\sigma/\sqrt{n}} \approx \dfrac{\bar{X} - \mu_0}{S/\sqrt{n}} = \dfrac{36.8 - 37}{0.41/\sqrt{130}} \doteqdot -5.56$ となり，p 値は $2P(Z \geq 5.56) < 0.00024$．これは有意水準 $\alpha = 0.05$ より小さいので，帰無仮説 H_0 は棄却される．これより健康な人間の平均体温が 37 度でない十分な根拠があるといえる．②-③ 検定統計量の実現値は $z_0 = -5.47$ であり，$|z_0| \geq 1.96$ となる．よって H_0 は棄却される．これより①と同じ結論を得る．
④ どのようにして 1868 年に 100 万人の人の体温を測ったのだろうか？ そのときに利用できる技術は，もしできたとしても，かなり精度が低かった可能性がある．
 問 10.5 $\hat{p} = \dfrac{52}{100}$ より，$z_0 = \dfrac{0.52 - 0.45}{\sqrt{0.45(1 - 0.45)/100}} \doteqdot 1.41$．これより $P(Z \geq 1.41) = 0.0793$．これより有意水準 5%の下で帰無仮説 H_0 は採択される． 問 10.6 $t_0 = -0.3216, \nu^* = 8$ より $t_{0.025}(8) = 2.31$．$|0.3216| < 2.31$ より，帰無仮説 H_0 は採択される．

10 章 章末問題 1. 検定統計量 $Z \approx \dfrac{0.0486 - 0}{0.11/\sqrt{30}} \doteqdot 2.42$．これより p 値は $P(Z \geq 2.42) = 0.5 - P(0 < Z < 2.42) = 0.5 - 0.4922 = 0.0078$．これより有意水準 5%の下で帰無仮説 H_0 は棄却される．**2.** $H_0 : \mu = 0$ vs $H_a : \mu > 0$ とする．このとき，検定統計量は $Z = \dfrac{0.49}{1.12/\sqrt{30}} = 2.40$ より $P(Z \geq 2.4) = 0.0082 \leq 0.01$．よって $H_a : \mu > 0$ は 1%で統計的に有意である．**3.** p 値 $= 0.1318$ より，これより有意水準 5%の下で帰無仮説 H_0 は採択される．**4.** 検定統計量 $T \doteqdot 0.26$, t 分布の自由度 $\nu \doteqdot 42.96$ より，判定値は $t_{0.025}(43) \doteqdot t_{0.025}(40) = 2.06$ より $|0.26| \leq 2.06$．これより $H_0 : \mu_1 = \mu_2$ は採択される．

 問 11.1 ($\hat{a}$ の分散)

$$V[\hat{a}] = V\left[\dfrac{1}{n}\sum_{i=1}^{n}\left\{1 - \left(\dfrac{x_i - \bar{x}}{s_{xx}}\right)\bar{x}\right\}Y_i\right] = \dfrac{1}{n^2}\sum_{i=1}^{n}\left\{1 - \left(\dfrac{x_i - \bar{x}}{s_{xx}}\right)\bar{x}\right\}^2 V[Y_i]$$

$$= \dfrac{\sigma^2}{n^2}\sum_{i=1}^{n}\left(1 - 2\dfrac{x_i - \bar{x}}{s_{xx}}\bar{x} + \left(\dfrac{x_i - \bar{x}}{s_{xx}}\right)^2\bar{x}^2\right) = \dfrac{\sigma^2}{n^2}\left(n + \dfrac{\sum_{i=1}^{n}(x_i - \bar{x})^2}{s_{xx}^2}\bar{x}^2\right)$$

$$= \dfrac{\sigma^2}{n}\left(1 + \dfrac{\bar{x}^2}{s_{xx}}\right).$$

 問 11.2 $t_1^* = \dfrac{\hat{b}}{SE(\hat{b})} = \dfrac{0.4934}{0.2} = 2.467$．$T \sim t(30 - 2) = t(28)$．$p$ 値 $= P(T \geq$

$2.467) = 2 \times 0.1 = 0.2$.

問 11.3 $a_i = c_1(x_{2i} - \bar{x}_2) - c_2(x_{1i} - \bar{x}_1)\}$ とおくと, $\hat{b}_2 = \sum_{i=1}^{n} \frac{a_i}{n} Y_i$ と表せる. よって

$$V[\hat{b}_2] = V\left[\sum_{i=1}^{n} \frac{a_i}{n} Y_i\right] = \sum_{i=1}^{n} \frac{a_i^2}{n} V[Y_i]$$

$$= \frac{\sigma^2}{n^2} \sum_{i=1}^{n} \{c_1^2(x_{2i} - \bar{x}_2)^2 + c_2^2(x_{1i} - \bar{x}_1)^2 - 2c_1 c_2(x_{1i} - \bar{x}_1)(x_{2i} - \bar{x}_2)\}$$

$$= \frac{\sigma^2}{n} \frac{s_{11}^2 s_{22} + s_{12}^2 s_{11} - 2s_{11} s_{12}^2}{(s_{11} s_{22} - s_{12}^2)^2} = \frac{\sigma^2}{n} \left(\frac{s_{11}}{s_{11} s_{22} - s_{12}^2}\right).$$

問 12.1 (1) $\sum_{k=1}^{4} k = 1 + 2 + 3 + 4 = 10$. (2) $\sum_{k=1}^{7} 2 = 2+2+2+2+2+2+2 = 14$.
(3) $\sum_{k=1}^{7} (k-1) = 0+1+2+3+4+5+6 = 21$. (4) $\sum_{k=1}^{3} k^2 = 1^2 + 2^2 + 3^2 = 14$.
(5) $\sum_{k=1}^{n} (2a_k - 3) = 2 \sum_{k=1}^{n} a_k - 3n = 4 - 3n$. 問 12.2 3.

問 12.3 (1) $\lim_{x \to -1}(x^2 - 1) = (-1)^2 - 2 = -1$. (2) $\lim_{t \to 0}(t+1)^2 = (0+1)^2 = 1$. (3) $\lim_{s \to 0}(s^2 + 2s + 5) = 0^2 + 2 \cdot 0 + 5 = 5$. (4) 2. (5) -3. (6) 分母の最大の次数は 3, 分子の最大の次数は 2. これより $\lim_{x \to \infty} \frac{(x-1)^2}{x^3} = 0$. (7) 極限に関する定理 ①より 0. (8) 極限に関する定理 ①より -6. 変数が n に変わっても, 結果は変わらない.

問 12.4 (1) $f'(3) = \lim_{h \to 0} \frac{f(3+h) - f(3)}{h} = \lim_{h \to 0} \frac{2(3+h) + 1 - (2 \cdot 3 + 1)}{h} = \lim_{h \to 0} \frac{2h}{h} = \lim_{h \to 0} 2 = 2$.
(2) $f'(2) = \lim_{h \to 0} \frac{f(2+h) - f(2)}{h} = \lim_{h \to 0} \frac{(2+h)^3 - 2^3}{h} = \lim_{h \to 0} \frac{12h + 6h^2 + h^3}{h} = \lim_{h \to 0}(12 + 6h + h^2) = 12$. 問 12.5 (1) $f'(x) = 2x - 3$. $f'(x) = 15x^2$. 問 12.6 $\frac{\partial f(1,0)}{\partial x} = -4$, $\frac{\partial f(1,1)}{\partial x} = -3$, $\frac{\partial f(1,2)}{\partial x} = -2$. 問 12.7 $\frac{\partial}{\partial x} f(x,y) = -4x + y$, $\frac{\partial}{\partial y} f(x,y) = -2y + x$. 問 12.8 ① $x = 1, y = \frac{1}{2}$. ② $x = 1, y = \frac{1}{2}$. 問 12.9 $\log \frac{2}{3} = \log 2 - \log 3 = 0.6931 - 1.0986 = -0.4055$. $\log 9 = 2\log 3 = 2.1972$. $\log 6 = \log 2 + \log 3 = 1.7917$.

付 録 A　　Excelによる統計処理

この章で用いるデータは下記のアドレス

　　　　http://www1.tcue.ac.jp/home1/ymiyatagbt/

にあるホームページからダウンロードすることができる．

A.1　はじめに

　Excelを立ち上げると，次のようなワークシートが現れる．ここで重要なのは**セル**とよばれるマス目の場所の表し方である．　例えば，5行目でC列目のマス目はC5のセルとよぶ．またA1のセルにある四角い枠を**カーソル**とよぶ．

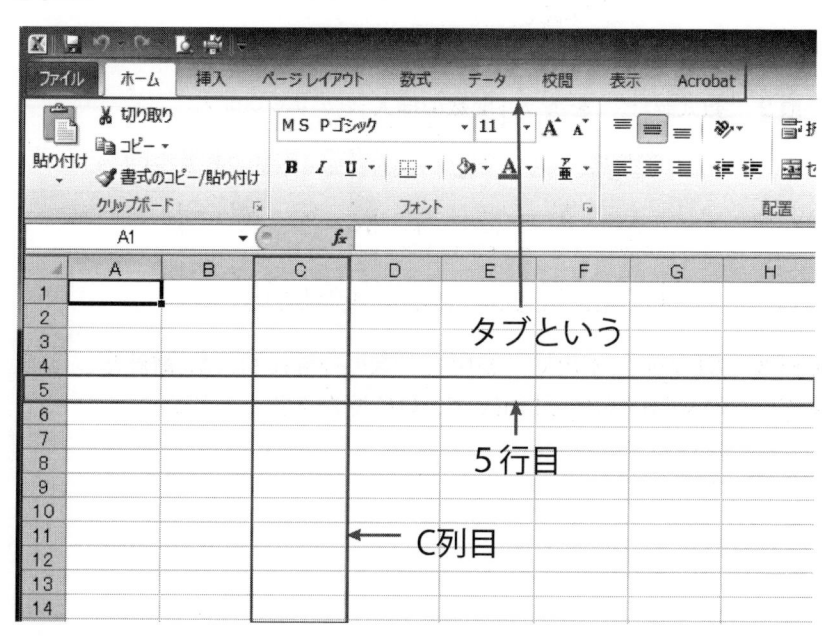

A.2 平均値を求める

ここでは，手順1にあるデータの英語の平均を求める．

手順1 英語の平均を出力したいセル (ここでは B16) にカーソルをおく．

	A	B	C	D
1	氏名	英語	数学	
2	相川 英之	89	80	
3	阿部 美穂	58	59	
4	遠藤 恵	76	60	
5	岡田 啓吾	73	61	
6	加藤 玲子	84	80	
7	後藤 健一	70	57	
8	斉藤 正志	75	68	
9	島貫 寛一朗	74	79	
10	菅原 美紀	71	67	
11	瀬川 潤	93	91	
12	橋本 剛	70	74	
13	松田 怜	86	82	
14	持田 菜穂子	81	73	
15	渡部 郭志	75	73	
16	標本平均			
17	標本分散			
18	標準偏差			
19				

手順2 数式 のタブを選び，関数の挿入 をクリックする．

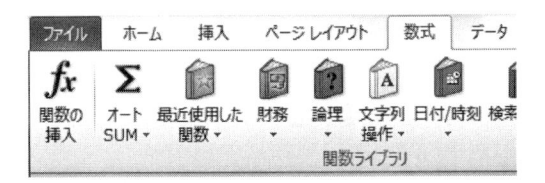

手順3 関数の挿入 が出てくるので，関数の分類 (C) の欄を**統計**とし，関数名 (N) を **AVERAGE** と指定して，OK を左クリックする．

A.3. 分散を求める

手順4 以下の画面が現れるので，数値1と書かれた場所（これは平均値を求めるデータの範囲を表すところ）にB2:B15と表されていることを確認する．

手順5 $\boxed{\text{OK}}$ をクリックすると平均値が出力される．

A.3 分散を求める

手順1 英語の標本分散を出力したいセル（ここではB17）にカーソルをおく．そしてA.2章の手順2で説明したように，$\boxed{\text{数式}}$ のタブを選び，$\boxed{\text{関数の挿入}}$ をクリックする．

	A	B	C
1	氏名	英語	数学
2	相川 英之	89	80
3	阿部 美穂	58	59
4	遠藤 恵	76	60
5	岡田 啓吾	73	61
6	加藤 玲子	84	80
7	後藤 健一	70	57
8	斉藤 正志	75	68
9	島貫 寛一朗	74	79
10	菅原 美紀	71	67
11	瀬川 潤	93	91
12	橋本 剛	70	74
13	松田 怜	86	82
14	持田 菜穂子	81	73
15	渡部 郭志	75	73
16	標本平均	76.78571	
17	標本分散		
18	標準偏差		

手順 2 関数の挿入 が出てくるので，関数の分類 (C) の欄を**統計**とし，関数名 (N) を **VARP** (Excel 2010 以降では **VAR.P**) と指定する．

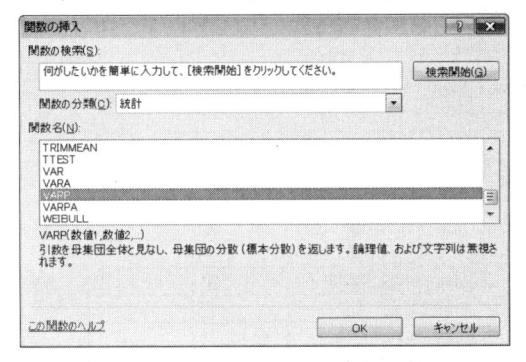

手順 3 OK を左クリックすると以下のボックスが現れる．

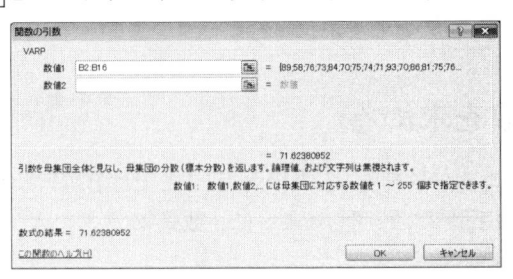

A.4. 標準偏差を求める

　ここで上のボックスにおいて, 数値1と書かれた場所 (これは分散を求めるデータの範囲を表すところ) に B2:B16 と表される. これは分散を求めるデータの中に, A.2 章で求めた平均値 (つまり B16 のセルに相当するもの) も入ってしまっていることを意味する[*1].

　これより, 数値1の入力欄の上で左クリックをして, 点滅した縦棒 | を出す. 次に B16 と書いてある部分を削除して B15 に入力し直す. （下図参照）

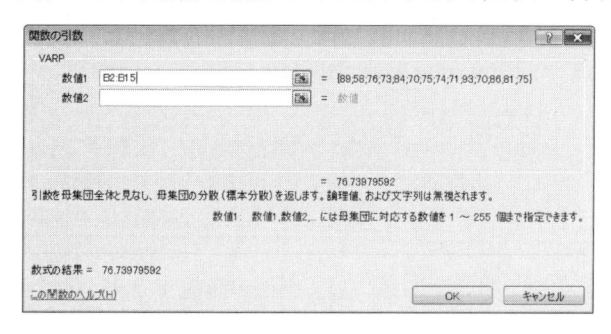

手順4 **OK** を押すと, 分散の値が出てくる.

12	橋本　剛	70	74
13	松田　怜	86	82
14	持田　菜穂子	81	73
15	渡部　郭志	75	73
16	標本平均	76.78571	
17	標本分散	76.7398	
18	標準偏差		
19			

〚注意〛　Excel で不偏分散を求めたいときには, 手順2の関数名 (N) で **VAR** (Excel 2010 以降では **VAR.S**) を指定してほしい.

A.4　標準偏差を求める

　これも A.3 章と同じ方法ででくる.

手順1　英語の標準偏差を出力したいセル (ここでは B18 とする) にカーソルをおく. そして 数式 のタブを選び, 関数の挿入 をクリックする.

[*1] 平均値を計算しない場合は, この現象は現れない

手順 2 関数の挿入が出てくるので，関数の分類 (C) の欄を**統計**とし，関数名 (N) を **STDEVP** (Excel 2010 以降では **STDEV.P**) と指定して，OK を左クリックする．

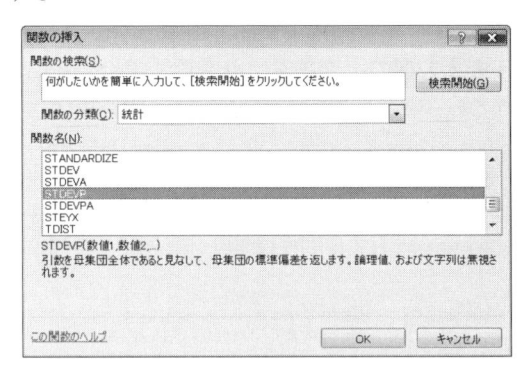

手順 3 A.3 章の手順 3 と同様にして画面の数値 1 と書かれた場所（これは標準偏差を求めるデータの範囲を表すところ）に B2:B17 と表示される．これは標準偏差を求めるデータの中に，先ほど求めた平均，分散の値も入ってしまっていることを意味する．これより，数値 1 の入力欄の上で左クリックをして，点滅した縦棒 | を出す．次に B17 と書いてある部分を削除して B15 に入力し直す．（下図参照）

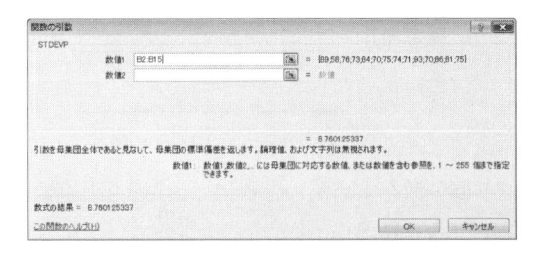

これで OK を押すと，標準偏差の値が出てくる．

A.5 同じ操作を右の列にも行う方法

　これまで英語の平均，分散，標準偏差を求めたが，数学の成績に対しても同じ操作をすることを考えよう．これは以下の方法より簡単に行える．

手順 1 英語の成績の平均のセルから標準偏差のセルまでドラッグして指定する．

A.5. 同じ操作を右の列にも行う方法

12	橋本　剛	70	74
13	松田　怜	86	82
14	持田　菜穂子	81	73
15	渡部　郭志	75	73
16	標本平均	76.78571	
17	標本分散	76.7398	
18	標準偏差	8.760125	
19			

手順2 このあとカーソルを上の指定されたセルの一番右下に持ってくる．そうすると，カーソルが + の形になるので，この状態で右にドラッグする．

12	橋本　剛	70	74
13	松田　怜	86	82
14	持田　菜穂子	81	73
15	渡部　郭志	75	73
16	標本平均	76.78571	
17	標本分散	76.7398	
18	標準偏差	8.760125	
19			

ここで右にドラッグすれば完成．

	A	B	C
1	氏名	英語	数学
2	相川　英之	89	80
3	阿部　美穂	58	59
4	遠藤　恵	76	60
5	岡田　啓吾	73	61
6	加藤　玲子	84	80
7	後藤　健一	70	57
8	斉藤　正志	75	68
9	島貫　寛一朗	74	79
10	菅原　美紀	71	67
11	瀬川　潤	93	91
12	橋本　剛	70	74
13	松田　怜	86	82
14	持田　菜穂子	81	73
15	渡部　郭志	75	73
16	標本平均	76.78571	71.714286
17	標本分散	76.7398	95.918367
18	標準偏差	8.760125	9.7937923
19			

A.6　散布図を描く

ここでも A.2 章のデータに対する散布図の描き方を説明する．

手順1　データを指定するために，B2 から C15 までのセルをドラッグする．

手順2　 挿入 と書いてあるタブをクリックして，散布図と描いてある図をクリックする．

手順3　5 つの散布図のうち，一番左上の「散布図（マーカーのみ）」をクリックする．

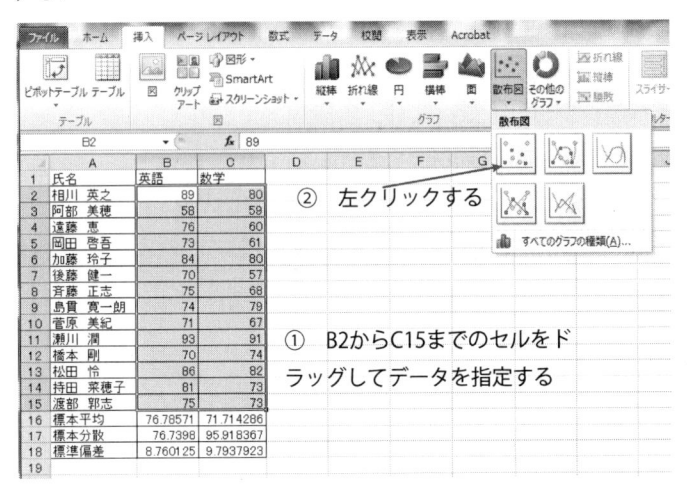

そうすると，以下のグラフが出力される．

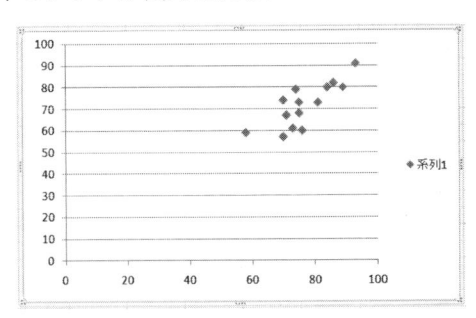

A.7　相関係数を求める

A.2 章の手順1のデータに対して，B19 のセルに相関係数を出力する．

A.7. 相関係数を求める

手順 1 B19 のセルにカーソルをおき，数式 のタブを選び，関数の挿入 をクリックする．

手順 2 関数の挿入 が出てくるので，関数の分類 (C) の欄を**統計**とし，関数名 (N) を **CORREL** と指定して，OK を左クリックする．

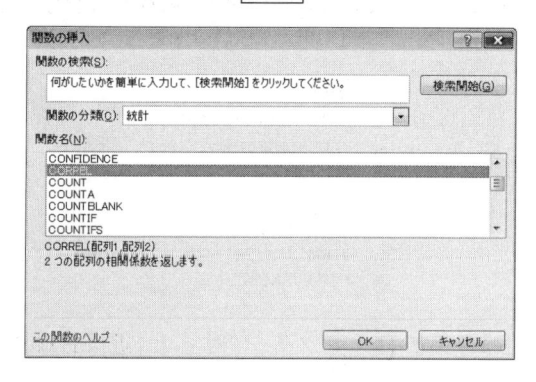

手順 3 分散を求めるときの手順 3 と同様にして画面の配列 1 と書かれた場所には，英語の点数がある範囲，すなわち B2:B15 と入力する．配列 2 と書かれた場所には数学の点数がある範囲，すなわち C2:C15 と入力し，OK をクリックする．

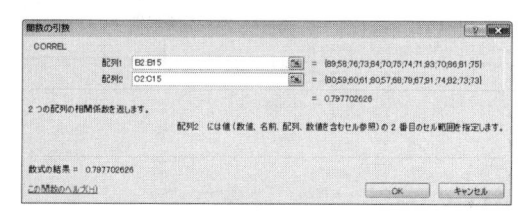

そうすると，相関係数が出力される．

12	橋本 剛	70	74
13	松田 怜	86	82
14	持田 菜穂子	81	73
15	渡部 郭志	75	73
16	標本平均	76.78571	71.714286
17	標本分散	76.7398	95.918367
18	標準偏差	8.760125	9.7937923
19	相関係数	0.797703	
20			

A.8 多項式回帰を描く

ここでは p.44 の表 3-2 のデータに対して，多項式回帰式を求める方法を説明する．まず表 3-2 の散布図を A.6 章に従って作成する．

手順 1 散布図の点（どの点でもよい）の上で**右クリック**すると以下が出てくる．

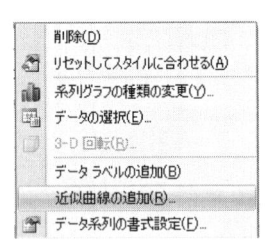

手順 2 近似曲線の追加 (R) をクリックすると，**近似曲線の書式設定**と書かれた以下のボックスが出てくる．

手順 3 ここで

① 多項式近似 (P) の部分にチェックを入れ，

② グラフの数式を表示する (E) と グラフに R-2 乗値を表示する (R) の部分にもチェックを入れて 閉じる をクリックする．

A.9. アドイン

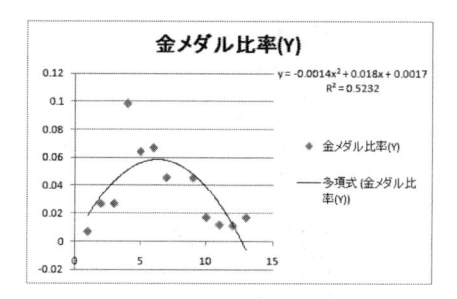

[図: 金メダル比率(Y) の散布図と多項式近似曲線．$y = -0.0014x^2 + 0.018x + 0.0017$, $R^2 = 0.5232$]

ここで R^2 は決定係数を意味する．

[**注意**] 手順 2 の**近似曲線の書式設定**と書かれたボックスにおいて**次数 (D)** を変えると 3 次の多項式回帰や 4 次の多項式回帰を描くことができる．また手順 2 のボックスにおいて，**線形近似 (L)** を選択すると，回帰直線を求めることができる．

A.9 アドイン

Excel で重回帰分析などの統計処理を行うにはアドインとよばれるパッケージをよび出す必要がある．ここでは Microsoft の Excel 2010, Excel 2013 における方法を説明する．ただし以下の手順においては Excel 2010 の図を用いる．

手順 1 画面の左上に ファイル と書いてあるタブをクリックする．

手順 2 以下の画面が出てくるので， オプション をクリックする．

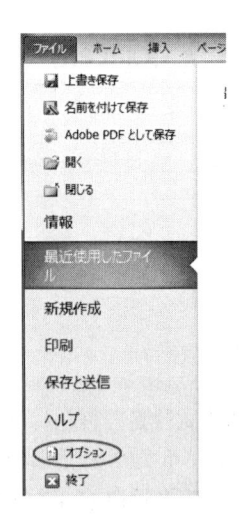

付録A　Excel による統計処理

手順3　左上に**基本設定**と書かれた列の中から アドイン と書かれたところをクリックすると以下のようなボックスが出てくる.

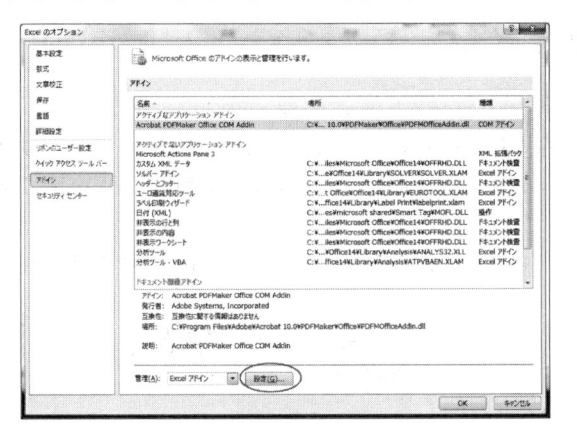

ここで，このボックスの下の方にある 設定 (G)... をクリックする.

手順4　以下の図のように 分析ツール をチェックして OK をクリックする.

A.10. 重回帰分析

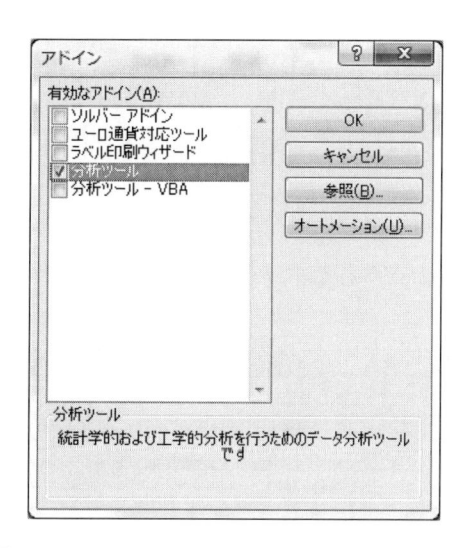

手順 5 データ と書いてあるタブの一番右側に**データ分析**というボタンが出てきたら成功.

A.10 重回帰分析

ここでは以下のデータ (Y:応答変数, X1, X2 は説明変数) に対する重回帰分析の方法を説明する.

Y	X1	X2
66	75	61
85	82	92
81	77	87
70	69	65
65	76	50
65	77	56

手順 1 データ と書かれたタブをクリックし, その後で データ分析 と書かれたボタンをクリックする.

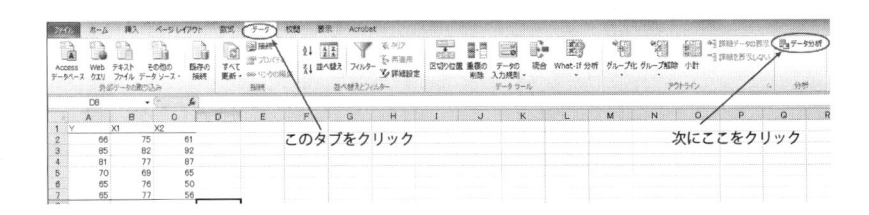

手順2 データ分析と書かれたボックスが出てくるので 回帰分析 を指定して OK をクリックする.

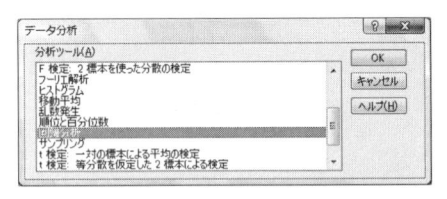

手順3 応答変数 Y の範囲と説明変数 x_1, x_2 の範囲をマウスをドラッグして指定する[*2].ここでは Y の範囲は A1 から A7 まで,X の範囲は B1 から C7 までのセルを指定した.この場合,1 行目のラベルも含めて指定しているので,**ラベル**と書かれている部分にチェック ✔ を入れる.

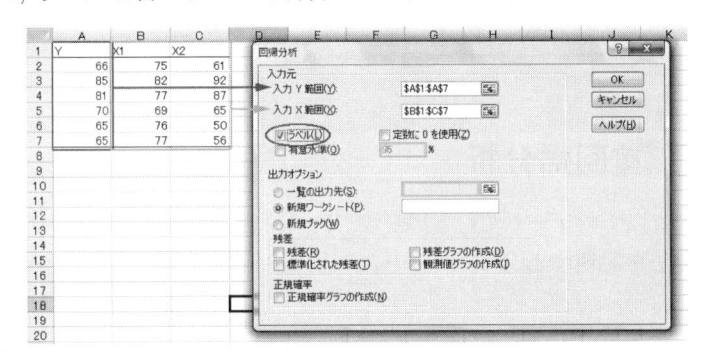

手順4 OK をクリックすると,別のシートに解析結果が出力される.

[*2] 手動で入力してもよい

回帰統計	
重相関 R	0.98571
重決定 R2	0.971624
補正 R2	0.952707
標準誤差	1.9157
観測数	6

	自由度	変動	分散	観測された分散比	有意 F
回帰	2	376.9903	188.4951	51.36236	0.00478
残差	3	11.00972	3.669908		
合計	5	388			

	係数	標準誤差	t	P-値	下限 95%	上限 95%
切片	27.8104	16.318	1.704278	0.186877	-24.1207	79.74155
X1	0.139907	0.23567	0.593659	0.594526	-0.6101	0.889913
X2	0.489878	0.057829	8.471149	0.003454	0.30584	0.673916

ここで出力された数値と統計用語の対応をもう一度まとめておく．

Excel 出力	用語	章
重決定 R2	決定係数 R^2	3.4 章, 4.5 章
補正 R2	自由度調整済み決定係数 $\bar{R}^2$	4.6 章
観測数	組のデータの個数 n	4.1 章
有意 F	分散分析における p 値	4.10 章
係数	最小二乗推定量	3.2 章, 4.2 章
標準誤差	最小二乗推定量の標準誤差	4.4 章
t	t 値	4.8 章
P-値	p 値	4.9 章

例えば，上の結果から回帰式は $y = 27.8104 + 0.139907x_1 + 0.489878x_2$ となる．また回帰統計と書いてある表の標準誤差は撹乱項の標準偏差 σ に対する推定量, $\hat{\sigma}$ に相当する ($\hat{\sigma}^2$ は 11.5 章, p.232 を見よ)．Excel の出力結果には，それ以外の数値も書かれているが，最初のうちは気にしなくてよい．

A.11 二項分布, 正規分布, t 分布の確率の計算

NORMSDIST(a) $\cdots$ Z が標準正規分布 $N(0, 1^2)$ に従うときに, $P(Z \leq a)$ の確率を計算する．

【例A.1】 A1セルに $P(Z \leq 1.23)$ を計算した結果を出したいときには、A1セルに=NORMSDIST(1.23)と入力し、Enterキー⏎を押すと 0.890651448 と出力される.

BINOMDIST(k,n,p,FALSE)… X が二項分布 $B(n,p)$ に従うときに、$P(X=k)$ の確率を計算する.

【例A.2】 X が二項分布 $B(10, 0.5)$ に従うとき、A1セルに $P(X = 3)$ を計算した結果を出したいときには、A1セルに=BINOMDIST(3,10,0.5,FALSE)と入力し、Enterキー⏎を押すと 0.1171875 と出力される.

TDIST(t_0, n, 尾部)… t 分布 $t(n)$ に従う確率変数 T に対して確率 $P(T > t_0)$、もしくは $P(|T| > t_0)$ を計算する.
　これは t 分布を用いた仮説検定において p 値を計算するのに役立つ.
尾部 = 1 の場合：TDIST(t_0, 自由度,1)= $P(T > t_0)$ として計算される.
尾部 = 2 の場合：TDIST(t_0, 自由度,2)= $P(|T| > t_0) = P(T > t_0) + P(T < -t_0)$ として計算される.

【例A.3】 自由度 8 の t 分布に従う確率変数 T が $P(T > 2.3)$ を A1 セルに出力したいときには、A1 セルに=TDIST(2.3,8,1)と入力して、Enterキー⏎を押すと 0.025235 と出力される.

一方で、もし t_0 が負の値のときには、TDIST は値を出力できない. t 分布は左右対称な確率分布より、$P(T > t_0) = 1 - P(T \leq t_0) = 1 - P(T \geq -t_0)$ が成り立つことから、$P(T > t_0)$ は 1−TDIST($-t_0$, 自由度,1) として計算する.

【例A.4】 自由度 8 の t 分布に従う確率変数 T が $P(T > -2.3)$ を A1 セルに出力したいときには、A1 セルに=1-TDIST(2.3,8,1)と入力して、Enterキー⏎を押すと 0.974765 と出力される.

A.12　対応のない標本に対する母平均の差の検定

手順1　データと書かれたタブをクリックし、その後でデータ分析と書かれたボタンをクリックする (A.10 章の手順 1 と同じ操作).

A.12. 対応のない標本に対する母平均の差の検定

手順 2 データ分析と書かれたボックスが出てくるので t 検定：分散が等しくないと仮定した 2 標本による検定 を指定して OK をクリックする．

手順 3 変数 1 の入力範囲 (1):には，男子のデータ (A1 から A7 までのセル)，変数 2 の入力範囲 (2):には，女子のデータ (B1 から B6 までのセル) をデータをドラッグすることで指定する[*3]．$\sigma(\underline{A})$ は有意水準を表すが，何もしなければ 0.05 という数値が自動的に入力される．またこの場合，"男子" と入力された A1 セル，"女子" と入力された B1 セルが含まれるので，□ ラベル (L) にチェック ✔ を入れる．

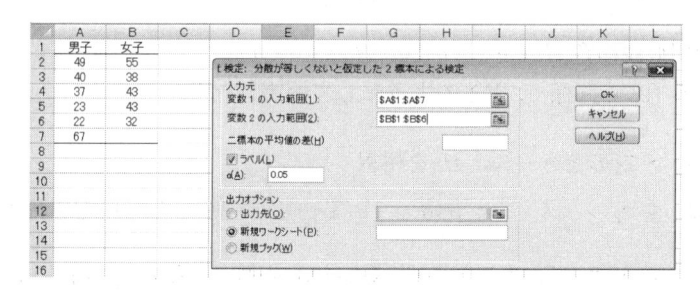

手順 4 OK を押すと，以下が出力される．

	男子	女子	
平均	39.66667	42.2	← 標本平均
分散	286.2667	71.7	← 不偏分散
観測数	6	5	← $m = 6, n = 5$
仮説平均との差異	0		← $H_0 : \mu_1 - \mu_2 = 0$
自由度	8		← ν^* p.218 参照．
t	-0.3216		← t 値．ここでは t_0 とする．
P(T<=t) 片側	0.377998		← $P(T \geq |t_0|)$
t 境界値 片側	1.859548		← $t_{0.05}(\nu^*)$
P(T<=t) 両側	0.755997		← 両側検定での p 値 $2P(T \geq |t_0|)$
t 境界値 両側	2.306004		← $t_{0.025}(\nu^*)$

(1) 両側仮説検定 $H_0 : \mu_1 = \mu_2$ **vs** $H_a : \mu_1 \neq \mu_2$

上の表の"P(T<=t) 両側"は p 値を表す．この場合，p 値 $\doteqdot 0.76 > 0.05$ より有意でないことがすぐにわかる．

[*3] 手動で入力してもよい

(2) 片側仮説検定 $H_0: \mu_1 = \mu_2$ **vs** $H_a: \mu_1 > \mu_2$

p 値 $= P(T \geq t_0)$ であるが，"P(T<=t) 片側"の欄の数値は $P(T \geq |t_0|)$ を表し，p 値とは異なるので，注意が必要である．この場合，以下のようにして検定を行う．

$$\begin{cases} \bar{x}_1 < \bar{x}_2 \text{のとき} & \Longrightarrow H_0 \text{を採択} \\ \bar{x}_1 \geq \bar{x}_2 \text{のとき} & \Longrightarrow p \text{値} = "P(T<=t) \text{ 片側"として検定を行う} \end{cases}$$

これは $\bar{x}_1 \geq \bar{x}_2$ のとき，検定統計量 t_0 は正の値となるので，p 値 $= P(T > t_0) = P(T > |t_0|)$ となることがわかる．

(3) 片側仮説検定 $H_0: \mu_1 = \mu_2$ **vs** $H_0: \mu_1 < \mu_2$

これも (2) と同様で，以下のようにして検定を行う．

$$\begin{cases} \bar{x}_1 > \bar{x}_2 \text{のとき} & \Longrightarrow H_0 \text{を採択} \\ \bar{x}_1 \leq \bar{x}_2 \text{のとき} & \Longrightarrow p \text{値} = "P(T<=t) \text{ 片側"として検定を行う} \end{cases}$$

これは $\bar{x}_1 \leq \bar{x}_2$ のとき，検定統計量 t_0 は負の値となるので，p 値 $= P(T < t_0) = P(T > |t_0|)$ となることがわかる．

A.13　対応のある標本に対する母平均の差の検定

対応のある標本に対する母平均の差の検定を Excel で行う場合は，A.12 章の手順 2 を以下のように変更する．それ以外の**手順 1**，**手順 3** などは対応のない標本の場合と同じ操作を行う．

手順 2　データ分析と書かれたボックスが出てくるので
$\boxed{\text{t 検定：一対の標本による平均の検定}}$ を指定して $\boxed{\text{OK}}$ をクリックする．

出力の解釈に関しては，A.12 章の手順 4 と同様である．

付録B　付表

- 正規分布
- t 分布表
- F 分布表

標準正規分布表

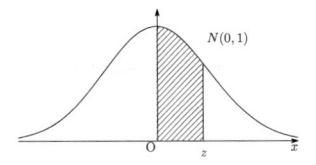

$N(0,1)$

z	0	0.01	0.02	0.03	0.04	0.05	0.06	0.07	0.08	0.09
0.0	0.0000	0.0040	0.0080	0.0120	0.0160	0.0199	0.0239	0.0279	0.0319	0.0359
0.1	0.0398	0.0438	0.0478	0.0517	0.0557	0.0596	0.0636	0.0675	0.0714	0.0754
0.2	0.0793	0.0832	0.0871	0.0910	0.0948	0.0987	0.1026	0.1064	0.1103	0.1141
0.3	0.1179	0.1217	0.1255	0.1293	0.1331	0.1368	0.1406	0.1443	0.1480	0.1517
0.4	0.1554	0.1591	0.1628	0.1664	0.1700	0.1736	0.1772	0.1808	0.1844	0.1879
0.5	0.1915	0.1950	0.1985	0.2019	0.2054	0.2088	0.2123	0.2157	0.2190	0.2224
0.6	0.2258	0.2291	0.2324	0.2357	0.2389	0.2422	0.2454	0.2486	0.2518	0.2549
0.7	0.2580	0.2612	0.2642	0.2673	0.2704	0.2734	0.2764	0.2794	0.2823	0.2852
0.8	0.2881	0.2910	0.2939	0.2967	0.2996	0.3023	0.3051	0.3079	0.3106	0.3133
0.9	0.3159	0.3186	0.3212	0.3238	0.3264	0.3289	0.3315	0.3340	0.3365	0.3389
1.0	0.3413	0.3438	0.3461	0.3485	0.3508	0.3531	0.3554	0.3577	0.3599	0.3621
1.1	0.3643	0.3665	0.3686	0.3708	0.3729	0.3749	0.3770	0.3790	0.3810	0.3830
1.2	0.3849	0.3869	0.3888	0.3907	0.3925	0.3944	0.3962	0.3980	0.3997	0.4015
1.3	0.4032	0.4049	0.4066	0.4082	0.4099	0.4115	0.4131	0.4147	0.4162	0.4177
1.4	0.4192	0.4207	0.4222	0.4236	0.4251	0.4265	0.4279	0.4292	0.4306	0.4319
1.5	0.4332	0.4345	0.4357	0.4370	0.4382	0.4394	0.4406	0.4418	0.4430	0.4441
1.6	0.4452	0.4463	0.4474	0.4485	0.4495	0.4505	0.4515	0.4525	0.4535	0.4545
1.7	0.4554	0.4564	0.4573	0.4582	0.4591	0.4599	0.4608	0.4616	0.4625	0.4633
1.8	0.4641	0.4649	0.4656	0.4664	0.4671	0.4678	0.4686	0.4693	0.4700	0.4706
1.9	0.4713	0.4719	0.4726	0.4732	0.4738	0.4744	0.4750	0.4756	0.4762	0.4767
2.0	0.4773	0.4778	0.4783	0.4788	0.4793	0.4798	0.4803	0.4808	0.4812	0.4817
2.1	0.4821	0.4826	0.4830	0.4834	0.4838	0.4842	0.4846	0.4850	0.4854	0.4857
2.2	0.4861	0.4865	0.4868	0.4871	0.4875	0.4878	0.4881	0.4884	0.4887	0.4890
2.3	0.4893	0.4896	0.4898	0.4901	0.4904	0.4906	0.4909	0.4911	0.4913	0.4916
2.4	0.4918	0.4920	0.4922	0.4925	0.4927	0.4929	0.4931	0.4932	0.4934	0.4936
2.5	0.4938	0.4940	0.4941	0.4943	0.4945	0.4946	0.4948	0.4949	0.4951	0.4952
2.6	0.49534	0.49547	0.49560	0.49573	0.49585	0.49598	0.49609	0.49621	0.49632	0.49643
2.7	0.49653	0.49664	0.49674	0.49683	0.49693	0.49702	0.49711	0.49720	0.49728	0.49736
2.8	0.49744	0.49752	0.49760	0.49767	0.49774	0.49781	0.49788	0.49795	0.49801	0.49807
2.9	0.49813	0.49819	0.49825	0.49831	0.49836	0.49841	0.49846	0.49851	0.49856	0.49861
3.0	0.49865	0.49869	0.49874	0.49878	0.49882	0.49886	0.49889	0.49893	0.49897	0.499
3.1	0.49903	0.49906	0.49910	0.49913	0.49916	0.49918	0.49921	0.49924	0.49926	0.49929
3.2	0.49931	0.49934	0.49936	0.49938	0.49940	0.49942	0.49944	0.49946	0.49948	0.4995
3.3	0.49952	0.49953	0.49955	0.49957	0.49958	0.49960	0.49961	0.49962	0.49964	0.49965
3.4	0.49966	0.49968	0.49969	0.49970	0.49971	0.49972	0.49973	0.49974	0.49975	0.49976

t 分布における上側確率

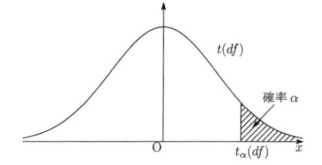

$df \backslash \alpha$	0.25	0.2	0.15	0.1	0.05	0.025	0.01	0.005
1	1.000	1.376	1.963	3.078	6.314	12.706	31.821	63.657
2	0.816	1.061	1.386	1.886	2.920	4.303	6.965	9.925
3	0.765	0.978	1.250	1.638	2.353	3.182	4.541	5.841
4	0.741	0.941	1.190	1.533	2.132	2.776	3.747	4.604
5	0.727	0.920	1.156	1.476	2.015	2.571	3.365	4.032
6	0.718	0.906	1.134	1.440	1.943	2.447	3.143	3.707
7	0.711	0.896	1.119	1.415	1.895	2.365	2.998	3.499
8	0.706	0.889	1.108	1.397	1.860	2.306	2.896	3.355
9	0.703	0.883	1.100	1.383	1.833	2.262	2.821	3.250
10	0.700	0.879	1.093	1.372	1.812	2.228	2.764	3.169
11	0.697	0.876	1.088	1.363	1.796	2.201	2.718	3.106
12	0.695	0.873	1.083	1.356	1.782	2.179	2.681	3.055
13	0.694	0.870	1.079	1.350	1.771	2.160	2.650	3.012
14	0.692	0.868	1.076	1.345	1.761	2.145	2.624	2.977
15	0.691	0.866	1.074	1.341	1.753	2.131	2.602	2.947
16	0.690	0.865	1.071	1.337	1.746	2.120	2.583	2.921
17	0.689	0.863	1.069	1.333	1.740	2.110	2.567	2.898
18	0.688	0.862	1.067	1.330	1.734	2.101	2.552	2.878
19	0.688	0.861	1.066	1.328	1.729	2.093	2.539	2.861
20	0.687	0.860	1.064	1.325	1.725	2.086	2.528	2.845
21	0.686	0.859	1.063	1.323	1.721	2.080	2.518	2.831
22	0.686	0.858	1.061	1.321	1.717	2.074	2.508	2.819
23	0.685	0.858	1.060	1.319	1.714	2.069	2.500	2.807
24	0.685	0.857	1.059	1.318	1.711	2.064	2.492	2.797
25	0.684	0.856	1.058	1.316	1.708	2.060	2.485	2.787
26	0.684	0.856	1.058	1.315	1.706	2.056	2.479	2.779
27	0.684	0.855	1.057	1.314	1.703	2.052	2.473	2.771
28	0.683	0.855	1.056	1.313	1.701	2.048	2.467	2.763
29	0.683	0.854	1.055	1.311	1.699	2.045	2.462	2.756
30	0.683	0.854	1.055	1.310	1.697	2.042	2.457	2.750
40	0.681	0.851	1.050	1.303	1.684	2.021	2.423	2.704
50	0.679	0.849	1.047	1.299	1.676	2.009	2.403	2.678
60	0.679	0.848	1.045	1.296	1.671	2.000	2.390	2.660
80	0.678	0.846	1.043	1.292	1.664	1.990	2.374	2.639
100	0.677	0.845	1.042	1.290	1.660	1.984	2.364	2.626
∞	0.674	0.842	1.036	1.282	1.645	1.960	2.326	2.576

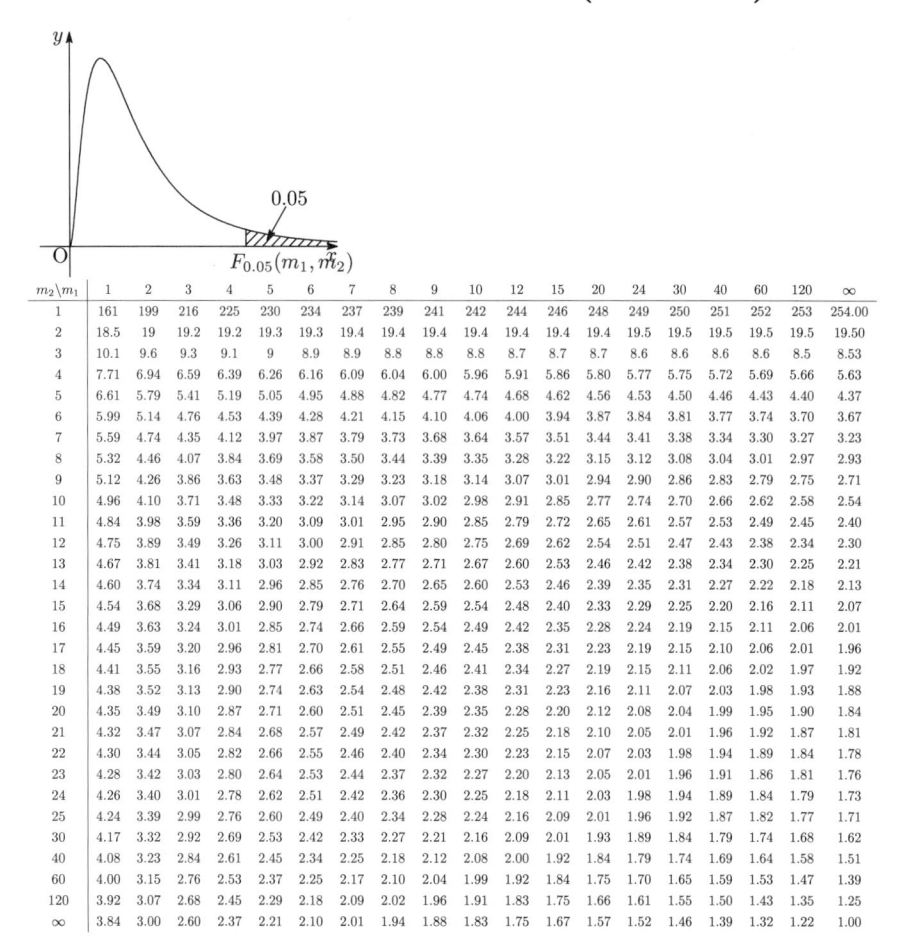

F 分布における上側確率 ($\alpha = 0.05$)

$m_2 \backslash m_1$	1	2	3	4	5	6	7	8	9	10	12	15	20	24	30	40	60	120	∞
1	161	199	216	225	230	234	237	239	241	242	244	246	248	249	250	251	252	253	254.00
2	18.5	19	19.2	19.2	19.3	19.3	19.4	19.4	19.4	19.4	19.4	19.4	19.4	19.5	19.5	19.5	19.5	19.5	19.50
3	10.1	9.6	9.3	9.1	9	8.9	8.9	8.8	8.8	8.8	8.7	8.7	8.7	8.6	8.6	8.6	8.6	8.5	8.53
4	7.71	6.94	6.59	6.39	6.26	6.16	6.09	6.04	6.00	5.96	5.91	5.86	5.80	5.77	5.75	5.72	5.69	5.66	5.63
5	6.61	5.79	5.41	5.19	5.05	4.95	4.88	4.82	4.77	4.74	4.68	4.62	4.56	4.53	4.50	4.46	4.43	4.40	4.37
6	5.99	5.14	4.76	4.53	4.39	4.28	4.21	4.15	4.10	4.06	4.00	3.94	3.87	3.84	3.81	3.77	3.74	3.70	3.67
7	5.59	4.74	4.35	4.12	3.97	3.87	3.79	3.73	3.68	3.64	3.57	3.51	3.44	3.41	3.38	3.34	3.30	3.27	3.23
8	5.32	4.46	4.07	3.84	3.69	3.58	3.50	3.44	3.39	3.35	3.28	3.22	3.15	3.12	3.08	3.04	3.01	2.97	2.93
9	5.12	4.26	3.86	3.63	3.48	3.37	3.29	3.23	3.18	3.14	3.07	3.01	2.94	2.90	2.86	2.83	2.79	2.75	2.71
10	4.96	4.10	3.71	3.48	3.33	3.22	3.14	3.07	3.02	2.98	2.91	2.85	2.77	2.74	2.70	2.66	2.62	2.58	2.54
11	4.84	3.98	3.59	3.36	3.20	3.09	3.01	2.95	2.90	2.85	2.79	2.72	2.65	2.61	2.57	2.53	2.49	2.45	2.40
12	4.75	3.89	3.49	3.26	3.11	3.00	2.91	2.85	2.80	2.75	2.69	2.62	2.54	2.51	2.47	2.43	2.38	2.34	2.30
13	4.67	3.81	3.41	3.18	3.03	2.92	2.83	2.77	2.71	2.67	2.60	2.53	2.46	2.42	2.38	2.34	2.30	2.25	2.21
14	4.60	3.74	3.34	3.11	2.96	2.85	2.76	2.70	2.65	2.60	2.53	2.46	2.39	2.35	2.31	2.27	2.22	2.18	2.13
15	4.54	3.68	3.29	3.06	2.90	2.79	2.71	2.64	2.59	2.54	2.48	2.40	2.33	2.29	2.25	2.20	2.16	2.11	2.07
16	4.49	3.63	3.24	3.01	2.85	2.74	2.66	2.59	2.54	2.49	2.42	2.35	2.28	2.24	2.19	2.15	2.11	2.06	2.01
17	4.45	3.59	3.20	2.96	2.81	2.70	2.61	2.55	2.49	2.45	2.38	2.31	2.23	2.19	2.15	2.10	2.06	2.01	1.96
18	4.41	3.55	3.16	2.93	2.77	2.66	2.58	2.51	2.46	2.41	2.34	2.27	2.19	2.15	2.11	2.06	2.02	1.97	1.92
19	4.38	3.52	3.13	2.90	2.74	2.63	2.54	2.48	2.42	2.38	2.31	2.23	2.16	2.11	2.07	2.03	1.98	1.93	1.88
20	4.35	3.49	3.10	2.87	2.71	2.60	2.51	2.45	2.39	2.35	2.28	2.20	2.12	2.08	2.04	1.99	1.95	1.90	1.84
21	4.32	3.47	3.07	2.84	2.68	2.57	2.49	2.42	2.37	2.32	2.25	2.18	2.10	2.05	2.01	1.96	1.92	1.87	1.81
22	4.30	3.44	3.05	2.82	2.66	2.55	2.46	2.40	2.34	2.30	2.23	2.15	2.07	2.03	1.98	1.94	1.89	1.84	1.78
23	4.28	3.42	3.03	2.80	2.64	2.53	2.44	2.37	2.32	2.27	2.20	2.13	2.05	2.01	1.96	1.91	1.86	1.81	1.76
24	4.26	3.40	3.01	2.78	2.62	2.51	2.42	2.36	2.30	2.25	2.18	2.11	2.03	1.98	1.94	1.89	1.84	1.79	1.73
25	4.24	3.39	2.99	2.76	2.60	2.49	2.40	2.34	2.28	2.24	2.16	2.09	2.01	1.96	1.92	1.87	1.82	1.77	1.71
30	4.17	3.32	2.92	2.69	2.53	2.42	2.33	2.27	2.21	2.16	2.09	2.01	1.93	1.89	1.84	1.79	1.74	1.68	1.62
40	4.08	3.23	2.84	2.61	2.45	2.34	2.25	2.18	2.12	2.08	2.00	1.92	1.84	1.79	1.74	1.69	1.64	1.58	1.51
60	4.00	3.15	2.76	2.53	2.37	2.25	2.17	2.10	2.04	1.99	1.92	1.84	1.75	1.70	1.65	1.59	1.53	1.47	1.39
120	3.92	3.07	2.68	2.45	2.29	2.18	2.09	2.02	1.96	1.91	1.83	1.75	1.66	1.61	1.55	1.50	1.43	1.35	1.25
∞	3.84	3.00	2.60	2.37	2.21	2.10	2.01	1.94	1.88	1.83	1.75	1.67	1.57	1.52	1.46	1.39	1.32	1.22	1.00

F 分布における上側確率 ($\alpha = 0.01$)

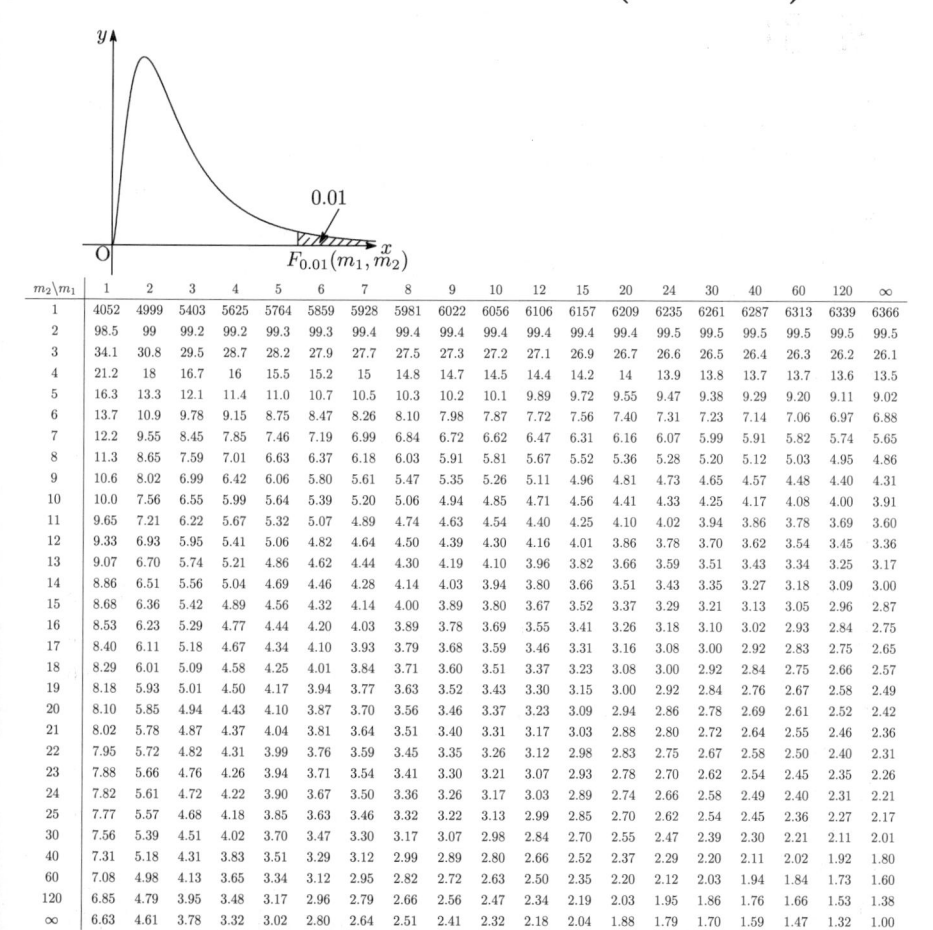

$F_{0.01}(m_1, m_2)$

$m_2 \backslash m_1$	1	2	3	4	5	6	7	8	9	10	12	15	20	24	30	40	60	120	∞
1	4052	4999	5403	5625	5764	5859	5928	5981	6022	6056	6106	6157	6209	6235	6261	6287	6313	6339	6366
2	98.5	99	99.2	99.2	99.3	99.3	99.4	99.4	99.4	99.4	99.4	99.4	99.4	99.5	99.5	99.5	99.5	99.5	99.5
3	34.1	30.8	29.5	28.7	28.2	27.9	27.7	27.5	27.3	27.2	27.1	26.9	26.7	26.6	26.5	26.4	26.3	26.2	26.1
4	21.2	18	16.7	16	15.5	15.2	15	14.8	14.7	14.5	14.4	14.2	14	13.9	13.8	13.7	13.7	13.6	13.5
5	16.3	13.3	12.1	11.4	11.0	10.7	10.5	10.3	10.2	10.1	9.89	9.72	9.55	9.47	9.38	9.29	9.20	9.11	9.02
6	13.7	10.9	9.78	9.15	8.75	8.47	8.26	8.10	7.98	7.87	7.72	7.56	7.40	7.31	7.23	7.14	7.06	6.97	6.88
7	12.2	9.55	8.45	7.85	7.46	7.19	6.99	6.84	6.72	6.62	6.47	6.31	6.16	6.07	5.99	5.91	5.82	5.74	5.65
8	11.3	8.65	7.59	7.01	6.63	6.37	6.18	6.03	5.91	5.81	5.67	5.52	5.36	5.28	5.20	5.12	5.03	4.95	4.86
9	10.6	8.02	6.99	6.42	6.06	5.80	5.61	5.47	5.35	5.26	5.11	4.96	4.81	4.73	4.65	4.57	4.48	4.40	4.31
10	10.0	7.56	6.55	5.99	5.64	5.39	5.20	5.06	4.94	4.85	4.71	4.56	4.41	4.33	4.25	4.17	4.08	4.00	3.91
11	9.65	7.21	6.22	5.67	5.32	5.07	4.89	4.74	4.63	4.54	4.40	4.25	4.10	4.02	3.94	3.86	3.78	3.69	3.60
12	9.33	6.93	5.95	5.41	5.06	4.82	4.64	4.50	4.39	4.30	4.16	4.01	3.86	3.78	3.70	3.62	3.54	3.45	3.36
13	9.07	6.70	5.74	5.21	4.86	4.62	4.44	4.30	4.19	4.10	3.96	3.82	3.66	3.59	3.51	3.43	3.34	3.25	3.17
14	8.86	6.51	5.56	5.04	4.69	4.46	4.28	4.14	4.03	3.94	3.80	3.66	3.51	3.43	3.35	3.27	3.18	3.09	3.00
15	8.68	6.36	5.42	4.89	4.56	4.32	4.14	4.00	3.89	3.80	3.67	3.52	3.37	3.29	3.21	3.13	3.05	2.96	2.87
16	8.53	6.23	5.29	4.77	4.44	4.20	4.03	3.89	3.78	3.69	3.55	3.41	3.26	3.18	3.10	3.02	2.93	2.84	2.75
17	8.40	6.11	5.18	4.67	4.34	4.10	3.93	3.79	3.68	3.59	3.46	3.31	3.16	3.08	3.00	2.92	2.83	2.75	2.65
18	8.29	6.01	5.09	4.58	4.25	4.01	3.84	3.71	3.60	3.51	3.37	3.23	3.08	3.00	2.92	2.84	2.75	2.66	2.57
19	8.18	5.93	5.01	4.50	4.17	3.94	3.77	3.63	3.52	3.43	3.30	3.15	3.00	2.92	2.84	2.76	2.67	2.58	2.49
20	8.10	5.85	4.94	4.43	4.10	3.87	3.70	3.56	3.46	3.37	3.23	3.09	2.94	2.86	2.78	2.69	2.61	2.52	2.42
21	8.02	5.78	4.87	4.37	4.04	3.81	3.64	3.51	3.40	3.31	3.17	3.03	2.88	2.80	2.72	2.64	2.55	2.46	2.36
22	7.95	5.72	4.82	4.31	3.99	3.76	3.59	3.45	3.35	3.26	3.12	2.98	2.83	2.75	2.67	2.58	2.50	2.40	2.31
23	7.88	5.66	4.76	4.26	3.94	3.71	3.54	3.41	3.30	3.21	3.07	2.93	2.78	2.70	2.62	2.54	2.45	2.35	2.26
24	7.82	5.61	4.72	4.22	3.90	3.67	3.50	3.36	3.26	3.17	3.03	2.89	2.74	2.66	2.58	2.49	2.40	2.31	2.21
25	7.77	5.57	4.68	4.18	3.85	3.63	3.46	3.32	3.22	3.13	2.99	2.85	2.70	2.62	2.54	2.45	2.36	2.27	2.17
30	7.56	5.39	4.51	4.02	3.70	3.47	3.30	3.17	3.07	2.98	2.84	2.70	2.55	2.47	2.39	2.30	2.21	2.11	2.01
40	7.31	5.18	4.31	3.83	3.51	3.29	3.12	2.99	2.89	2.80	2.66	2.52	2.37	2.29	2.20	2.11	2.02	1.92	1.80
60	7.08	4.98	4.13	3.65	3.34	3.12	2.95	2.82	2.72	2.63	2.50	2.35	2.20	2.12	2.03	1.94	1.84	1.73	1.60
120	6.85	4.79	3.95	3.48	3.17	2.96	2.79	2.66	2.56	2.47	2.34	2.19	2.03	1.95	1.86	1.76	1.66	1.53	1.38
∞	6.63	4.61	3.78	3.32	3.02	2.80	2.64	2.51	2.41	2.32	2.18	2.04	1.88	1.79	1.70	1.59	1.47	1.32	1.00

索引

う
ウェルチ (Welch) の近似法　218

え
F 検定　69, 235
F 値　69
F 統計量　69
F 分布　234

お
応答変数　36

か
回帰係数　51
階級値　1
カイ二乗分布　226
ガウス　143
撹乱項　36, 222
確率関数　100
確率収束　179
確率ヒストグラム　158
確率変数　100, 129
確率密度関数　129
仮説検定　62
加法定理　92
ガンマ関数　187, 226, 234

き
棄却　62
棄却域　201
棄却点　200

期待値　102, 132, 134
帰無仮説　62
境界値　63, 200
(標本) 共分散　19
(確率分布の) 共分散　117
共分散の計算公式　21

く
空事象　90
区間推定　179
組み合わせ　89

け
決定係数　37, 58
検出力　210
検定統計量　196

こ
ゴセット　189
根元事象　90

さ
最小二乗推定量　33, 52
採択　62
採択域　201
最尤推定量　172, 235
散布図　18

し
試行　90
事象　90
指数　252

索引

次数	239
実現値	152
収益率	14
重回帰モデル	51
自由度調整済み決定係数	47, 60, 74
周辺分布	110
順列	87
条件付き確率	94
信頼区間	180, 183, 186, 190
信頼度	180

す

推定値	167
推定量	166

せ

正規分布	137
正規母集団	153
積事象	91
積の法則	86
z-スコア	11
説明変数	36
漸近分布	157
全数調査	145

そ

総当たり法	61, 74
(確率分布の) 相関係数	121
相関係数	23, 25, 171
相対度数	1

た

第1種の誤り	208
対応のある標本	185, 203, 216
対応のない標本	49, 216
対数	254
大数の法則	156, 179
対数尤度	173
対立仮説	62
互いに独立	112, 113
多項式	239
多項式回帰	43
多重共線性	80
単回帰モデル	36, 222

ち

中央値	6
中心極限定理	157

て

t 値	63
t 分布	64, 68, 187
点推定	166

と

導関数	246
同時分布	109
同様に確からしい	90
独立	111, 113, 136
独立な事象	98
度数折れ線	2
度数分布	1

に

二項分布	126
二標本問題	85

ね

ネピアーの数 e	243

は

パーセント点	181
パーセント点 (上側確率)	188
排反	92
外れ値	6, 30
バリューアットリスク	144
バンド幅	3

ひ

p 値	65, 70
ヒストグラム	2
微分係数	245
標準化	11
標準誤差	57, 228, 233
標準正規分布	140
標準偏差	7, 104
標本空間	90
標本調査	145
標本比率	160
標本分散	7, 11, 159, 168
標本平均	5

ふ

不偏推定量	176
不偏分散	9, 165, 214
(確率分布の) 分散	104, 132, 135
分散分析	69

へ

平均 2 乗誤差	177
平均 2 乗収束	177
偏回帰係数	51
偏差平方和	32
変数減少法	74
偏導関数	249
偏微分	248

ほ

母集団分布	146
母標準偏差	147
母比率	167
母分散	147
母平均	147
ボラティリティ	16

む

無限大 ∞	241
無限母集団	149
無作為標本	145, 146

も

モーメント推定量	169

ゆ

有意水準	198
有限母集団	149
尤度	172

よ

余事象	91
予測値	37, 46, 55, 58, 74

り

理論値	37

れ

連続関数	241
連続補正付き正規近似	164

わ

和事象	91

参考文献

[1] 岩田暁一, 経済分析のための統計的方法, 東洋経済 2008

[2] 岩田暁一, 計量経済学, 有斐閣, 1982

[3] 奥野忠一, 久米均, 芳賀敏郎, 吉澤正, 多変量解析法 (改訂版), 日科技連, 1981.
回帰分析に関する理論, 応用 (特に数値の解釈) 面についてかなり詳しく書いてある.

[4] データ分析入門 慶応 SFC 分析教育グループ偏 慶応義塾大学出版会 1998
数式をほとんど使わず, JMP を用いた統計処理を説明してある. 文系向き.

[5] 刈屋武昭, 勝浦正樹, 統計学（第 2 版）, 東洋経済新報社, 2008.

[6] 小西 貞則, ブートストラップ法による推定量の誤差評価, 赤池弘次監修:パソコンによるデータ解析, 朝倉書店, 1988.

[7] 齋藤正彦, 線型代数入門, 東京大学出版会, 1995.

[8] 鈴木武, 山田作太郎, 数理統計学, 内田老鶴圃, 1996.

[9] 鈴木義一郎, 情報量基準による統計解析入門, 講談社サイエンティフィク, 2001
赤池情報量基準 (AIC) についての本. AIC を用いた実例を中心にしてあり, 理論的なことは少ない.

[10] 鈴木武, 柴田良弘, 田中和永, 山田義雄, 理工系のための微分積分 問題と解説 〈1〉, 内田老鶴圃, 2007.

[11] 鈴木武, 柴田良弘, 田中和永, 山田義雄, 理工系のための微分積分 問題と解説 〈2〉, 内田老鶴圃, 2007.

[12] 藤山英樹, 統計学からの計量経済学入門, 昭和堂, 2007.

[13] 間瀬茂, 神保雅一, 鎌倉稔成, 金藤浩司, 工学のためのデータサイエンス入門, サイエンス社, 2004.

[14] 野田一雄, 宮岡悦良, 入門・演習 数理統計, 共立出版, 1990.

[15] 野田一雄, 宮岡悦良, 数理統計学の基礎, 共立出版, 2008.

[16] 羽鳥裕久, 国沢清典, 数理統計演習, サイエンス社, 1984.

[17] 三浦良造, リスクとデリバティブの統計入門, 日本評論者, 2005.

[18] 佐和隆光, 回帰分析, 朝倉書店, 1995.

[19] 松原望, 縄田和満, 中井検裕, 統計学入門, 東京大学出版会, 1991

[20] 柳井晴夫, 高根芳雄, 多変量解析法, 朝倉書店, 1981.

[21] 数学 B, 数研出版, 1999.

[22] 田中豊, 脇本和昌, 多変量統計解析法, 現代数学社, 1998.
回帰分析, 主成分分析, 数量化法, クラスター解析等を丁寧に説明してあり, 具体例も適切に使われている.

[23] 羽森茂之, 計量経済学, 中央経済社, 2000.
[24] 羽森茂之, ベーシック計量経済学, 中央経済社, 2009.
[25] 細野真宏, 経済のニュースが面白いほどわかる本, 日本経済編, 中経出版
[26] 矢野健太郎 (編), 石原繁 (編), 微分積分, 裳華房 (改訂版), 1991.
[27] 石原繁, 石原育夫, 船橋昭一, 矢野健太郎 (編), 線形代数, 裳華房, 1990.
[28] 山本拓, 計量経済学, 新世社, 2008.
[29] Greene, W. H. Econometric Analysis, 2nd eds, Macmillan, New York, 1993.
[30] Mendenhall, Beaver, and Beaver, Introduction to Probability and Statistics, 13th eds, Brooks/Cole CENGAGE Learning, 2009.
[31] 日本オリンピック委員会 http://www.joc.or.jp/olympic/sanka/
[32] 環境省 http://kafun.taiki.go.jp/
[33] 厚生労働省:人口動能統計
http://www.mhlw.go.jp/toukei/saikin/hw/jinkou/kakutei09/index.html
[34] 気象庁:
開花日 http://www.tokyo-jma.go.jp/sub_index/kiroku/kiroku/data/32.htm
気温 http://www.data.jma.go.jp/obd/stats/etrn/index.php
気象統計情報 http://www.jma.go.jp/jma/menu/report.html
[35] 地方上級専門試験過去問 500, 実務教育出版, 2009

あとがき

本書は統計学に触れたことがあまりない方に対して，確率理論の初歩，統計学の基礎を説明した．読者の中には，さらに高度な手法を学びたい，統計手法を経済，工学などの他の分野に応用したい，本文の説明で省略されている部分をちゃんと理解したいという方もいるかと思われる．このため，この本で勉強した後にお勧めできる本をいくつか紹介する．なお，著者と出版された年に続く [16] などの括弧つきの番号は参考文献に載せてある番号に対応している．

計量経済学：統計学 (特に回帰分析) を経済学へ応用する分野である．入門書としては山本 (2008)[28]，羽森 (2000) [23] がよいであろう．山本 (2008) は回帰分析の説明を行列を用いないで説明してあり，羽森 (2000) は回帰分析を行列を用いて説明してある．実は本書は山本 (2008) を読む前に勉強しておく本として書いた．中級レベルでは岩田 (1982)[2]，Greene (1993) [29] などが参考になる．

(数理) 統計学：この分野の成書には，本文で省略された数学的な部分，近似という言葉で何となく書いた部分の意味が正確に書いてある．入門書としては，鈴木，山田 (1996)[8]，岩田 (2008)[1] がよい．ただしこれらの本を理解するためには，線形代数，解析学の予備知識 (行列, 多重積分, テーラー展開など) が必要不可欠である．

回帰分析：本書で説明した回帰分析の理論は，ごく初歩的な部分だけにとどまる．回帰分析に特化した成書としては，藤山 (2007) [12]，佐和 (1995)[18] がある．藤山 (2007) の方が入門者向きに書かれている．

いずれの分野においても，さらに上位レベルに進むためには数学，特に微分，積分，行列の知識が必要になる．文系の学生が 1 変数の微分，積分を勉強する場合は，矢野 (編)，石原 (編)(1991)[26] がよいと思われる．この本は，高校で勉強する数学 III に無限積分，偏微分が加えた内容になっていて，説

明もそう難しくない．しかしより本格的に勉強したい場合には鈴木, 柴田, 田中, 山田 (2007)[10], [11] などがよいのではと思われる．また行列を取り扱った線形代数については石原, 石原, 船橋 (1990)[27], 齋藤 (1995)[7] がよいであろう．

著者略歴

宮田　庸一（みや　た　よう　いち）

1974 年　　福島県に生まれる
1997 年　　早稲田大学教育学部理学科数学専修卒業
1999 年　　早稲田大学大学院理工学研究科修士課程修了
現　　在　　高崎経済大学経済学部准教授

統計学がよくわかる本
Excel 解説付き

初版発行	2012年2月10日
再版発行	2013年3月27日
三版発行	2015年6月25日
三版四刷	2021年7月30日

著 者Ⓒ　宮田　庸一

発行者　森田　富子

発行所　株式会社 アイ・ケイ コーポレーション
〒124-0025　東京都葛飾区西新小岩 4-37-16
Tel 03-5654-3722（営業）
Fax 03-5654-3720番

表紙デザイン　吉田　匡
印刷所　㈱メイク

ISBN 978-4-87492-300-9 C3041